全国中等职业技术学校电工类专业

可编程序控制器及其应用课教学参考书

与《可编程序控制器及其应用（三菱 第三版）》配套

中国劳动社会保障出版社

图书在版编目(CIP)数据

可编程序控制器及其应用课教学参考书/杨杰忠主编. —北京：中国劳动社会保障出版社，2015
全国中等职业技术学校电工类专业
ISBN 978 - 7 - 5167 - 2134 - 6

Ⅰ. ①可… Ⅱ. ①杨… Ⅲ. ①可编程序控制器 - 中等专业学校 - 教学参考资料 Ⅳ. ①TM571. 6

中国版本图书馆 CIP 数据核字(2015)第 268790 号

中国劳动社会保障出版社出版发行

（北京市惠新东街 1 号 邮政编码：100029）

*

北京市艺辉印刷有限公司印刷装订 新华书店经销

850 毫米 × 1168 毫米 32 开本 9. 75 印张 241 千字

2016 年 3 月第 1 版 2016 年 3 月第 1 次印刷

定价：26. 00 元

读者服务部电话：（010）64929211/64921644/84626437

营销部电话：（010）64961894

出版社网址：http://www. class. com. cn

http://zyjy. class. com. cn

目　录

课题一　可编程序控制器基础知识

学时分配表

教学内容	建议学时
任务 1　初识可编程序控制器	4
任务 2　可编程序控制器硬件安装及接线	6
任务 3　编程软件的安装及使用	6
总　　计	16

任务 1　初识可编程序控制器：本任务首先介绍可编程序控制器（PLC）的应用领域，PLC 的特点、性能指标及分类等，然后重点介绍三菱 FX 系列 PLC 的型号与性能，以及 PLC 的选型原则和系统常用 PLC 控制的一般条件。在专业技能方面，本任务要求学生能根据控制要求及 PLC 的选型原则进行 PLC 的选型。

任务 2　可编程序控制器硬件安装及接线：本任务首先重点介绍 PLC 的硬件和软件组成及工作原理，然后介绍 PLC 控制系统与继电—接触器逻辑控制系统的区别。在专业技能方面，本任务要求学生能熟识三菱 FX 系列 PLC 的外部特征，并能按照 PLC 的安装方法和接线原则，完成 PLC 硬件的安装与接线。

任务 3　编程软件的安装及使用：本任务重点介绍三菱 GX – Developer Ver. 8 中文编程软件的主要功能和操作界面等。在专业技能方面，本任务要求学生能按照软件的安装方法和步骤，完成 GX – Developer Ver. 8 中文编程软件和仿真软件的安装，能使用 GX – Developer Ver. 8 中文编程软件进行简单编程，并用计算机对 PLC 进行调试和监控。

任务1　初识可编程序控制器

教学重点和难点

1. 教学重点

PLC 的应用领域，PLC 的特点、性能指标及分类，三菱 FX 系列 PLC 的型号与性能，PLC 的选型原则。

2. 教学难点

PLC 的特点、性能指标及分类，三菱 FX 系列 PLC 的型号与性能，PLC 的选型原则。

教学流程

本工作任务的教学参考流程如图 1—1—1 所示。

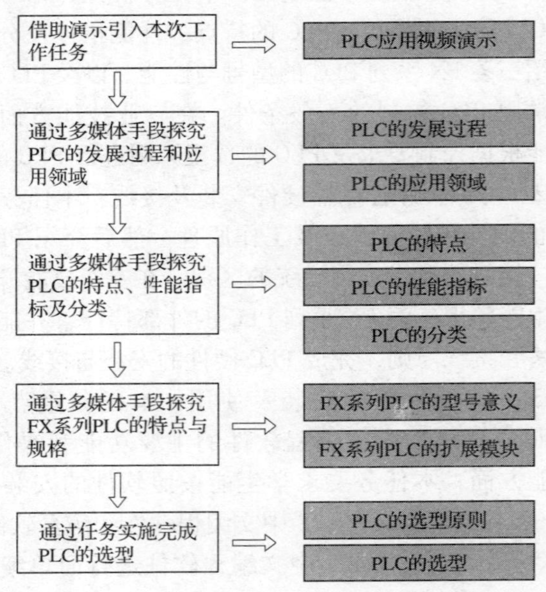

图 1—1—1　本工作任务的教学参考流程

【新课引入】

首先通过实际生产中典型的 PLC 控制系统（如商场中的电梯、自动平移门、十字路口交通灯、自动饮料售货机等）的实例介绍引出新课。

下发工作任务书（见表 1—1—1），描述工作任务学习目标。并通过实物展示和播放 PLC 基础知识多媒体课件，进行本次工作任务描述，让学生通过观察熟悉本工作任务的控制要求。

表 1—1—1　　初识可编程序控制器任务书

典型工作任务名称	初识可编程序控制器		
学习环境	PLC 实训教室	学习方法	以工作过程为导向
学习目的	1. 了解 PLC 产生的背景及其常用品牌和各自的特点 2. 熟悉 PLC 的应用及功能 3. 能根据控制要求进行 PLC 的选型		
工作任务内容	现有一套电气控制设备，需要用到一台 PLC 的小单机，主要用于控制一些继电器、接触器、电磁阀等开关量信号，并通过按钮、行程开关、接近开关、光电开关等开关量输入信号，无其他特殊功能要求。统计后，输入信号需要 18 个，输出信号需要 20 个，试根据要求选择性价比较高的三菱 PLC		
任务实施步骤（或技术要点）	步骤 1：现场观察三菱 FX 系列的 PLC 实物 步骤 2：了解 PLC 产生背景，PLC 的应用及功能，PLC 的特点、型号与规格 步骤 3：熟悉 PLC 的选型原则 步骤 4：依据 PLC 选型原则，根据任务要求，分析 CPU 功能进行 PLC 选型		

续表

典型工作任务名称	初识可编程序控制器		
学习环境	PLC 实训教室	学习方法	以工作过程为导向
任务实施步骤（或技术要点）	步骤 5：依据 PLC 选型原则，根据任务要求，分析 I/O 点数进行 PLC 选型 步骤 6：依据 PLC 选型原则，根据任务要求，分析价格进行 PLC 选型 步骤 7：确定 PLC 型号规格，并进行检查评估		

【相关知识讲授】

一、PLC 的应用领域

建议首先介绍 PLC 的定义和发展过程，然后结合实际生产的一些典型实例开展教学，详细介绍 PLC 的应用领域，突出 PLC 的功能。

教学中应注意强调：“PLC 是一种数字运算操作的电子系统，专为在工业环境下应用而设计。它可采用可编程的存储器，用来在其内部存储执行逻辑运算、顺序控制、定时、计数和算术运算等操作指令，并通过数字式或模拟式的输入和输出，控制各种类型的机械或生产过程。”

二、PLC 的特点、性能指标及分类

建议结合知识拓展环节中的西门子品牌、欧姆龙品牌、A—B 公司品牌的 PLC 进行介绍，让学生对 PLC 的特点、性能指标及分类有充分的认识。

教学时要注意强调以下几点：

1. PLC 的性能指标主要包括硬件指标和软件指标，其中硬件指标主要包括环境温度、环境湿度、抗振、抗冲击力、抗噪声

干扰、耐压、接地要求和使用环境等；软件指标主要包括编程语言、用户存储器容量和类型、I/O 总数、指令数、软元件的种类和点数、扫描速度和其他指标等。

2. PLC 按结构形式可分为整体式和模块式两种；按输入输出点数和存储容量来分，可分为大型、中型、小型三种；按 PLC 功能的强弱来分，可分为低档机、中档机和高档机三种。

三、三菱 FX 系列 PLC 的型号与性能

由于本教材是以三菱 FX_{2N} 的 PLC 贯穿整个教材，因此该部分内容是本次教学的一个重点，它是学生学习三菱 FX 系列 PLC 的最基本内容，教学时应重点介绍 PLC 的三种输出形式及 FX 系列 PLC 的常用规格，为后续学习奠定坚实的基础。

教学时要重点强调以下几点：

1. 继电器输出的 PLC 可以直接驱动 2 A 以内的负载，一般的电磁阀、继电器都用继电器输出型。当电磁阀线圈的负载电流超过 2 A 时，可通过中间继电器进行过渡控制。

2. 晶体管输出的 PLC 只能驱动 0.5 A 以内的负载，但是其响应速度快，一般用来输出高速脉冲，可以控制高速电磁阀、步进及伺服电动机等。

3. PLC 在选用时应根据不同的要求选用不同的输出方式。若需要大电流输出，则应选继电器输出方式或晶闸管输出方式；若电路需要快速通断或需要频繁动作，则应选用晶体管输出方式或晶闸管输出方式。

四、PLC 的选型原则

在介绍 PLC 的选型原则时，建议结合任务实施开展教学，让学生通过对 PLC 机型、容量、I/O 模块、电源模块等部件的选择，掌握小型 PLC 的选型原则。

教学时建议强调以下几点：

1. 选择 PLC 机型的基本原则是在能够满足控制要求及保证运行可靠、维护方便的前提下，力争最佳的性价比。

2. 用户程序存储容量是指 PLC 用于存储用户程序的存储器容量，其大小由用户程序的长短决定。用户程序存储容量一般可按下式进行估算，再按实际需要留适当的余量（20% ~ 30%）来选择：

存储容量 = 开关量 I/O 点总数 × 10 + 模拟量通道数 × 100

五、系统常用 PLC 控制的一般条件

建议结合实际生产中的典型案例开展教学，引导学生根据性价比确定是否采用 PLC 控制系统。

教学中应注意强调："在确定控制系统方案时，首先应该考虑是否有必要采用 PLC 控制。如果控制系统很简单，所需 I/O 点数较少；或者虽然控制系统需要 I/O 点数较多，但控制要求并不复杂，各部分的相互联系很少，这些情况都没有使用 PLC 的必要。"

【任务实施】

（1）观看 PLC 在工厂自动化中的应用录像，使学生对 PLC 有初步的认识，然后让学生自行记录 PLC 的品牌及型号，并与常用品牌的 PLC 进行比较，将 PLC 的主要技术指标及特点填写在教材表 1—1—7 中，教师进行完善。

（2）参观工厂、实训室，让学生感受 PLC 实训教室的实践环境并观察常用品牌的 PLC 实物，加深学生对 PLC 的印象，为下一任务可编程序控制器硬件安装及接线奠定坚实的基础。

（3）根据工作任务的要求进行 PLC 的选型练习，具体教学流程如图 1—1—2 所示。操作过程中，每位学生结合工作任务独立完成，并结组互相检查对错，教师进行巡回指导。

（4）交流与评价。建议由教师按照教材表 1—1—9 对学生的任务完成情况进行评价。

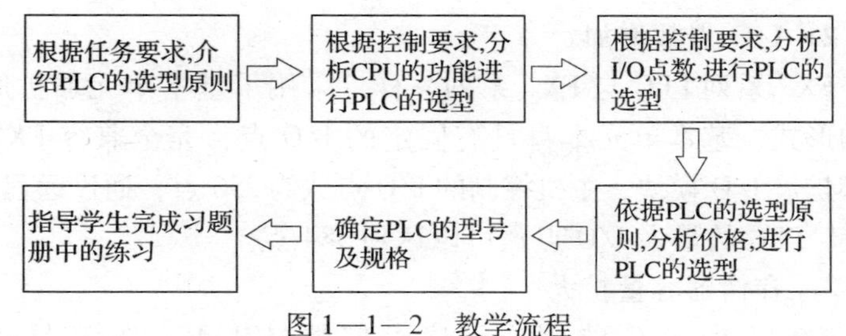

图 1—1—2　教学流程

（5）总结与反思

任务完成后应增加总结与反思环节，引导学生对以下内容进行总结：

1）总结本任务训练情况，即每个学生对本任务实施的掌握情况和存在的问题。

2）总结实训课堂的纪律情况。

3）总结文明生产、安全操作情况。

4）整理工作位置，学生下课后把所用的工具、仪表和相关实训材料放回工具箱，清理桌面，搞好教室卫生。

教学参考资料

FX_{3U}系列 PLC 是三菱公司最新开发的第三代小型 PLC 系列新产品，它是目前该公司小型 PLC 中 CPU 性能最高、可以适应于网络控制的小型 PLC 系列新产品。FX_{3U}系列 PLC 采用基本单元加扩展的形式，基本功能兼容 FX_{2N}系列的全部功能。

FX_{3U}系列 PLC 采用最新的高性能 CPU，与 FX_{2N}系列 PLC 相比，CPU 的运算速度大幅度提高，通信功能进一步增强。其主要特点如下：

1．运算速度提高

FX_{3U}系列基本逻辑控制指令的执行时间由 FX_{2N}系列的 0.08 μs/条提高到了 0.065 μs/条，功能指令的执行时间由 FX_{2N}系列的 1.25 μs/条提高到了 0.642 μs/条，速度提高近 1 倍。

2. I/O 点数增加

FX_{3U}系列 PLC 与 FX_{2N} 系列一样，采用了基本单元加扩展的结构形式，基本单元本身具有固定的 I/O 点，完全兼容 FX_{2N} 的全部扩展 I/O 模块，主机控制的 I/O 点数为 256 点，通过远程 I/O 连接，PLC 的最大 I/O 点数可以达到 384 点。

3. 存储器容量扩大

FX_{3U}系列 PLC 的用户程序存储器（RAM）的容量可达 64KB，且可以采用闪存（Flash ROM）卡。

4. 通信功能增强

FX_{3U}系列在 FX_{2N}系列的基础上增加了 RS－422 标准接口与网络连接的通信模块，以适应网络连接的需要；同时，通过转换装置，还可以使用 USB 接口。

5. 高速计数

FX_{3U}系列 PLC 内置 100kHz 的 6 点同时高速计数器与独立 3 轴 100 kHz 定位控制功能，可以实现简易位置控制功能。

6. 编程功能增强

FX_{3U}系列的编程元件数量比 FX_{2N} 系列大大增加，内部继电器达到 7 680 点、状态继电器达到 4 096 点、定时器达到 512 点，同时还增加了部分功能指令。

任务 2　可编程序控制器硬件安装及接线

教学重点和难点

1. 教学重点

PLC 的硬件组成，PLC 的软件组成，PLC 的工作原理，PLC 控制系统与继电—接触器逻辑控制系统的比较。

2. 教学难点

PLC 的工作原理。

教学流程

本工作任务的教学参考流程如图 1—2—1 所示。

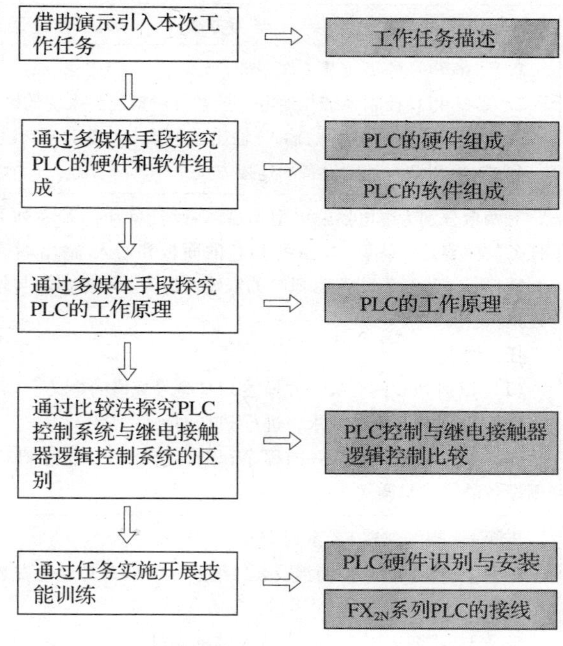

图 1—2—1　本工作任务的教学参考流程

教学设计

【新课引入】

首先通过提问等方式，带领学生复习任务 1 中所学的 PLC 相关知识，进而引出新课。

下发工作任务书（见表 1—2—1），描述工作任务学习目标，并通过播放 PLC 硬件安装与接线多媒体课件，进行本工作任务的任务描述，让学生通过观察熟悉本任务的控制要求。

表 1—2—1　　可编程序控制器硬件安装及接线任务书

典型工作任务名称	可编程序控制器硬件安装及接线		
学习环境	PLC 实训教室	学习方法	以工作过程为导向
学习目的	1．了解 PLC 的组成及工作原理 2．了解 PLC 控制系统与继电—接触器逻辑控制系统的区别 3．认识 FX 系列 PLC 的输入/输出端子接点及公共端口（COM） 4．掌握 PLC 与外围设备的连接方法		
工作任务内容	有两台分别为继电器输出型和晶体管输出型的 FX 系列 PLC，本次任务的内容是：认识 FX 系列 PLC 的面板和输入/输出端子接点及公共端口，并进行不同类型 PLC 的安装及输入端和输出端与外围设备的连接 任务要求： （1）识别 PLC 的面板，并描述 PLC 型号规格的含义 （2）根据 PLC 安装要求，进行 PLC 的硬件安装 （3）根据教师事先编好的程序和 I/O 接线图，进行 PLC 端子与外围设备的接线与调试		
任务实施步骤（或技术要点）	步骤 1：现场观察 FX 系列 PLC 步骤 2：熟悉 PLC 的面板及硬件组成，编制 PLC 硬件安装及端子接线计划 步骤 3：准备电工工具、仪表及辅助器材 步骤 4：检查并选择本任务所需的元器件及所需规格的导线 步骤 5：绘制图样（I/O 接线图、平面布置图） 步骤 6：按图样安装和调试电路（程序由教师事先编好并输入 PLC） 步骤 7：编制技术文件，进行检查评估		

【相关知识讲授】

一、PLC 的硬件组成

建议结合教材的图 1—2—1 和图 1—2—2 的系统框图，讲清

PLC 的硬件主要由中央处理器（CPU）、存储器、输入单元、输出单元、通信接口、扩展接口及电源等组成。其中，CPU 是 PLC 的核心，输入单元与输出单元是连接现场输入/输出设备与 CPU 之间的接口电路，通信接口用于与编程器、上位计算机等外设连接。然后重点围绕教材的图 1—2—1 和图 1—2—2，详细讲授 PLC 输入单元与输出单元主要类型的功能及特点。

教学中应注意强调："继电器输出接口可驱动交流或直流负载，但其响应时间长，动作频率低；而晶体管输出和双向晶闸管输出接口的响应速度快，动作频率高，但前者只能用于驱动直流负载，后者只能用于驱动交流负载。"

二、PLC 的软件组成

在介绍 PLC 的软件组成时，应重点介绍 PLC 的用户程序，建议结合教材图 1—2—5 和图 1—2—6 开展教学，让学生对梯形图、指令表等编程语言有一定的感性认识，为介绍 PLC 的工作原理起铺垫作用，同时也为后续的学习奠定基础。

在介绍梯形图的画法时要注意强调以下几点：

1. 所有梯形图都由左母线、右母线和逻辑行组成，每个逻辑行由各种等效继电器的触点串并联和线圈组成。

2. 左母线只能直接接各类继电器的触点，继电器线圈不能直接接左母线。

3. 右母线只能直接接各类继电器的线圈（不含输入继电器线圈），继电器的触点不能直接接右母线。

4. 一般情况下，同一线圈的编号在梯形图中只能出现一次，而同一触点的编号在梯形图中可以重复出现。

5. 梯形图中触点可以任意地串联或并联，而线圈可以并联但不可以串联。

6. 梯形图应按照从左到右、从上到下的顺序画。

三、PLC 的工作原理

该内容是本次教学的重点和难点，在教学时应围绕教材图 1—2—8 所示的 PLC 执行程序过程示意图，重点介绍 PLC 对用户程序采用“顺序扫描，不断循环”的工作方式，从而让学生了解 PLC 的工作原理。

教学时要重点强调以下几点：

1. PLC 用户程序的执行采用的是循环扫描工作方式，即 PLC 对用户程序逐条顺序执行，直至程序结束，然后再从头开始扫描，周而复始，直至停止执行用户程序。

2. 在运行模式下 PLC 对用户程序的循环扫描过程，一般分为输入采样阶段、程序执行阶段和输出刷新阶段。

3. 在输入采样阶段，PLC 以扫描方式顺序读入所有输入端子的状态即接通/断开（ON 或 OFF），并将其状态存入输入映像寄存器。接着转入程序执行阶段，在程序执行期间，即使输入状态发生变化，输入映像寄存器内容也不会变化，输入状态的变化只能在下一个扫描周期的输入采样阶段才被读入刷新。

4. 在程序执行阶段，PLC 对程序按顺序进行扫描。如果程序用梯形图表示，则总是按先上后下、从左向右的顺序进行扫描。每扫描一条指令时，所需的输入状态或其他元素的状态分别由输入映像寄存器和元素映像寄存器中读出，然后进行逻辑运算，并将运算结果写入到元素映像寄存器中。也就是说程序执行过程中，元素映像寄存器内元素的状态可以被后面将要执行到的程序所应用，它所寄存的内容也会随程序执行的进程而变化。

5. 在输出刷新阶段，PLC 将元素映像寄存器中所有输出继电器的状态转存到输出锁存电路，再驱动被控对象（负载），这就是 PLC 的实际输出。

四、PLC 控制系统与继电—接触器逻辑控制系统的比较

在进行该内容介绍时，建议教师结合教材图 1—2—10 所示电动机单方向连续运行控制的 PLC 控制系统框图开展教学，将事先做好的采用继电—接触器逻辑控制系统实现的电动机单方向连续运行控制线路的配电盘和采用 PLC 控制系统实现的电动机单方向连续运行控制线路的配电盘进行比较，让学生通过实物比较，找出区别，突出 PLC 控制系统的优点。

教学时建议强调：继电—接触器逻辑控制系统是由许多硬件继电器和接触器组成的，而 PLC 则是由许多“软继电器”组成。

【任务实施】

任务实施的教学流程如图 1—2—2 所示。学生实施任务过程中，教师要做好巡回指导。在巡回指导过程中，指导学生按照安全文明操作规程规范操作，对个别掌握不好的学生要单独进行指导，随时纠正错误。对普遍存在的问题要采用集中指导的方法，老师重新示范演示，使学生进一步理解。

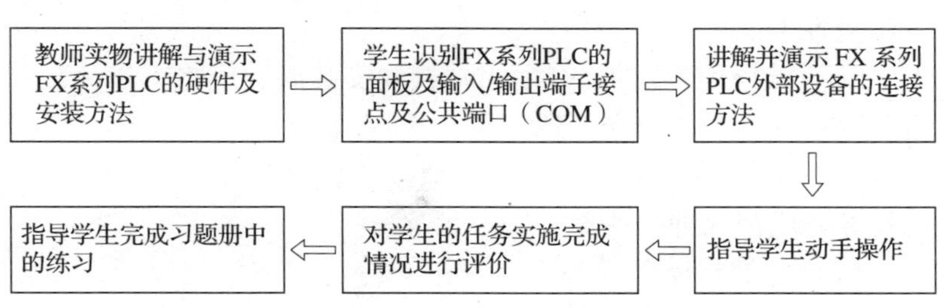

图 1—2—2　任务实施的教学流程

（1）在认识 FX_{2N}系列 PLC 的外部特征环节，可由学生自行写出 PLC 面板上型号规格的含义，教师进行完善，要注意含义表达的准确性。

（2）在 FX_{2N}系列 PLC 的安装环节，可以引导学生通过配电

盘，按照教材图 1—2—13 进行 FX_{2N}系列 PLC 及扩展设备在 DIN 导轨上的安装。操作过程中，每位学生结合工作任务独立完成，并结组互相检查对错。另外，教师要注意指导和提醒学生 PLC 的所有单元必须在断电时安装和拆卸，为防止静电对 PLC 组件的影响，在接触 PLC 前，先用手接触某一接地的金属物体，以释放人体所带静电。

（3）在 FX_{2N}系列 PLC 的接线环节，可以引导学生按照 PLC 与外围设备的接线要求和接线方法完成 PLC 与外围设备的连接。操作过程中，每位学生结合工作任务独立完成，并结组互相检查对错。另外，教师要注意指导和提醒学生在进行输出端子的接线时注意各接线区所使用的电源的区别，当不同区的接线端子使用同一个外接负载电源时，其公共端 COM 应连接在一起。

在进行 PLC 接线时，要注意强调：

1）在进行三线制 NPN 型传感器开关（接近开关）的输入端接线安装时，需将接近开关输出低电平的一端接到 PLC 的输入端，另外两端分别接到 PLC 的电源上。

2）在进行晶体管输出型 PLC 的输出端接线安装时，直流电源的极性不能接反。

3）在进行 PLC 的多个输出端接线安装时，应将交流负载和直流负载区分开，分别接到不同的 COM 端上。

（4）交流与评价。建议由教师按照教材表 1—2—3 对学生的任务完成情况进行评价。

（5）总结与反思

参考课题一任务 1 相关内容。

教材中介绍了 PLC 控制系统与继电－接触器控制系统的比较，为了突出 PLC 控制系统的特点，现将 PLC 控制系统与微型计算机控制的比较，PLC 控制系统与单片机控制系统的比较进行

归纳，供教师在教学中参考。

1. PLC 控制系统与微型计算机控制的比较

PLC 虽然采用计算机技术和微处理器，但它与计算机相比又具有明显的不同，主要表现在以下几个方面：

（1）从应用范围来看：微型计算机除用在控制领域之外，还大量用于科学计算、数据处理、计算机通信等方面；而 PLC 主要用于工业控制。

（2）从工作环境来看：微型计算机对工作环境要求较高，一般要在干扰小，且具有一定温度和湿度要求的室内使用。

（3）从编程语言来看：微型计算机具有丰富的程序设计语言，其语法关系复杂，要求使用者必须具有一定水平的计算机软硬件知识。

（4）从工作方式来看：微型计算机一般采用等待命令方式，运算和响应速度快；PLC 采用循环扫描的工作方式，其输入输出响应滞后，速度较慢。对于快速系统，PLC 的使用受扫描速度的限制。

（5）从价格来看：微型计算机是通用机，功能完备，故价格较高；而 PLC 是专用机，功能较少，价格相对较低。

2. PLC 控制系统与单片机控制系统的比较

单片机具有结构简单、使用方便、价格便宜等优点，一般用于数字采集和工业控制。而 PLC 是专门为工业现场的自动化控制而设计的，因此与单片机控制系统相比有以下几点不同：

（1）从使用者学习掌握的角度来看：单片机的编程语言一般采用汇编语言或单片机 C 语言，这就要求使用者具备一定的计算机硬件和软件知识，对于只熟悉机电控制的技术人员来说，需要相当一段时间的学习才能掌握。

PLC 虽然本质上是一种微机系统，但它提供给用户使用的是机电控制人员所熟悉的梯形图语言，使用的术语仍然是“继电器”一类的术语，大部分指令与继电器触点的串并联相对应，这就使得熟悉机电控制的工程技术人员一目了然。对于使用者来说，不必去关心微机的一些技术问题，只需用较短时间去熟悉 PLC 的指令及操作方法，就能应用到工程现场。

（2）从使用简单程度看：单片机用来实现自动控制时，一般要在输入输出接口做大量的工作。例如，要考虑现场与单片机的连接、接口的扩展、输入输出信号的处理、接口工作方式等问题，除了要设计控制程序外，还要在单片机的外围做很多软件和硬件方面的工作，系统的调试也比较麻烦。而 PLC 的 I/O 接口已经做好，输入接口可以与输入信号直接连线，非常方便。输出接口具有一定的驱动能力。

（3）从可靠性来看：用单片机做工业控制，突出的问题是抗干扰性能差。而 PLC 是专门应用于工程现场的自动控制装置，在系统硬件和软件上都采取了抗干扰措施，例如光电耦合、自诊断、多个 CPU 并行操作等，故 PLC 控制系统的可靠性较高。但 PLC 在数据采集、数据处理等方面不如单片机。

总之，PLC 用于控制，稳定可靠，抗干扰能力强，使用方便，但单片机的通用性和适应性较强。在使用范围上 PLC 是专用机，微机是通用机；从工业控制角度来说，PLC 是控制通用机，而微机是可以做成某一控制设备的专用机。从更长远来看，由于 PLC 的功能不断增强，更多得采用计算机技术，而计算机也为了适应用户的需要，变得更耐用、更易维护。

任务 3　编程软件的安装及使用

教学重点和难点

1. 教学重点

GX－Developer Ver. 8 编程软件的主要功能，GX－Developer Ver. 8 编程软件的操作界面。

2. 教学难点

GX - Developer Ver. 8 编程软件的操作界面。

本工作任务的教学参考流程如图 1—3—1 所示。

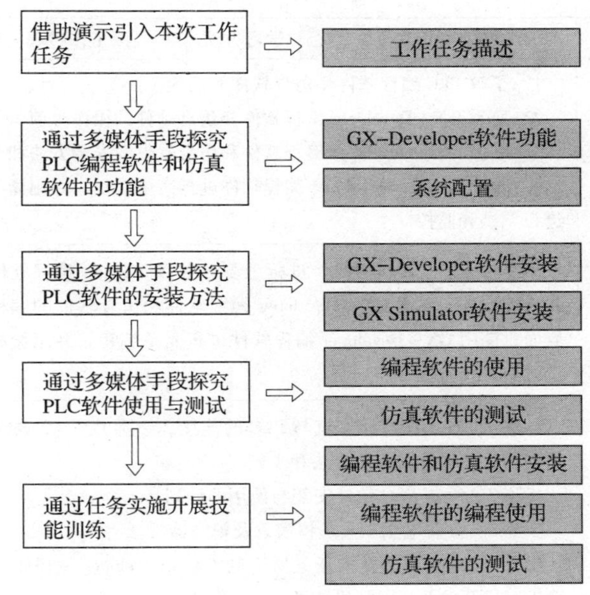

图 1—3—1　本工作任务的教学参考流程

【新课引入】

首先通过展示、提问等方式，带领学生回顾计算机应用基础课程中常用软件的安装步骤及其操作界面，并启发学生思考：三菱 PLC 编程仿真软件的合理应用为可编程控制系统的调试运行提供了哪些方便？从而引出新课。

下发工作任务书（见表 1—3—1），描述工作任务学习目标，并通过播放 PLC 软件安装与使用多媒体课件，进行本工作任务的任务描述，让学生通过观察熟悉本任务的控制要求。

表 1—3—1　　编程软件的安装与使用任务书

典型工作任务名称	编程软件的安装与使用		
学习环境	PLC 实训教室	学习方法	以工作过程为导向
学习目的	1. 了解 PLC 编程软件和仿真软件的功能 2. 熟悉 GX – Developer 编程软件和仿真软件的操作界面 3. 掌握 GX – Developer 编程软件和仿真软件的安装方法和步骤 4. 能使用 GX – Developer 编程软件进行简单编程，并用微机对 PLC 进行调试和监控		
工作任务内容	本次任务的主要内容是：进行三菱 GX – Developer 编程软件和仿真软件的安装，熟悉 GX – Developer 编程软件和仿真软件的编程和仿真界面，使用 GX – Developer 编程软件进行简单编程，并用微机对 PLC 进行调试和监控		
任务实施步骤（或技术要点）	步骤 1：现场观察计算机与 PLC 的连接，熟悉 GX – Developer 编程软件和仿真软件的安装方法和步骤 步骤 2：编制 PLC 软件安装与使用的计划 步骤 3：准备电工工具、仪表以及辅助器材 步骤 4：检查并选择本任务所需的 GX – Developer 编程软件包、计算机、元器件及所需规格的导线 步骤 5：绘制图样（I/O 接线图、平面布置图） 步骤 6：根据软件安装的方法和步骤进行软件安装，完成简单的编程，再按图样安装，并用微机对 PLC 进行调试和监控 步骤 7：编制技术文件，进行检查评估		

【相关知识讲授】

一、GX – Developer Ver. 8 编程软件的主要功能

在介绍 PLC 编程软件的功能时，教师可根据本校 PLC 实训

教室的实际情况进行介绍。这里建议采用三菱 GX - Developer Ver. 8 编程软件，因为三菱 GX - Developer Ver. 8 编程软件是三菱公司设计的 Windows 环境下使用的 PLC 编程软件，能够完成 Q 系列、QnA 系列、A 系列（包括运动 CPU）、FX 系列 PLC 梯形图、指令表、SFC 等的编程，支持当前所有三菱系列 PLC 的软件编程。另外，该软件被全国中职学校技能大赛和各类比赛广泛采用。

二、GX - Developer Ver. 8 编程软件的操作界面

建议采用上机操作演示，先介绍 GX - Developer Ver. 8 编程软件操作界面中的项目标题栏、菜单栏。介绍快捷工具栏时，建议采取机上界面与教材表 1—3—2 ~ 表 1—3—4 对比结合的方式，讲述工具栏中各个按钮的功能。

教学中注意强调："GX - Developer Ver. 8 编程软件操作界面主要由项目标题栏（状态栏）、下拉菜单（主菜单栏）、快捷工具栏、编辑窗口、管理窗口等部分组成。在调试模式下，还可打开远程运行窗口、数据监视窗口等。"

【任务实施】

任务实施的教学流程如图 1—3—2 所示。学生实施任务过程中，教师要做好巡回指导。在巡回指导过程中，指导学生按照安全文明操作规程规范操作，对个别掌握不好的学生要单独进行指导，随时纠正错误。对普遍存在的问题要采用集中指导的方法，老师重新示范演示，使学生进一步理解。

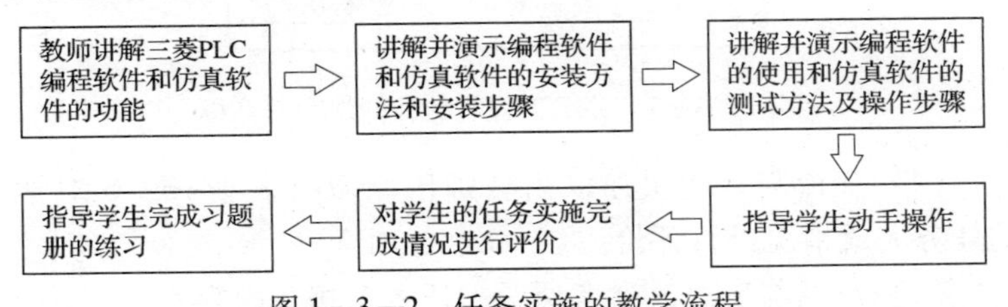

图 1—3—2　任务实施的教学流程

（1）在 GX - Developer Ver. 8 中文编程软件的安装环节，可以引导学生按照软件安装的步骤和方法进行安装。操作过程中，每位学生结合工作任务独立完成，并结组互相检查对错。另外，在进行 GX - Developer Ver. 8 编程软件的安装时，要注意强调：

1）应先进行使用环境的安装，然后再进行软件的安装。

2）安装过程中，在进行项目选择时，每一个步骤都要仔细看，有的选项打钩了反而不利，应按照正确的方法进行选项。

（2）在 GX Simulator6 中文仿真软件的安装环节，同样可以引导学生按照软件安装的步骤和方法进行安装。操作过程中，每位学生结合工作任务独立完成，并结组互相检查对错。另外，教师要注意指导和提醒学生在软件安装时，应先把其他应用程序关掉，如杀毒软件、防火墙、IE 浏览器、办公软件等。这是因为这些软件可能会调用系统的其他文件，影响安装的正常运行。

（3）在软件的测试环节，重点进行 GX Simulator6 中文仿真软件的不在线仿真调试与监控。教师要指导和提醒学生在关闭工程时应注意，在未设定工程名或正在编辑时执行“关闭工程”命令，将弹出一个询问保存对话框，如图 1—3—3 所示。

图 1—3—3　关闭工程时的询问保存对话框

（4）交流与评价。建议由教师按照教材表 1—3—6 对学生的任务完成情况进行评价。

（5）总结与反思。参考课题一任务 1 相关内容。

教学参考资料

GX Simulator 是在 Windows 上运行的软元件包，在安装有 GX－Developer 的计算机内追加安装 GX Simulator 就能实现不在线时的调试。不在线调试功能包括软元件的监视测试、外部机器的 I/O 模拟操作等。如果使用 GX Simulator，就能在一台计算机上进行顺控程序的开发和调试，所以能更有效地进行顺控程序修正后的确认。此外，为了能执行本功能，必须事先安装 GX－Developer。通过 GX－Developer 制作的顺控程序写入 GX Simulator 内，能实现通过 GX Simulator 的调试。顺控程序对 GX Simulator 的写入，根据 GX Simulator 的启动能够自行进行。

课题二　基本控制指令应用

学时分配表

教学内容	建议学时
任务 1　河沙自动装载装置控制系统设计与装调	8
任务 2　卷扬机控制系统设计与装调	8
任务 3　三相交流异步电动机Ｙ—△降压启动控制系统设计与装调	10
任务 4　抢答器控制系统设计与装调	10
任务 5　花式喷泉控制系统设计与装调	20
总　　计	56

任务 1　河沙自动装载装置控制系统设计与装调：本任务首先介绍三菱系列可编程序控制器的编程元件（X、Y）的定义和特点等，然后重点介绍三菱系列 PLC 基本指令（LD、LDI、OR、ORI、AND、ANI、OUT、END）的助记符及功能，最后介绍梯形图的特点及编程原则。在专业技能方面，本任务要求学生能根据控制要求，灵活地运用经验法，按照梯形图的设计原则，将三相交流异步电动机单方向运行控制的继电—接触器控制电路转换成梯形图，并能通过三菱 GX－Developer 编程软件，采用梯形图输入法输入梯形图，通过仿真软件采用梯形图逻辑测试法进行模拟仿真运行；然后将仿真成功后的程序下载到 PLC 中，完成控制系统的装接调试。

任务 2　卷扬机控制系统设计与装调：本任务重点介绍三菱系列 PLC 的 ORB、ANB、MPS、MRD、MPP 等基本驱动指令的功能及应用。在专业技能方面，本任务要求学生能根据控制要求，灵活地运用经验法，通过基本指令或多重输出指令实现三相交流异步电动机正反转控制的梯形图程序设计，并能通过指令语句输入法输入指令，采用梯形图逻辑测试法进行模拟仿真运行；然后将仿真成功后的程序下载到 PLC 中，完成控制系统的装接调试。

任务3　三相交流异步电动机 Y—△降压启动控制系统设计与装调：本任务先介绍三菱系列 PLC 的主控指令（MC、MCR）的功能及应用，然后重点介绍三菱系列可编程序控制器的通用定时器（T）的分类和工作原理等。在专业技能方面，本任务要求学生能根据控制要求，灵活地运用经验法，通过主控指令或多重输出指令实现三相交流异步电动机 Y-△降压启动控制的梯形图程序设计，并能通过梯形图输入法或指令语句输入法进行编程，采用软元件测试的方法进行模拟仿真运行；然后将仿真成功后的程序下载到 PLC 中，完成控制系统的装接调试。

任务4　抢答器控制系统设计与装调：本任务首先介绍三菱系列可编程序控制器的编程元件辅助继电器（M）的定义、特点和分类等，然后重点介绍定时器的典型应用电路，最后介绍三菱系列 PLC 的脉冲输出指令（PLS、PLF）和脉冲检测指令（LDP、LDF、ANDP、ORP、ORF）的功能及应用。在专业技能方面，本任务要求学生能根据控制要求，灵活地运用经验法，通过置位/复位指令、脉冲输出指令、脉冲检测指令及主控指令和定时器实现抢答器控制系统的梯形图程序设计，并能通过梯形图输入法或指令语句输入法进行编程，采用软元件测试的方法进行模拟仿真运行；然后将仿真成功后的程序下载到 PLC 中，完成控制系统的装接调试。

任务5　花式喷泉控制系统设计与装调：本任务首先介绍三菱系列可编程序控制器的编程元件计数器（C）和特殊辅助继电器（M）的功能及应用等，然后重点介绍计数器与特殊辅助继电器配合实现长延时控制、定时器与计数器组合实现长延时控制等典型的计数器长延时控制电路。在专业技能方面，本任务要求学生能根据控制要求，灵活地运用经验法，通过脉冲检测指令和计数器完成对花式喷泉控制系统的梯形图程序设计，并能正确装调花式喷泉 PLC 控制系统线路。

任务1　河沙自动装载装置控制系统设计与装调

教学重点和难点

1. 教学重点

编程元件（X、Y），基本指令（LD、LDI、OR、ORI、AND、ANI、OUT、END），梯形图的特点及编程原则。

2. 教学难点

编程元件（X、Y）、梯形图的特点及编程原则。

本工作任务的教学参考流程如图 2—1—1 所示。

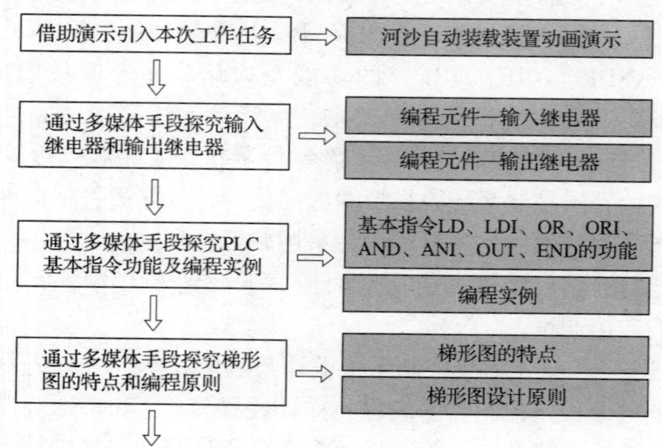

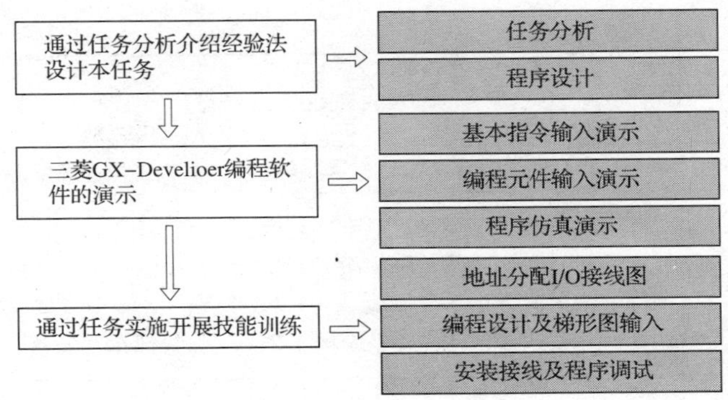

图 2—1—1　本工作任务的教学参考流程

【新课引入】

首先通过提问等方式，带领学生复习电力拖动控制线路与技能训练课程中所学习的继电—接触器逻辑控制的三相交流异步电动机单方向连续运行控制的工作原理，对比继电—接触器控制与 PLC 控制的异同。

下发工作任务书，参见表 2—1—1，描述本任务学习目标。在下发工作任务书后，通过播放和操作河沙自动装载装置控制系统的多媒体课件，进行本次工作任务描述，并让学生通过观察熟悉本工作任务的控制要求。

表 2—1—1　河沙自动装载装置控制系统设计与装调任务书

典型工作任务名称	河沙自动装载装置控制系统设计与装调		
学习环境	PLC 实训教室	学习方法	以工作过程为导向
学习目的	1. 熟悉 PLC 控制系统的工作过程 2. 熟悉输入继电器、输出继电器和基本指令 LD、LDI、OR、ORI、AND、ANI、OUT、END 的用法		

续表

<table>
<tr><td>典型工作任务名称</td><td colspan="3">河沙自动装载装置控制系统设计与装调</td></tr>
<tr><td>学习环境</td><td>PLC 实训教室</td><td>学习方法</td><td>以工作过程为导向</td></tr>
<tr><td>学习目的</td><td colspan="3">3. 掌握梯形图设计的原则和 I/O 接线图的画法
4. 掌握利用三菱 GX Developer 编程软件输入基本指令，并进行编程和仿真运行的方法
5. 掌握三菱 PLC 程序下载及接线安装，并进行调试的方法</td></tr>
<tr><td>工作任务内容</td><td colspan="3">如图所示是采用继电—接触器逻辑控制系统实现河沙自动装载装置控制的线路图。本任务的主要内容是：用 PLC 控制系统来实现对图示控制线路的改造
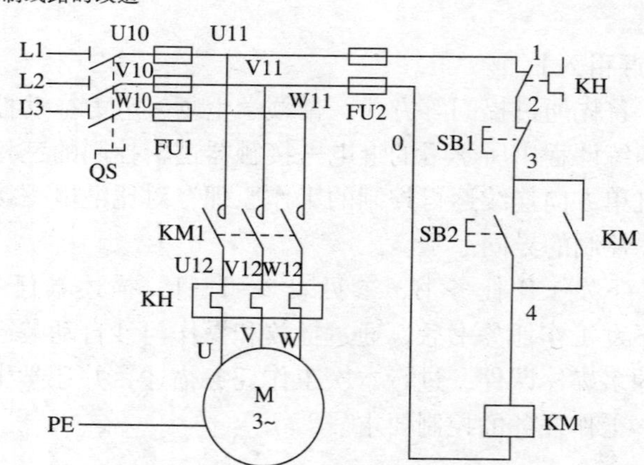

河沙自动装载装置的控制线路
具体要求如下：
根据三相交流异步电动机单方向连续运行控制的控制原理，采用基本指令，运用经验设计法进行控制程序的设计
启动控制：当按下启动按钮 SB2 后，SB2 的常开触点闭合，使接触器 KM 线圈获电，铁芯吸合，KM 辅助常开触点闭合，松开启动按钮 SB2，接触器 KM 线圈通过自己的辅助常开触点实现自锁，三相交流异步电动机 M 连续运转</td></tr>
</table>

续表

典型工作任务名称	河沙自动装载装置控制系统设计与装调		
学习环境	PLC 实训教室	学习方法	以工作过程为导向
工作任务内容	停止控制：当按下停止按钮 SB1 时，SB1 常闭触点切断接触器 KM 线圈回路，接触器 KM 线圈失电，铁芯释放，KM 辅助常开触点复位断开，松开停止按钮 SB1 后，接触器 KM 线圈处于断电状态，三相交流异步电动机 M 停止运转		
任务实施步骤（或技术要点）	步骤 1：现场观察三相交流异步电动机单方向连续运行控制实物 步骤 2：熟悉三相交流异步电动机单方向连续运行控制的工作原理，编制 PLC 程序设计及线路安装计划 步骤 3：准备电工工具、仪表及辅助器材 步骤 4：检查并选择本任务所需的元器件及所需规格的导线 步骤 5：绘制图样（I/O 地址分配表、I/O 接线图、梯形图、平面布置图） 步骤 6：根据 I/O 地址分配表、梯形图，利用编程软件在计算机上进行编程设计，再按图样安装和调试电路 步骤 7：编制技术文件，进行检查评估		

【相关知识讲授】

一、编程元件（X、Y）

建议结合教材图 1—2—10 的电动机单方向连续运行控制的 PLC 控制系统框图，通过系统运行的原理分析，以及与实际继电—接触器控制线路进行比较，讲清 PLC 控制系统是通过软件编程来实现控制功能的，即它通过输入端子接收外部输入信号，接内部输入继电器；输出继电器的触点接到 PLC 的输出端子上，由事先编好的程序（梯形图）驱动，通过输出继电器触点的通断，实现对负载的功能控制。然后详细讲授输入继电器（X）和输出继电器（Y）的功能及特点。

教学中应注意强调：“PLC 的基本单元输入继电器和输出继

电器的编号是固定的，扩展单元和扩展模块的编号是接着基本单元自动编号，但末尾数必须从零开始。在实际使用中，输入、输出继电器的数量，要视具体系统的配置情况而定。”

二、基本指令（LD、LDI、OR、ORI、AND、ANI、OUT、END）

介绍三菱 PLC 的基本指令时，建议围绕教材表 2—1—3 所列的 LD、LDI、OR、ORI、AND、ANI、OUT、END 指令的编程实例开展教学，通过分析编程实例使学生熟练掌握各基本指令的助记符、功能及其在程序设计中的应用。对于 PLC 初学者来说，对基本指令应用的掌握程度会直接影响今后 PLC 控制系统程序的设计水平，因此教学时应尽可能做到详细而准确。

关于本任务介绍的基本指令，教学时建议强调以下几点：

1. OR、ORI 指令是将一个触点与前面的 LD、LDI 指令步进行并联连接。对于两个或两个以上触点的并联连接，则需要用到 ORB 指令。关于 ORB 指令的功能与应用将在后续内容中介绍。

2. AND、ANI 指令可进行一个触点的串联连接。串联触点的数量不受限制，可多次使用。对于与一个或多个触点组成的并联分支电路的串联，则需要使用 ANB 指令。关于 ANB 指令的功能与应用将在后续内容中介绍。

3. OUT 指令不能用于输入继电器，用 OUT 指令驱动的线圈均接于右母线。另外，OUT 指令还可对并联线圈作多次驱动。

三、梯形图的特点及编程原则

1. 梯形图的特点

在介绍三菱 PLC 的梯形图特点及编程规则时，建议通过引导学生一起比较梯形图与继电—接触器逻辑控制电路，找出两种类型电路图的相同点和区别，从而突出梯形图的特点。并可总结说明以下几点：

（1）梯形图的逻辑行是以 LD（或 LDI）开始，以 OUT 结束。

（2）假如梯形图的某一逻辑行输出一线圈 Y0 后，还可以并联输出 Y1（或其他继电器线圈，除了输入继电器外），这种输出方式称为纵接输出。

（3）应用基本指令编程后，某线圈只能出现一次。如果某线圈要由多个触点组合驱动，那么这些触点就要组成“与”“或”电路。

2. 梯形图编程的设计规则

梯形图的设计规则是本节内容的重点之一，教学时可结合教材图 2—1—4 ~ 图 2—1—8 逐一讲解说明。介绍完相关内容后，建议通过以下例题，检验学生对梯形图编程规则的掌握情况。

【例 1】 判断如图 2—1—2 所示梯形图的画法是否正确。

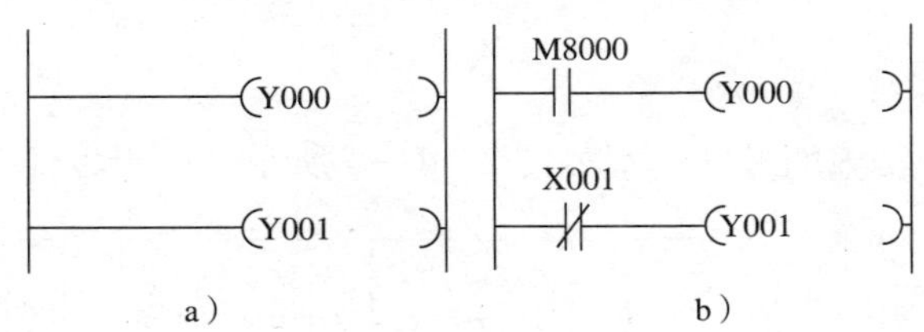

图 2—1—2　梯形图

【解】 线圈不能直接与左母线相连。如果需要，可以通过一个没有使用元件的常闭触点或特殊辅助继电器 M8000（常 ON）来连接，因此图 2—1—2a 不正确，图 2—1—2b 正确。

【例 2】 将图 2—1—3a 所示梯形图，转换为便于编程的梯形图。

【解】 对于复杂电路，用 ANB、ORB 等指令难以编程，可重复使用一些触点画出等效电路，然后再进行编程，如图 2—1—3b 所示。

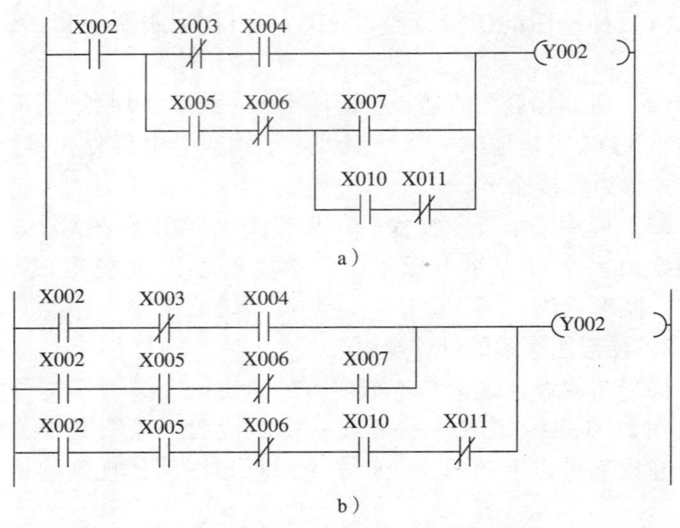

图 2—1—3　梯形图

a）复杂电路　b）等效电路

【任务实施】

任务实施的教学流程如图 2—1—4 所示。由于该任务是实施

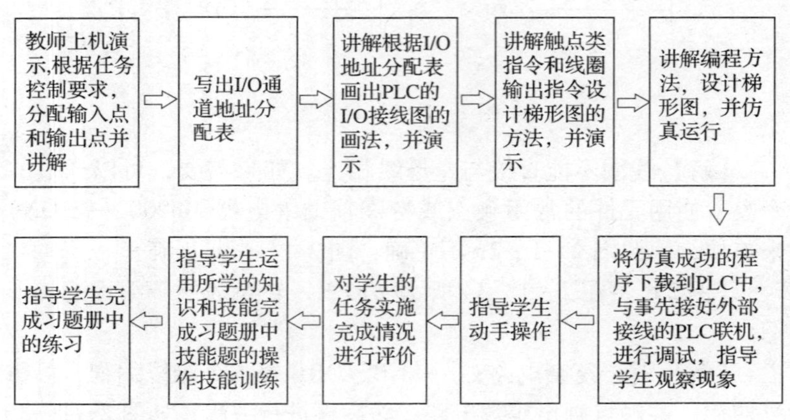

图 2—1—4　任务实施的教学流程

PLC 控制系统程序设计的第一个典型工作任务的教学，建议教师采用行动导向教学模式中的“四阶段教学法”，即教师——讲解、示范、指导、评价；学生——倾听、观察、模仿、练习。具体可结合图 2—1—4 所示的教学流程实施教学。学生实施任务过程中，教师要做好巡回指导。在巡回指导过程中，指导学生按照安全文明操作规程规范操作，对个别掌握不好的学生要单独进行指导，随时纠正错误。对普遍存在的问题要采用集中指导的方法，教师再重新示范演示，使学生进一步理解。

1. 控制系统硬件设计

这个环节的基本操作步骤为：画出 PLC 的 I/O 接线图→清点工具和仪表→选用元器件及导线→元器件的检测（检查实训台上需要用到的元器件）→安装元器件→布线→自检。

（1）画出 PLC 的 I/O 接线图

在画出 PLC 的 I/O 接线图时，可由学生自行设计，教师进行完善。设计中要注意绘图中的文字符号和图形符号的准确性。由于本任务是第一个典型工作任务，建议让学生将设计出的接线图与 PLC 实物的接线端子进行比较，加深对 I/O 接线图的印象，为今后 I/O 接线图的设计和安装接线，奠定坚实的基础。

（2）清点工具和仪表

根据任务的具体内容，选择工具和仪表（见表 2—1—2），并放在固定的位置上。

表 2—1—2　　工具、仪表选用

序号	工具或仪表名称	型号或规格	数量	作用
1	一字旋具	100 mm	1	电路连接与元器件安装
2	一字旋具	150 mm	1	电路连接与元器件安装
3	十字旋具	100 mm	1	电路连接与元器件安装
4	十字旋具	150 mm	1	电路连接与元器件安装

续表

序号	工具或仪表名称	型号或规格	数量	作用
5	尖嘴钳	150 mm	1	
6	斜口钳	自选	1	
7	剥线钳	自选	1	
8	电笔	自选	1	
9	万用表	自选	1	

（3）选用元器件及导线

本任务所用元器件清单见教材表2—1—1。

（4）元器件的检测

配备所需元器件后，先进行元器件检测，一般包括两部分：外观检测和采用万用表检测。外观检测主要是检测元器件外观有无损坏，元器件上标注的型号、规格、技术数据是否符合要求，以及一些动作机构是否灵活，有无卡阻现象。教学时，教师可设计元器件外观检测记录表（见表2—1—3）和万用表检测记录表（见表2—1—4），引导学生进行元器件的检测，并将检测的结果填入相应的表中。

表2—1—3　　元器件外观检测记录表

代号	名称	图示	操作步骤、要领及结果
PLC	可编程序控制器		1. 看型号是否符合标准，端口是否够用 2. 看外表是否破损 3. 看触点结构是否完整，特别是有无垫片
			结果：

代号	名称	图示	操作步骤、要领及结果
QF	低压 断路器	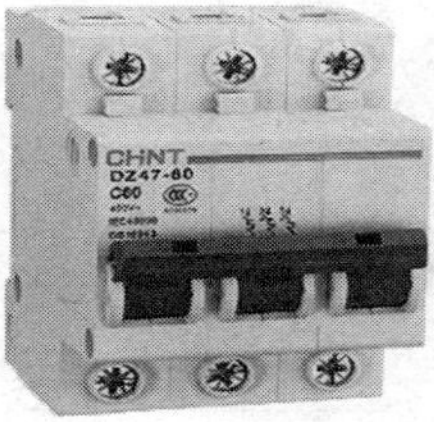	1. 看型号中的额定电流是否符合标准 2. 看外表是否破损 3. 看接线座是否完整 结果：
FU	熔断器		1. 看型号中的熔断器额定电流是否符合标准 2. 看外表是否破损 3. 看接线座是否完整 结果：
XT	端子排		1. 看型号是否符合标准，端口数是否够用 2. 看外表是否破损 3. 看接线座是否完整，特别是有无垫片 结果：
SB	按钮		1. 看型号是否符合标准 2. 看外表是否破损 3. 看动作是否灵活，是否有卡阻现象 4. 看触点结构是否完整，特别是有无垫片 结果：

续表

代号	名称	图示	操作步骤、要领及结果
KH	热继电器		1. 看型号是否符合标准，端口数是否够用 2. 看外表是否破损 3. 看触点结构是否完整，特别是有无垫片
			结果：
KM	接触器		1. 看型号中的额定电流、额定电压是否符合标准 2. 看外表是否破损 3. 看触点动作是否灵活，是否有卡阻现象 4. 看触点结构是否完整，特别是有无垫片
			结果：

表 2—1—4　　　　万用表检测记录表

内容	图示	操作步骤、要领及结果
接触器线圈	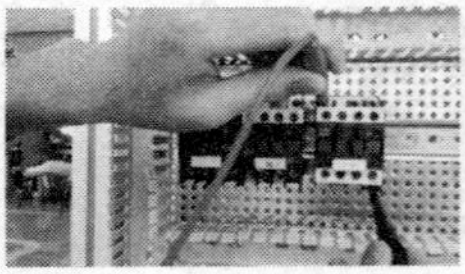	将万用表的量程选到 R × 100 挡，测量线圈电阻。如果阻值在 1 ~ 2 kΩ 之间，则正常；若阻值为无穷大，则线圈断路
		结果：
接触器触点	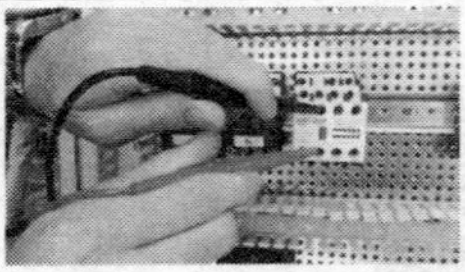 	1. 将万用表的量程选到 R × 1 挡，测量常闭触点电阻。正常时接近零；手动打开触点，读数为无穷大 2. 将万用表的量程选到 R × 1 挡，测量常开触点电阻。正常时接近无穷大；手动闭合触点，读数为零
		结果：

续表

内容	图示	操作步骤、要领及结果
热继电器		1. 将万用表的量程选到 R×1 挡，测量常闭触点电阻。正常时接近零；手动打开触点，读数为无穷大 2. 将万用表的量程选到 R×1 挡，测量软元件电阻。正常时接近零
		结果：
熔断器		将万用表的量程选到 R×1 挡，测量上下接线座之间电阻，正常时接近零。如果为无穷大，则可能熔体接触不良或熔体烧坏
		结果：

在学生进行元器件检测之前，要注意强调以下两点：

1）手动电气元件时不能用力太猛，否则容易损坏元器件。但也不可太轻，太轻将起不到模拟通电动作的作用。

2）检验元器件质量应在不通电的情况下进行，用万用表检查各触点的通、断情况是否良好。检验接触器时，用手按下主触头，要用力均匀，切忌使用旋具用力过猛，以防触点变形。同时应检查接触器线圈电压与电源电压是否相符。

（5）安装元器件

确定元器件完好后，把元器件固定在配线盘上。元器件要按照电气元件布置图来安装。

1）各个元器件的安装位置应该整齐、均匀，间距合理。

2）紧固元器件应该用力均匀，元器件应该安装平稳，并注意元器件的安装方向。

（6）布线

一般说来，主电路和控制电路是分开接的。布线的具体工艺要求如下：

1）各电气元件接线端子引出导线的走向，以电气元件的水平中心线为界线，在水平中心线以上的接线端子引出线的导线，必须进入电气元件上面的行线槽；在水平中心线以下的接线端子引出线的导线，必须进入电气元件下面的行线槽。任何导线都不允许从水平方向进入行线槽。

2）各电气元件接线端子上引入或引出的导线，除间距很小和电气元件机械强度很差允许直接架空敷设外，其他导线必须经过行线槽进行连接。

3）进入行线槽内的导线要完全置于行线槽内，并应尽可能避免交叉，装线不得超过其容量的70%，以便能盖上行线槽盖和便于今后装配及维修。

4）各电气元件与行线槽之间的外露导线，应走线合理，并应尽可能做到横平竖直，变换走向要垂直。同一电气元件上位置一致的端子上引出或引入的导线，要敷设在同一平面上，并应做到高低一致或前后一致，不得交叉。

5）所有接线端子、导线接头上都应套有与电路图相应接点线号一致的编码套管，并按线号进行连接。

6）一般一个接线端子只能连接一根导线，如果采用专门设计的端子，可以连接两根或多根导线，并应严格按照连接工序的工艺要求进行。

7）导线与接线端子或接线柱连接时，不得压绝缘层，不得反圈，露铜不应过长。

元器件固定好之后，可按照表2—1—5所示步骤完成布线。

（7）自检

安装完成后，必须按要求进行检查。

1）检查布线。根据电路图检查是否掉线、错线，是否漏编、错编，接线是否牢固等。

表 2—1—5　　接线步骤

步骤	操作内容	过程示图		操作步骤及要领
1	“11” 号线装接	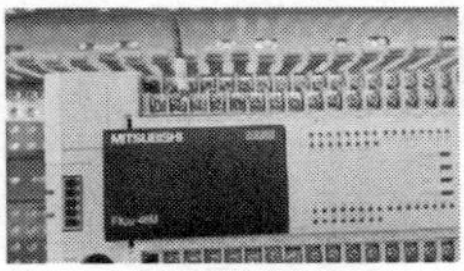	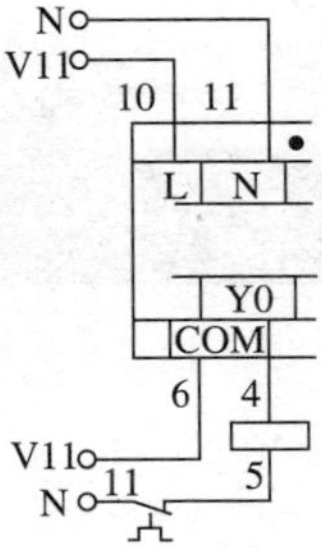 N V11 10 11 L N Y0 COM 6 4 V11 N 11 5	接线图中的“11” 号线接第一根线，PLC 接零端“N”
2	“10” 号线装接		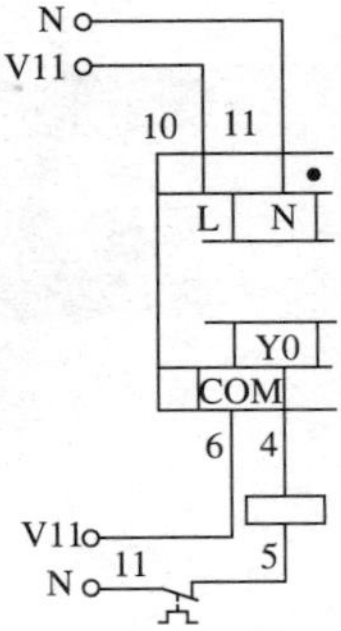 N V11 10 11 L N Y0 COM 6 4 V11 N 11 5	接线图中的“10” 号线，从 PLC“L” 端接到 QF2 下接线端子，完成 PLC 工作电源接线
3	“6” 号线装接		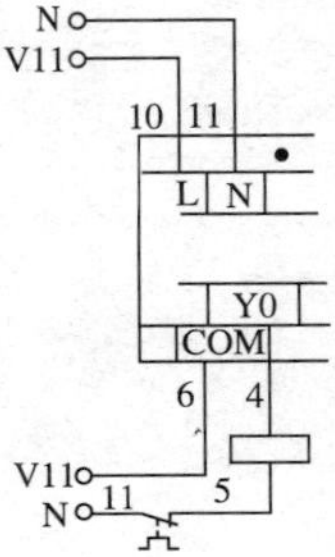 N V11 10 11 L N Y0 COM 6 4 V11 N 11 5	“6” 号线是 PLC 外围输出电源的公共端 COM1，同熔断器 FU2 下接线端相接，形成负载短路保护

续表

步骤	操作内容	过程示图		操作步骤及要领
4	“4”号线装接		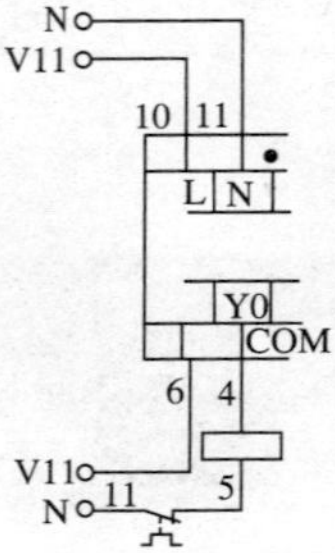 N V11 10 11 L N Y0 COM 6 4 V11 5 N 11	接触器KM线圈同PLC输出端“Y0”相接，同PLC梯形图中驱动输出线圈相一致
5	“5”号线装接		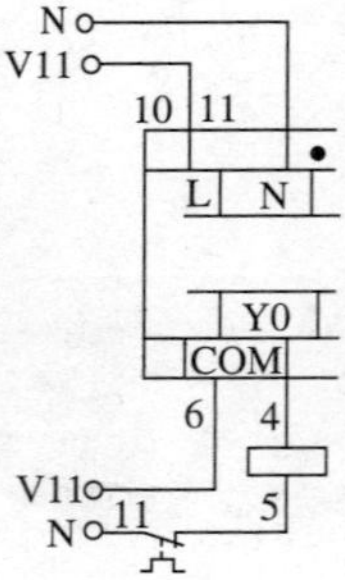 N V11 10 11 L N Y0 COM 6 4 V11 5 N 11	“5”号线是接触器KM线圈与热继电器的常闭触头相接，然后通过“11”号线接到QF2下接线端子
6	“3”号线装接	 	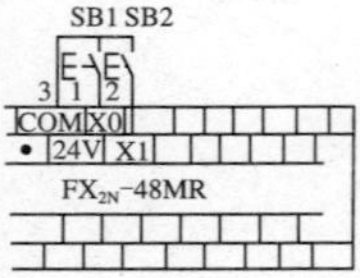 SB1 SB2 3 1 2 COM X0 • 24V X1 FX_{2N}-48MR	“3”号线是两个输入按钮SB1、SB2一端接一起，与PLC的信号公共端COM相连

续表

步骤	操作内容	过程示图		操作步骤及要领
7	"1" 号线装接	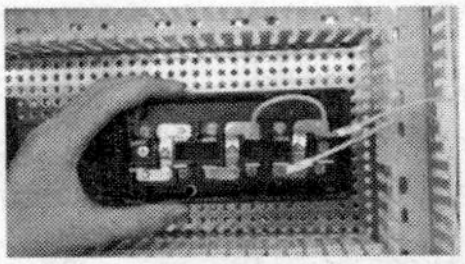 	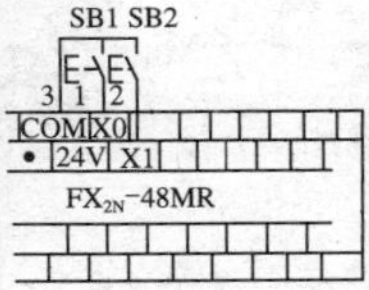 SB1 SB2 3 1 2 COM X0 • 24V X1 FX_{2N}-48MR	输入按钮 SB1（停止按钮）的另一端接 PLC 输入信号"X0"
8	"2" 号线装接	 	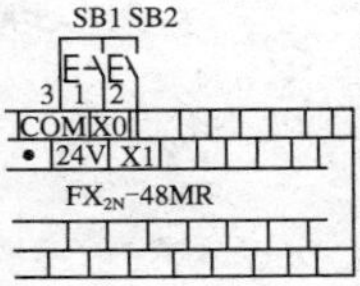 SB1 SB2 3 1 2 COM X0 • 24V X1 FX_{2N}-48MR	输入按钮 SB2（启动按钮）的另一端接 PLC 输入信号"X1"
9	"U10、V10、W10"线装接	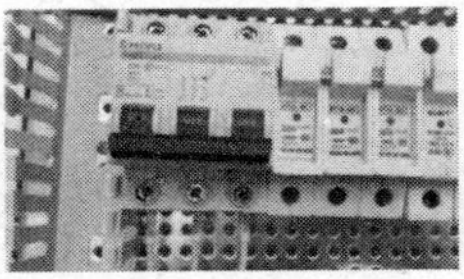	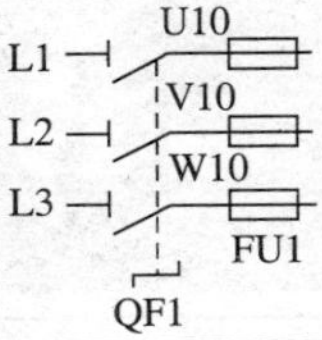 L1 L2 L3 U10 V10 W10 FU1 QF1	接完控制电路后进行主电路的装接，先接"U10、V10、W10"这三根线
10	"U11、V11、W11"线装接	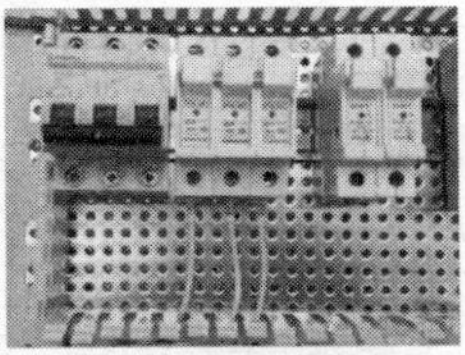 	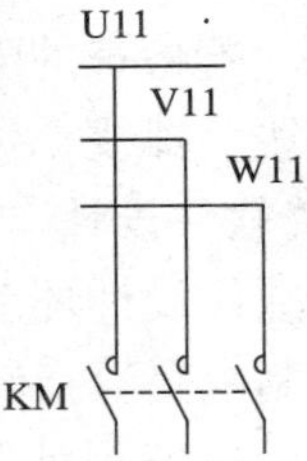 U11 V11 W11 KM	装接"U11、V11、W11"这三根线，与熔断器 FU1、KM 主触头相连

续表

步骤	操作内容	过程示图		操作步骤及要领
11	“U12、V12、W12”线装接	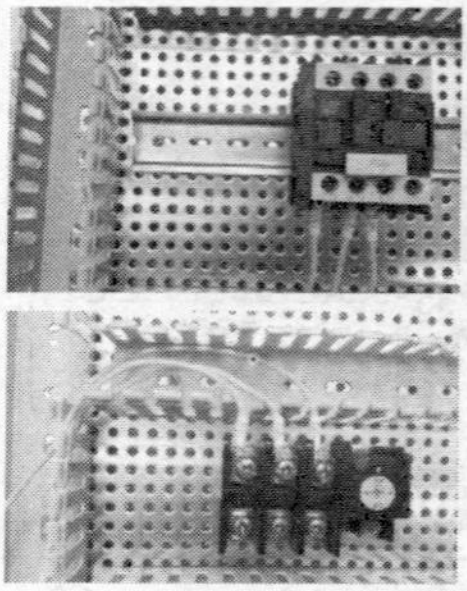	KM U12 V12 W12 KH	装接“U12、V12、W12”这三根线，KM 主触头与热继电器 KH 热元件相连
12	“U、V、W”线装接	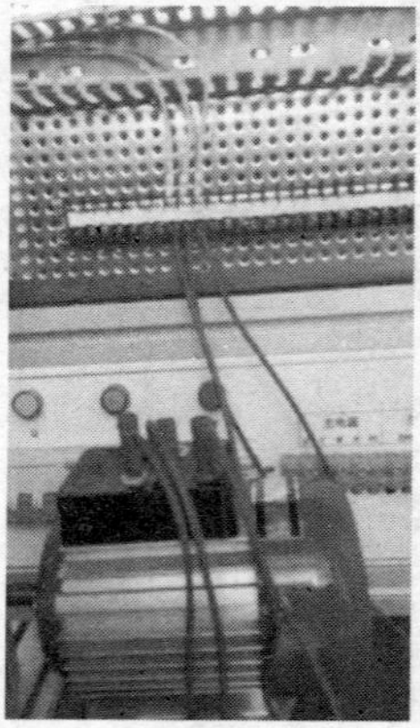	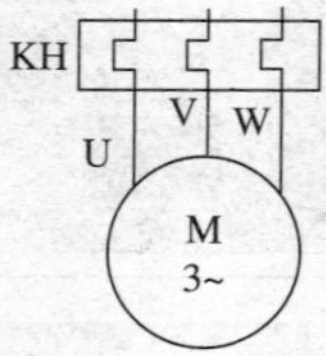 KH U V W M 3~	“U、V、W”这三根线接电动机 M，从热继电器 KH 热元件引向电动机

2）使用万用表检查。按照表 2—1—6，使用万用表 R×1 挡检测安装的电路。若检查的阻值与正确的阻值不符，应根据电路图检查是否有错线、掉线、错位、短路等。

2. 控制系统软件设计

在控制系统软件设计环节，学生设计梯形图时，可以引导学生用通过继电控制电路直接转换成梯形图的方法（电路移植法）画出梯形图，然后在编程计算机和 PLC 实训台上进行设计及仿真调试运行。操作过程中，每位学生结合工作任务独立完成，并

表 2—1—6　　　使用万用表检测电路的过程

<table>
<tr><th rowspan="2">测量要求</th><th colspan="4">测量过程</th><th rowspan="2">正确阻值</th><th rowspan="2">测量结果</th></tr>
<tr><th>测量任务</th><th>总工序</th><th>工序</th><th>操作方法</th></tr>
<tr><td rowspan="2">空载</td><td rowspan="2">测量主电路</td><td rowspan="2">断开熔断器 FU1、QF2 和电动机 M，分别测量三相电源之间的电阻值</td><td>1</td><td>所有器件不动作</td><td>∞</td><td></td></tr>
<tr><td>2</td><td>压下 KM</td><td>∞</td><td></td></tr>
<tr><td rowspan="2">有载</td><td rowspan="2">测量主电路</td><td rowspan="2">断开熔断器 FU1、QF2，接上电动机 M，分别测量三相电源之间的电阻值</td><td>3</td><td>所有器件不动作</td><td>∞</td><td></td></tr>
<tr><td>4</td><td>压下 KM</td><td>电动机 M 两相电子绕组阻值之和</td><td></td></tr>
<tr><td rowspan="4">空载或有载</td><td rowspan="3">测量 PLC 输入电路</td><td>测量 PLC 电源输入端 L、N 之间的阻值</td><td>5</td><td>所有器件不动作</td><td>约为几欧或几十欧</td><td></td></tr>
<tr><td>测量 PLC 电源输入端 L 与 COM 之间的阻值</td><td>6</td><td>所有器件不动作</td><td>∞</td><td></td></tr>
<tr><td>测量 PLC 公共端 COM 与 X0、X1 之间的阻值</td><td>7</td><td>分别按下两个按钮</td><td>约为 0</td><td></td></tr>
<tr><td>测量 PLC 输出电路</td><td>测量 PLC 公共端 COM1 与 Y0 之间的阻值</td><td>8</td><td>所有器件不动作</td><td>接触器 KM 线圈的阻值</td><td></td></tr>
</table>

结组互相检查对错。另外，教师要注意指导和提醒学生在梯形图输入完毕后，将梯形图进行变换，并进行程序保存。

在设计控制系统梯形图过程中，要注意强调：在 PLC 控制系统中，当 PLC 外部输入端子的停止按钮采用常闭触点时，在程序中的梯形图里应采用常开触点，而不能采用与之相对应的常闭触点。这是因为一旦 PLC 控制系统接通电源，系统内的直流 24 V 的开关电源会通过 PLC 外部的停止按钮常闭触点构成回路，使输入继电器 X000 获电，此时梯形图中的 X000 常闭触点处于断开状态（置“0”），断开了输出继电器 Y000 线圈回路，造成当按下启动按钮 SB2 即 X001 置“1”时，无法使输出继电器 Y000 线圈获电，不能驱动 PLC 外部输出端子上的接触器 KM 动作，电动机无法启动。同理，如果当 PLC 外部输入端子的停止按钮采用常开触点时，在程序中的梯形图里也采用常开触点的话，输出继电器 Y000 线圈永远处于断电状态，无法进行启动控制。

3. 系统调试

完成控制系统设计和安装后，即可进行通电调试，以验证系统功能是否符合控制要求。建议引导学生按照教材内容进行系统调试，并将调试情况填写在教材表 2—1—5 中。

4. 任务检查

在整个任务实施过程中，为了保证学生能很好地完成任务，可让学生将任务实施的过程检查结果填入表 2—1—7 所示的任务检查单中。

表 2—1—7　　任务检查单

任务检查单	产品型号和名称	项目承接人	编号
检查人	检查开始时间	检查结束时间	

续表

检查内容		是	否
一、硬件和软件程序的设计	1. 根据设计要求，正确设计主电路		
	2. 正确设计 PLC 控制 I/O 口接线图并列出 PLC 控制 I/O 口元件地址分配表		
	3. 根据控制要求正确使用基本指令和编程元件，并设计 PLC 梯形图		
	4. 根据梯形图列出程序指令表		
	5. 画电路图规范清晰、元器件文字代号准确完整		
二、硬件安装接线	1. 合理选择电气元件并检查元器件质量		
	2. 能按照元器件布置图进行 PLC 输入输出元器件的安装固定		
	3. 能正确进行控制电路的接线		
	4. 紧固件规格、型号选用正确		
	5. 机械连接正确		
	6. 无导线、塑料件、外壳等丢失、损伤现象		
	7. 能正确使用万用表或验电笔检查线路		
三、PLC 控制程序的输入及调试	1. 熟练操作 PLC，能正确地将所编程序输入 PLC		
	2. 能正确使用编程软件进行程序的修改、插入等编辑		
	3. 能正确按照被控设备的动作要求利用按钮（限位开关）等元器件进行调试，达到设计要求		
	4. 能正确操作 PLC 按照任务控制要求进行控制		
	5. 能正确使用编程软件进行 PLC 的监控和测试		
	6. 能根据 PLC 运行故障进行常见故障的检查		
	7. 能排除 PLC 程序常见故障		
	8. 能排除 PLC 外围控制器件的常见故障		

续表

检查内容		是	否
四、安全文明操作	1. 必须穿戴劳动防护用品		
	2. 遵守劳动纪律，注意培养一丝不苟的敬业精神		
	3. 注意安全用电，严格遵守本专业操作规程		
	4. 保持工位文明整洁，符合安全文明生产		
	5. 工具仪表摆放规范整齐，仪表完好无损		
五、简述本任务工作过程			
六、指导教师审核			

项目承接人签名	检查人签名	老师签名

5. 交流与评价

建议由教师按照教材表2—1—6对学生的任务完成情况进行评价。也可以根据具体情况先由学生进行自我评价和小组互评，然后由教师评价，并将结果填入表2—1—8中。

表2—1—8　　　　教学效果评价表

考核点（%）	考核方式	评价标准				成绩
		优	良	中	及格	
PLC I/O 分配表（10）	教师评价	能正确设计PLCI/O分配表，输入、输出量表述清楚，布局合理	能正确设计 PLC I/O 分配表，输入、输出量表述清楚	在教师的指导下完成 PLC I/O 分配表的设计，输入、输出量表述清楚	在教师的指导下完成 PLC I/O 分配表的设计	

续表

考核点（%）	考核方式	评价标准				成绩
		优	良	中	及格	
PLC 系统接线图（20）	教师评价 + 自评 + 互评	能正确设计 PLC 系统接线图，条理清楚，布局合理	能正确设计 PLC 系统接线图，条理清楚	在教师的指导下设计 PLC 系统接线图，条理清楚	在教师指导下基本完成 PLC 系统接线图	
PLC 控制程序（30）	教师评价	能根据控制要求，正确编写本任务 PLC 控制系统程序，条理清楚，无错误	能根据控制要求，正确编写本任务 PLC 控制系统程序，条理清楚，无重大错误	能根据控制要求，编写 PLC 控制系统程序，有较大错误，经教师指导后改正	在教师指导下基本完成本任务 PLC 控制系统程序的编写	
仿真操作（30）	教师评价	能正确录入 PLC 程序，进行正确仿真操作，效果明显，结论正确	能正确录入 PLC 程序，进行正确仿真操作，结论正确	能正确录入 PLC 程序，进行正确仿真操作，操作不够熟练，结论正确	在教师的指导下能录入 PLC 程序，进行正确仿真操作，操作不够熟练，结论正确	
综合表现（10）	教师评价 + 自评	积极参与；团队合作意识强；按时完成任务；愿意帮助同学；服从指导教师安排	主动参与；团队合作意识较强；在教师的指导下完成任务；服从指导教师的安排	能参与；团队合作意识较强；在同学的帮助下完成任务；服从指导教师的安排	能参与；团队合作意识一般；在教师的帮助下完成任务；服从指导教师安排	

6. 总结与反思

任务完成后应增加总结与反思环节，引导学生对以下内容进行总结：

（1）总结本任务训练情况即每个学生对本任务实施的掌握情况和存在问题。

（2）总结实训课堂的纪律情况。

（3）总结文明生产、安全操作情况。

（4）整理工作位置，学生下课后把所用的工具、仪表和相关实训材料放回工具箱，清理桌面，搞好教室卫生。

教学参考资料

一、编程元件（X、Y）的特点

在教材中分别对输入继电器（X）和输出继电器（Y）两种编程元件作了介绍，为了能让学生更清楚地了解输入继电器（X）和输出继电器（Y）的功能，现将输入继电器（X）和输出继电器（Y）的特点归纳如下，供教师教学参考。

1. 输入继电器（X）的特点

输入继电器专门接收来自 PLC 外部输入设备（按钮、选择开关、限位开关等）提供的信号。它实际是一个经光电开关隔离的无触点开关，并不是一般的继电器。输入继电器有无数的常开和常闭触点供用户编程使用。如图 2—1—5 所示（教材图 1—2—10）为本任务的 PLC 控制系统框图。从图中可以看到输入信号中的停止按钮 SB1 和启动按钮 SB2 分别接到 PLC 输入部分的 X0 和 X1 输入端子上，可以等效地看成是与输入继电器 X0 和 X1 的线圈相连。当按下启动按钮 SB2 后，内部输入继电器 X1 的等效线圈接通（ON），在程序（梯形图）中的 X1 的常开触点接通（ON），当松开启动按钮 SB2 后，内部输入继电器 X1 的等效线圈断电（OFF），在程序（梯形图）中的 X1 的常开触点断开（OFF）。同理，按下停止按钮 SB1 后，驱动的是内部输入继电器 X0 的等效线圈接通（ON），在程序（梯形图）中的 X0 的常闭触点断开（OFF）；当松开停止按钮 SB1 后，内部输入继电器 X0 的等效线圈断电（OFF），在程序（梯形图）中的 X0 的常闭触点复位接通（ON）。

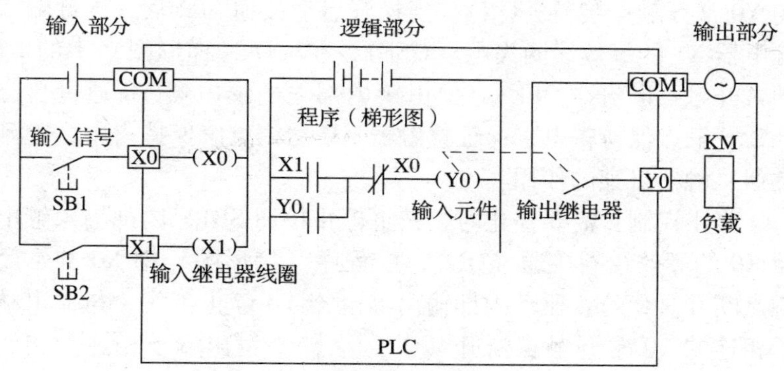

图 2—1—5　电动机单方向连续运行控制的 PLC 控制系统框图

2. 输出继电器（Y）的特点

输出继电器将 PLC 运算的结果（输出信号）通过输出端子送给外部负载（如接触器、电磁阀、指示灯等）。如图 2—1—5 所示，输出继电器只有一个硬元件输出触点与输出端子相连，输出继电器的线圈被驱动后，该输出触点动作（触点闭合），它直接驱动负载。而输出继电器有无数个软元件常开和常闭触点供用户编程时使用。输出继电器的线圈（如 Y0）由 PLC 内部的各软元件的触点驱动。

综上所述，教学中可以通过如图 2—1—5 所示的 PLC 控制系统框图，来分析电动机单方向连续运行控制的 PLC 控制系统的工作原理，使学生从中领会到输入继电器（X）和输出继电器（Y）作为编程元件在 PLC 控制系统的作用。工作原理如下：

启动控制：按下启动按钮 SB2 后，内部输入继电器 X1 的等效线圈接通（ON），在程序（梯形图）中的X1的常开触点接通（ON），驱动内部输出继电器Y0工作，与输出端子相连的Y0常开触点接通（ON），使与输出端子相连的接触器KM获电动作，接触器的主触头闭合（注：教师可补充主电路，方便讲解），使电动机接通电源并单方向运转；与此同时在程序（梯形图）中的Y0常开触点接通（ON）。当松开启动按钮SB2后，内部输入继电器X1的等效线圈失电（OFF），在程序（梯形图）中的X1的常开触点断开（OFF），但由于内部输出继电器Y0通过自己的常开触点保持得电，保证接触器KM线圈继续保持得电，起到类似接触器自锁的作用。

停止控制：需要停止时，按下停止按钮SB1，内部输入继电器X0的等效线圈接通（ON），在程序（梯形图）中X0的常闭触点断开（ON），驱动内部输出继电器Y0停止工作，与输出端子相连的Y0常开触点断开（OFF），使与输出端子相连的接触器KM失电，铁芯释放，主触头断开复位，电动机脱离电源停止运转；与此同时在程序（梯形图）中的Y0常开触点断开（OFF）；当松开停止按钮SB1后，内部输入继电器X0的等效线圈失电（OFF），X0的常闭触点复位（OFF），为下一次启动做准备。

二、元器件的选择

正确、合理选用元器件是电路安全、可靠工作的保证。正确选择元器件必须严格遵守以下几个基本原则。

1. 按对元器件的功能要求确定元器件的类型。

2. 确定元器件承载能力的临界值及使用寿命。根据电气控制的电压、电流及功率的大小确定元器件的规格。

3. 确定元器件预期的工作环境及供应情况，如防油、防尘、防爆、防水及货源情况。

4. 确定元器件在应用中所要求的可靠性。

5. 确定元器件的使用类别。

下面是本任务中低压电器选择需要考虑的事项：

1. 按钮的选择

主要根据所需要的触点数、使用场合、颜色标注及额定电压、额定电流进行选择。

2. 断路器的选择

包括正确选择开关类型、容量等级和保护方式。一般来说，额定电流和额定电压应不小于电路正常的工作电压和工作电流。

3. 熔断器的选择

一般来说，先确定熔体额定电流，再根据熔体规格，选择熔断器规格，根据被保护电路的性质，选择熔断器的类型。

4. 交流接触器的选择

主要考虑主触点额定电压与额定电流、辅助触点数量、吸引线圈电压等级、使用类别、操作频率等。主触点额定电流应等于或大于负载或电动机的额定电流。

5. 热继电器的选择

热继电器的额定电流应该略大于电路的额定电流，额定电压是380 V。

6. 导线的选择

根据国家标准《机械电气安全　机械电气设备　第1部分：通用技术条件》（GB 5226.1—2008），导线截面积在0.5 mm^2以下可以采用硬线，但在不小于0.5 mm^2时必须采用软线。本控制电路中主电路导线采用BV1.5 mm^2（黑色），控制电路导线采用BV1 mm^2（红色）；按钮导线采用BVR0.75 mm^2（红色），接地导线采用BV1.5 mm^2（绿/黄双色线）。导线颜色在训练阶段除接地导线外，可不必强求，但应使主电路与控制电路有明显区别。

7. 接线端子的选择

根据电路板输入、输出电路接头的数量和电路电流的大小，来选择接线端子的型号。

任务2　卷扬机控制系统设计与装调

教学重点和难点

1. 教学重点

电路块的并联与串联指令（ORB、ANB）、多重输出指令（MPS、MRD、MPP）。

2. 教学难点

多重输出指令（MPS、MRD、MPP）。

教学流程

本工作任务的教学参考流程如图 2—2—1 所示。

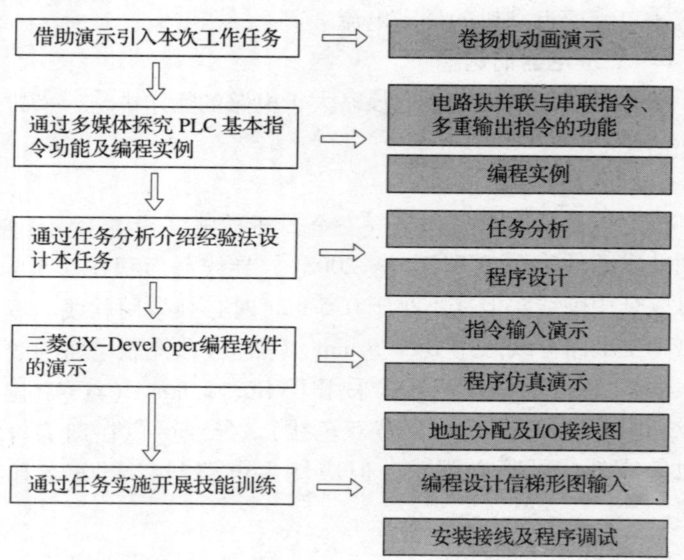

图 2—2—1　本工作任务的教学参考流程

【新课引入】

首先通过提问等方式，带领学生复习电力拖动控制线路与技能训练课程中所学习的继电—接触器逻辑控制的三相交流异步电动机正反转控制的工作原理，对比继电器控制与 PLC 控制的异同。

然后下发工作任务书，参见表 2—2—1，描述工作任务学习目标。在下发工作任务书后，通过播放卷扬机控制系统多媒体课件，进行本工作任务的任务描述，并让学生通过观察熟悉本任务的控制要求。

表 2—2—1　卷扬机控制系统设计与装调任务书

<table>
<tr><td>典型工作任务名称</td><td colspan="3">卷扬机控制系统设计与装调</td></tr>
<tr><td>学习环境</td><td>PLC 实训教室</td><td>学习方法</td><td>以工作过程为导向</td></tr>
<tr><td>学习目的</td><td colspan="3">1. 熟悉 PLC 控制系统的工作过程
2. 熟悉电路块并联和串联指令（ORB、ANB）和多重输出指令（MPS、MRD、MPP）的用法
3. 掌握梯形图设计的原则和 I/O 接线图的画法
4. 掌握利用三菱 GX Developer 编程软件输入多重输出指令，并进行编程和仿真运行的方法
5. 掌握三菱 PLC 程序下载及接线安装，并进行调试的方法</td></tr>
<tr><td>工作任务内容</td><td colspan="3">图 a 所示是采用继电—接触器逻辑控制系统实现三相交流异步电动机正反转控制的线路图。其控制时序图如图 b 所示
本任务的主要内容是：用 PLC 控制系统来实现对图 a 所示三相交流异步电动机正反转控制的改造
具体要求如下：
（1）根据三相交流异步电动机正反转控制的控制原理，采用基本指令中的块及多重输出指令，运用经验设计法进行控制程序的设计
（2）具有短路保护和过载保护等必要的联锁保护措施</td></tr>
</table>

续表

<table>
<tr><td>工作任务内容</td><td>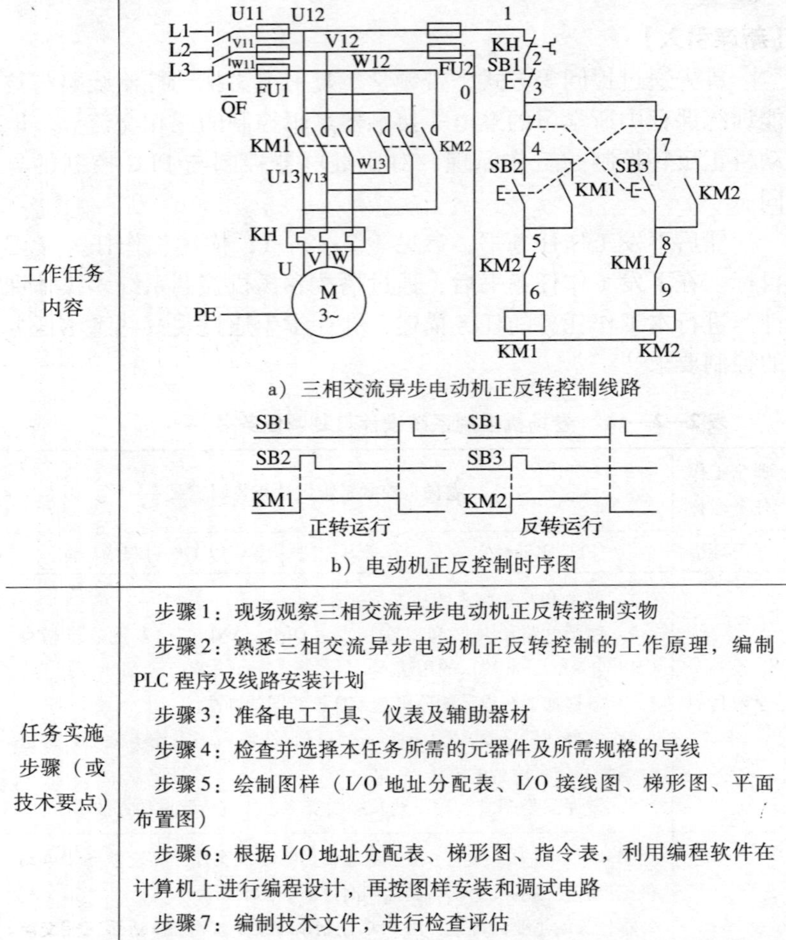

a）三相交流异步电动机正反转控制线路
b）电动机正反控制时序图</td></tr>
<tr><td>任务实施步骤（或技术要点）</td><td>步骤 1：现场观察三相交流异步电动机正反转控制实物
步骤 2：熟悉三相交流异步电动机正反转控制的工作原理，编制 PLC 程序及线路安装计划
步骤 3：准备电工工具、仪表及辅助器材
步骤 4：检查并选择本任务所需的元器件及所需规格的导线
步骤 5：绘制图样（I/O 地址分配表、I/O 接线图、梯形图、平面布置图）
步骤 6：根据 I/O 地址分配表、梯形图、指令表，利用编程软件在计算机上进行编程设计，再按图样安装和调试电路
步骤 7：编制技术文件，进行检查评估</td></tr>
</table>

【相关知识讲授】

一、电路块的并联与串联指令（ORB、ANB）

介绍三菱 PLC 基本指令中的电路块并联与串联指令时，建议围绕教材表2—2—3所列的ORB和ANB指令的编程实例开展教学，通过分析编程实例使学生熟练掌握各基本指令的助记符、功能及其在程序设计中的应用。

关于本任务介绍的ORB和ANB指令，教学时建议强调以下几点：

1. 将串联电路块作并联连接时，分支开始用LD、LDI指令，分支结束用ORB指令。

2. 并联电路块在串联连接时，要使用ANB指令。此电路块的起始要用LD、LDI指令，分支结束用ANB指令。

3. 在使用ORB指令编程时，也可把所需要并联的回路连贯地写出，而在这些回路的末尾连续使用与支路个数相同的ORB指令，这时的指令最多使用7次。

4. 在使用ANB指令编程时，也可把所需串联的回路连贯地写出，而在这些回路的末尾连续使用与回路个数相同的ANB指令，这时的指令最多使用7次。

二、多重输出指令（MPS、MRD、MPP）

介绍三菱PLC基本指令中的多重输出指令（栈操作指令）时，建议围绕教材图2—2—4所示的栈操作指令用于多重输出的梯形图开展教学，通过梯形图的情况分析使学生熟练掌握多重输出指令的助记符、功能及其在程序设计中的应用。

关于本任务介绍的多重输出指令（MPS、MRD、MPP），教学时建议强调以下几点：

1. MPS指令用于分支的开始处，MRD指令用于分支的中间处，MPP指令用于分支的结束处。

2. MPS、MRD和MPP指令均为不带操作元件指令，其中MPS和MPP指令必须配对使用。

3. 由于三菱FX_{2N}的PLC就提供了11个栈存储器，因此MPS和MPP指令连续使用的次数不得超过11次。

【任务实施】

任务实施的教学流程如图 2—2—2 所示。学生实施任务过程中，教师要做好巡回指导。在巡回指导过程中，指导学生按照安全文明操作规程规范操作，对个别掌握不好的学生要单独进行指导，随时纠正错误。对普遍存在的问题要采用集中指导的方法，老师再重新示范演示，使学生进一步理解。

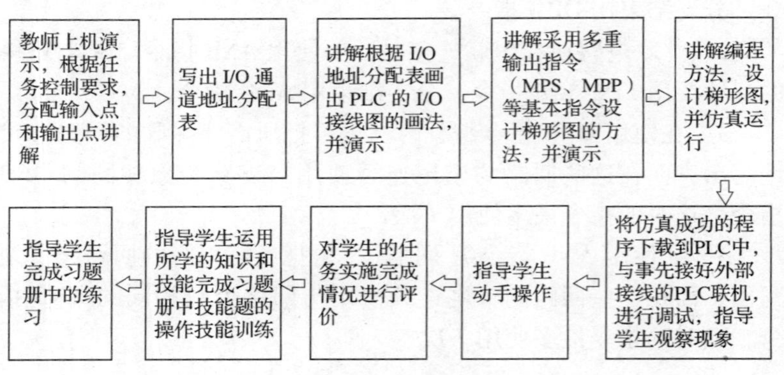

图 2—2—2　任务实施的教学流程

1. 控制系统硬件设计

这个环节的基本操作步骤为：画出 PLC 的 I/O 接线图→清点工具和仪表→选用元器件及导线→元器件检查（检查实训台上需要用到的元器件）→安装元器件→布线→自检。

（1）画出 PLC 的 I/O 接线图

在画 PLC 的 I/O 接线图时，可由学生自行设计，教师进行完善。教学时要注意强调：在设计正反转控制 I/O 接线图时，为了防止接触器 KM1 或 KM2 的主触头熔焊时，造成主电路电源相间短路，必须进行 PLC 输出端外部硬件联锁。这是因为 PLC 的扫描周期和接触器的动作时间不匹配，只在梯形图中加入“软继电器”的互锁会造成 Y000 虽然断开，可接触器 KM1 还未断开，在没有外部硬件联锁的情况下，接触器 KM2 会得电动作，主触头闭合，会引起主电路电源相间短路；同理，在实际控制过程中，当接触器 KM1 或 KM2 的主触头熔焊时，由于没有外部硬件的联锁，只在梯形图中加入“软继电器”的互锁会造成主电路电源相间短路。

（2）清点工具和仪表

根据任务的具体内容选择工具和仪表，并放在固定位置。参考本课题任务 1 相关内容。

（3）选用元器件及导线

根据本课题任务 1 介绍的原则以及国家相关的技术文件和电气元件选型表，选择元器件，见教材表 2—2—1。

（4）元器件检查

配备所需元器件后，先进行元器件检测。检测包括两部分：外观检测和采用万用表检测。外观检测主要是检测元器件外观有无损坏，元器件上标注的型号、规格、技术数据是否符合要求，以及一些动作机构是否灵活，有无卡阻现象。

1）元器件外观检测。具体检测方法参考课题二任务 1。

2）万用表检测。具体检测方法参考课题二任务 1。

（5）安装元器件

确定元器件完好后，把所需的元器件固定在配线盘上（实训台已经固定的无需重新安装）。

（6）布线

元器件固定好之后，可参考表 2—1—5 所示的步骤完成布线。本教材大多数操作和课题二任务 1 相似，在此不再做详细说明。

（7）自检

安装完成后，必须按要求进行检查。该检查可以分为两种：

1）按照电路图进行检查。对照电路图逐步检查是否掉线、错线，是否漏编、错编，接线是否牢固等。

2）使用万用表检测。将电路分成多个功能模块，根据电路原理图使用万用表检查各个模块的电路，如果测量的阻值与参考值有差异，则应使用方法 1 进行逐步检查，以最后确定错误点。万用表检测电路的过程按照表 2—2—2 里的内容进行。

表 2—2—2　　　　使用万用表检测电路对照表

测量要求	测量过程				正确阻值	测量结果
	测量任务	总工序	工序	操作方法		
空载	测量主电路	断开熔断器 FU1、QF2 和电动机 M，分别测量三相电源之间的电阻值	1	所有器件不动作	∞	
			2	压下 KM1	∞	
			3	压下 KM2	∞	
有载	测量主电路	断开熔断器 FU1、QF2，接上电动机 M，分别测量三相电源之间的电阻值	4	所有器件不动作	∞	
			5	压下 KM1	电动机 M 两相电子绕组阻值之和	
			6	压下 KM2	电动机 M 两相电子绕组阻值之和	
			7	同时压下 KM1、KM2	∞	
空载或有载	测量 PLC 输入电路	测量 PLC 电源输入端 L、N 之间的阻值	8	所有器件不动作	约为几欧或几十欧	
		测量 PLC 电源输入端 L 与 COM 之间的阻值	9	所有器件不动作	∞	

续表

测量要求	测量过程				正确阻值	测量结果
	测量任务	总工序	工序	操作方法		
空载或有载	测量 PLC 输入电路	测量 PLC 公共端 COM 与 X0、X1、X2 之间的阻值	10	分别按下三个按钮	约为 0	
	测量 PLC 输出电路	测量 PLC 公共端 COM1 与 Y0 之间的阻值	11	所有器件不动作	接触器 KM1 线圈的阻值	
		测量 PLC 公共端 COM1 与 Y1 之间的阻值	12	所有器件不动作	接触器 KM2 线圈的阻值	

2. 控制系统软件设计

在控制系统软件设计环节，可以引导学生用通过继电—接触器控制电路直接转换成梯形图的方法（电路移植法）画出梯形图，然后在编程计算机和 PLC 实训台上进行设计及仿真调试运行。操作过程中，每位学生结合工作任务独立完成，并结组互相检查对错。另外，教师要注意指导和提醒学生在梯形图输入完毕后，将梯形图进行变换，并进行程序保存。

教学中要注意强调：在运用指令表输入法编程时，当输入完指令助记符后应按空格键，然后再输入元件号、参数等。如果输入完指令助记符后没有按空格键就输入元件号，会出现如图 2—2—3 所示的画面，无法完成指令的输入。

3. 系统调试

完成控制系统设计和安装后，即可进行通电调试，以验证系统功能是否符合控制要求。建议引导学生按照教材内容进行系统调试，并将调试情况填写在教材表 2—2—6 中。

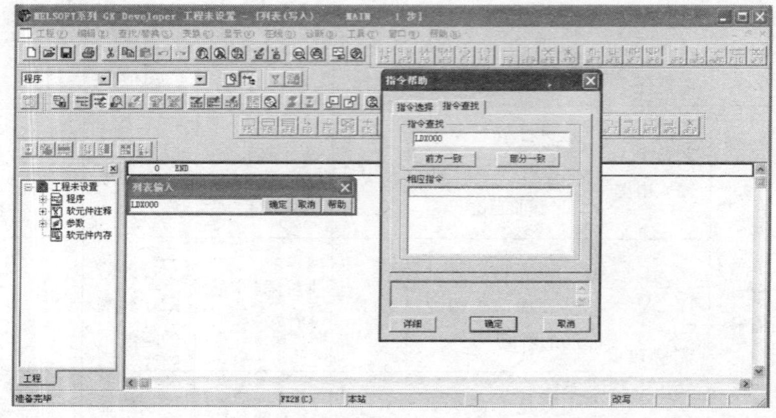

图 2—2—3　错误的指令输入法

4．任务检查

在整个任务实施过程中，为了保证学生能很好地完成任务，让学生将任务实施的过程检查结果填入任务检查单（参见表 2—1—7）中。

5．交流与评价

建议由教师按照教材表 2—1—6 对学生的任务完成情况进行评价。也可以根据具体情况先由学生进行自我评价和小组互评，然后由教师评价，并将结果填入教学效果评价表（参见表 2—1—8）中。

6．总结与反思

参考课题二任务 1 相关内容。

关于 PLC 的 ORB、ANB 基本驱动指令和 MPS、MRD、MPP（入栈、读栈和出栈）指令的功能和应用，在教材中已作了详细的介绍。现将本任务涉及的基本指令的补充资料归纳如下，供教师在教学中参考使用。

一、电路块的并联与串联连接指令（ORB、ANB）应用

当多个串联电路块作并联连接，或多个并联电路作串联连接时，电路块数没有限制。电路块连接的编程实例如图 2—2—4 所示。

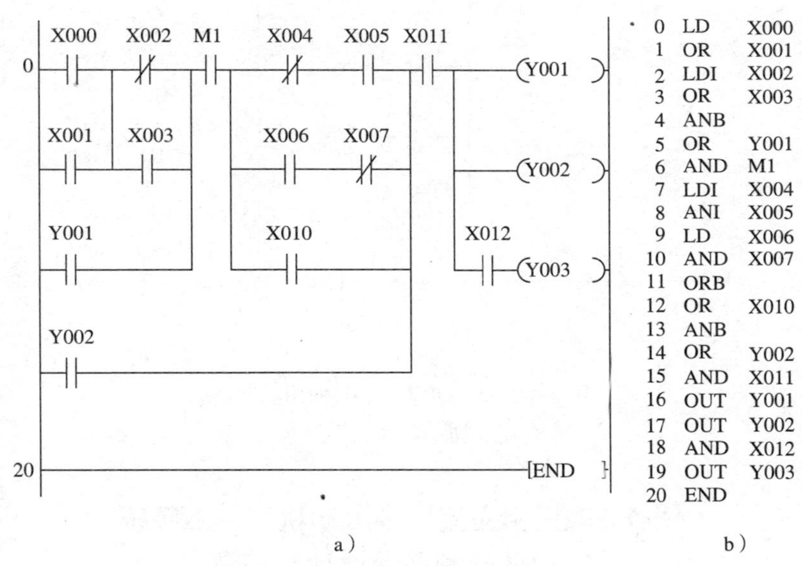

图 2—2—4　ORB、ANB 的用法实例

a）梯形图　b）指令表

二、多重输出指令（MPS、MRD、MPP）应用

多重输出指令的编程实例如图 2—2—5 所示。从图中可看到，编程时要注意多重输出与纵接输出的区别。Y000、Y001、Y002、Y003 构成多重输出，而 Y003、Y004 构成纵接输出。

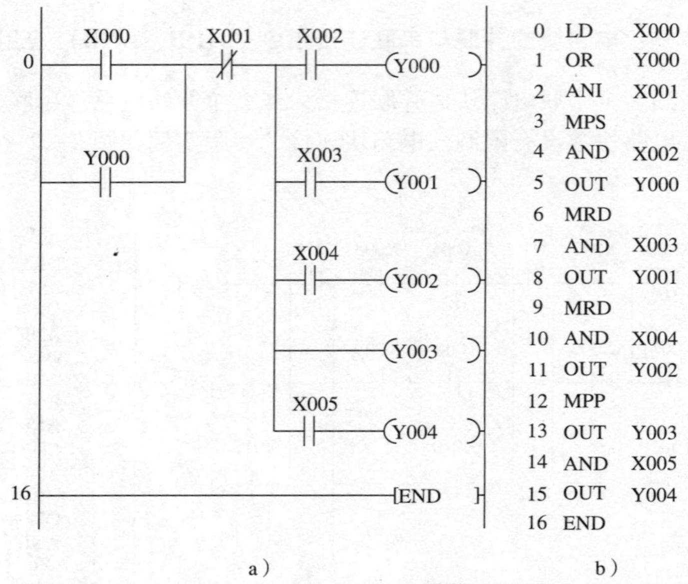

图 2—2—5　ORB、ANB 的用法实例

a）梯形图　b）指令表

任务 3　三相交流异步电动机 Y－△降压启动控制系统设计与装调

教学重点和难点

1. 教学重点

主控移位和复位指令（MC、MCR）、编程元件定时器（T）。

2. 教学难点

主控移位和复位指令（MC、MCR）、编程元件定时器（T）。

教学流程

本工作任务的教学参考流程如图 2—3—1 所示。

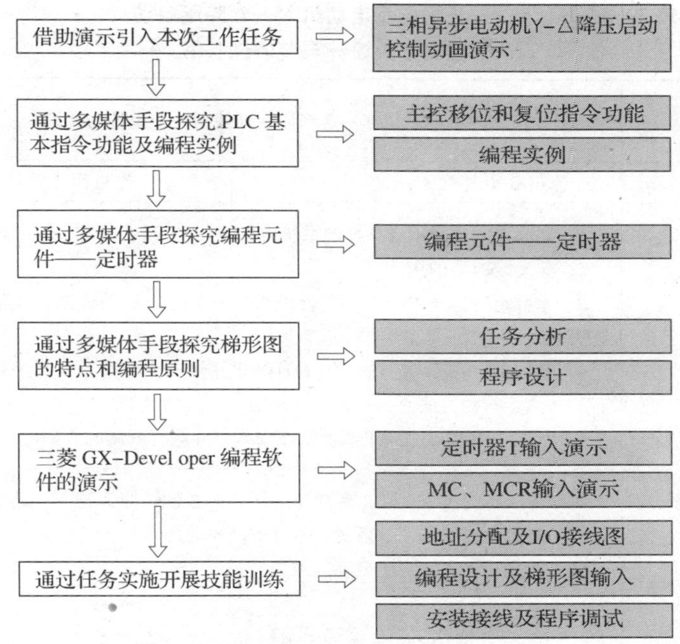

图2—3—1　本工作任务的教学参考流程

【新课引入】

首先通过提问等方式，带领学生复习电力拖动控制线路与技能训练课程中所学习的继电—接触器逻辑控制的三相异步电动机Y－△降压启动控制的工作原理，对比继电器控制与PLC控制的异同。

然后下发工作任务书，参见表2—3—1，描述工作任务学习目标。在下发工作任务书后，通过播放Y－△降压启动控制系统多媒体课件，进行本工作任务的任务描述，并让学生通过观察熟悉本任务的控制要求。

表 2—3—1　　三相异步电动机Y－△降压启动控制系统设计与装调任务书

<table>
<tr><td>典型工作
任务名称</td><td colspan="3">三相异步电动机Y－△降压启动控制系统设计与装调</td></tr>
<tr><td>学习环境</td><td>PLC 实训教室</td><td>学习方法</td><td>以工作过程为导向</td></tr>
<tr><td>学习目的</td><td colspan="3">1. 熟悉Y－△降压启动控制系统工作特点
2. 熟悉定时器的用法
3. 掌握定时器与主控指令配合进行Y－△降压启动控制系统的设计方法
4. 掌握利用三菱 GX Developer 编程软件输入主控指令，并进行编程和仿真运行的方法
5. 掌握三菱 PLC 程序下载及接线安装，并进行调试的方法</td></tr>
<tr><td>工作任务
内容</td><td colspan="3">如图 a 所示为Y－△降压启动控制的 PLC 控制线路实物图，其继电—接触器控制线路如图 b 所示。本任务的主要内容是：通过 PLC 控制系统，实现对Y－△降压启动的控制
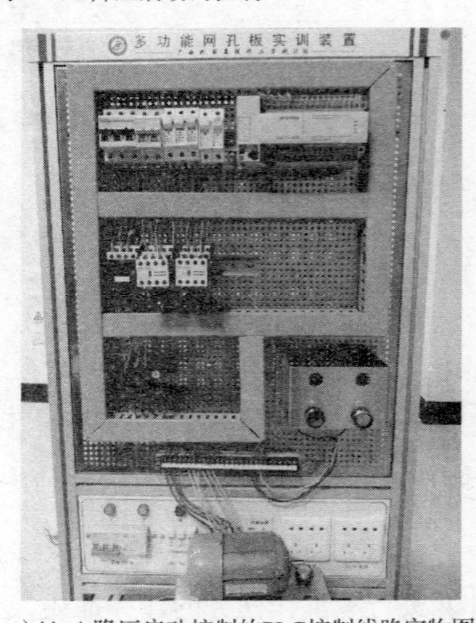

a）Y–△降压启动控制的PLC控制线路实物图</td></tr>
</table>

续表

典型工作任务名称	三相异步电动机Y－△降压启动控制系统设计与装调		
学习环境	PLC 实训教室	学习方法	以工作过程为导向
工作任务内容	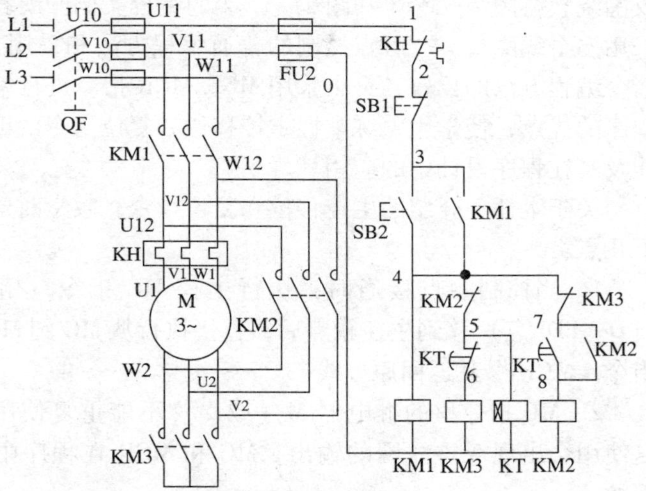 b）Y–△降压启动控制线路 任务控制要求： （1）能用按钮控制三相交流异步电动机的Y－△降压启动和停止 （2）具有短路保护和过载保护等必要的保护措施 （3）利用 PLC 基本指令中的主控指令或多重输出指令来实现上述控制		
任务实施步骤（或技术要点）	步骤 1：现场观察Y－△降压启动控制装置 步骤 2：熟悉Y－△降压启动控制装置的工作原理，编制 PLC 程序及线路安装计划 步骤 3：准备电工工具、仪表及辅助器材 步骤 4：检查并选择本任务所需的元器件及所需规格的导线 步骤 5：绘制图样（I/O 地址分配表、I/O 接线图、梯形图、平面布置图） 步骤 6：根据 I/O 地址分配表和梯形图，利用编程软件在计算机上进行编程设计，再按图样安装和调试电路 步骤 7：编制技术文件，进行检查评估		

【相关知识讲授】

一、主控移位和复位指令（MC、MCR）

介绍三菱 PLC 的主控移位和复位指令（MC、MCR）时，建议围绕教材图 2—3—3 和图 2—3—4 的编程实例开展教学，通过采用多个线圈受一个触点控制的普通编程方法和采用 MC、MCR 指令编程方法的比较，突出采用 MC、MCR 指令进行编程可简化程序的优点，使学生熟练掌握主控移位和复位指令的助记符、功能及其在程序设计中的应用。

关于本任务介绍的主控移位和复位指令，教学时建议强调以下几点：

1．当控制触点接通时，执行主控 MC 指令，相当于母线（LD、LDI 点）移到主控触点后，直接执行从 MC 到 MCR 之间的指令。MCR 令其返回原母线。

2．MC 指令里的继电器 M（或 Y）不能重复使用，如果重复使用会出现双重线圈的输出。MC 和 MCR 在程序中是成对出现的。

二、编程元件——定时器（T）

在介绍三菱 PLC 定时器时，建议用定时器与继电—接触器控制中的时间继电器进行比较，然后结合教材的图 2—3—6 ~ 图 2—3—8 的原理分析，讲清定时器（T）分类、功能及工作原理。

教学中应注意强调："PLC 中的定时器（T）相当于继电—接触器控制系统中的通电型时间继电器。它是通过对一定周期的时钟脉冲计数实现定时的，时钟脉冲的周期有 1 ms、10 ms、100 ms 三种，当所计脉冲个数达到设定值时触点动作，它可以提供无限对常开、常闭延时触点。设定值可用常数 K 或数据寄存器 D 来设置。"

【任务实施】

任务实施的教学流程如图2—3—2所示。学生实施任务过程中，教师要做好巡回指导。在巡回指导过程中，指导学生按照安全文明操作规程规范操作，对个别掌握不好的学生要单独进行指导，随时纠正错误。对普遍存在的问题要采用集中指导的方法，老师再重新示范演示，使学生进一步理解。

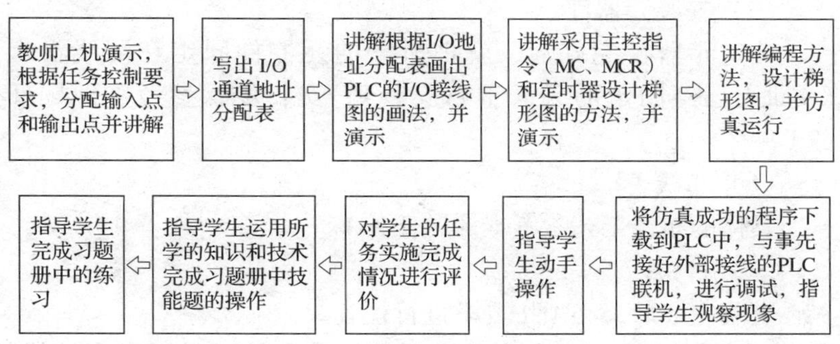

图2—3—2　任务实施的教学流程

1. 控制系统硬件设计

这个环节的基本操作步骤为：画出PLC的I/O接线图→清点工具和仪表→选用元器件及导线→元器件检查（检查实训台上需要用到的元器件）→安装元器件→布线→自检。

（1）画出PLC的I/O接线图

在画出PLC的I/O接线图中，可由学生自行设计，教师进行完善。教学时要注意强调：在设计Y－△降压启动控制I/O接线图时，为了防止接触器KM2或KM3的主触头因熔焊而造成主电路电源相间短路，必须进行PLC输出端外部硬件联锁。

（2）清点工具和仪表

根据任务的具体内容选择工具和仪表，并放在固定位置。参考本课题任务1相关内容。

（3）选用元器件及导线

正确、合理选用元器件及导线，是电路安全、可靠工作的保证。选择的基本原则参考本课题任务 1 相关内容，见教材表 2—3—1。

（4）元器件检查

配备所需元器件后，先进行元器件检测。具体的元器件检查步骤与方法参考本课题任务 1。

（5）安装元器件

确定元器件完好后，就把所需的元器件固定在配线盘上（实训台已经固定的无需重新安装）。安装步骤参考本课题任务 1。

（6）布线

具体的布线工艺参考本课题任务 1。

（7）自检

安装完成后，必须按要求进行检查。

1）按照电路图进行检查。对照电路图检查是否存在掉线、错线，接触不良，安装不牢靠等故障。

2）使用万用表检测。将电路分成多个功能模块，根据电路原理图使用万用表检查各个模块的电路。如果测量的阻值与正确的有差异，则应使用方法 1 进行逐步检查，以最后确定错误点。万用表检测电路的过程按照表 2—3—2 里的内容进行。

表 2—3—2　　使用万用表检测电路对照表

测量要求	测量过程				正确阻值	测量结果
	测量任务	总工序	工序	操作方法		
空载	测量主电路	断开熔断器 FU1、QF2 和电动机 M，分别测量三相电源之间的电阻值	1	所有器件不动作	∞	
			2	压下 KM1	∞	
			3	压下 KM2	∞	
			4	压下 KM3	∞	

续表

测量要求	测量过程				正确阻值	测量结果
	测量任务	总工序	工序	操作方法		
有载	测量主电路	断开熔断器 FU1、QF2，接上电动机 M，分别测量三相电源之间的电阻值	5	所有器件不动作	∞	
			6	压下 KM1	电动机 M 两相电子绕组阻值之和	
			7	压下 KM2	∞	
			8	压下 KM3	∞	
空载或有载	测量 PLC 输入电路	测量 PLC 电源输入端 L、N 之间的阻值	9	所有器件不动作	约为几欧或几十欧	
		测量 PLC 电源输入端 L 与 COM 之间的阻值	10	所有器件不动作	∞	
		测量 PLC 公共端 COM 与 X0 之间的阻值	11	按下停止按钮 SB1	约为 0	
		测量 PLC 公共端 COM 与 X1 之间的阻值	12	按下启动按钮 SB2	约为 0	
	测量 PLC 输出电路	测量 PLC 公共端 COM1 与 Y0 之间的阻值	13	所有器件不动作	接触器 KM1 线圈的阻值	
		测量 PLC 公共端 COM1 与 Y1 之间的阻值	14	所有器件不动作	接触器 KM2 线圈的阻值	
		测量 PLC 公共端 COM1 与 Y2 之间的阻值	15	所有器件不动作	接触器 KM3 线圈的阻值	

2. 控制系统软件设计

在控制系统软件设计环节，可以引导学生通过用继电控制电路直接转换成梯形图的方法（电路移植法）画出梯形图，然后在编程计算机和 PLC 实训台上进行设计及仿真调试运行。操作过程中，每位学生结合工作任务独立完成，并结组互相检查对错。另外，教师要注意指导和提醒学生在梯形图输入完毕后，将梯形图进行变换，并进行程序保存。

教学时要注意强调以下几点：

（1）编写程序可以采用逐步增加、层层推进的方法，编程时要考虑到 KM1 持续得电，所以 KM1（Y0）需要自锁控制，而 KM2（Y1）和 KM3（Y2）不能同时得电，所以 KM2（Y1）和 KM3（Y2）要进行互锁控制。

（2）在输入定时器线圈时，应选择的是线圈图标“F7”，不能使用功能指令图标“F8”；否则将无法进行编程。另外，在输入定时器线圈的助记符后，需按空格键后方可输入时间常数，并在时间常数前加“K”。

3. 系统调试

完成控制系统设计和安装后，即可进行通电调试，以验证系统功能是否符合控制要求。建议引导学生按照教材内容进行系统调试，并将调试情况填写在教材表 2—3—4 中。

4. 任务检查

在整个任务实施过程中，为了保证学生能很好地完成任务，让学生将任务实施的过程检查结果填入任务检查单（参见表 2—1—7）中。

5. 交流与评价

建议由教师按照教材表 2—1—6 对学生的任务完成情况进行评价。也可以根据具体情况先由学生进行自我评价和小组互评，然后由教师评价，并将结果填入教学效果评价表（参见表 2—1—8）中。

6. 总结与反思

参考课题二任务 1 相关内容。

在实施本任务的延时控制程序设计时，所使用的主要编程元件是定时器。在三菱 FX_{2N} 系列的 PLC 中，定时器是通电延时型的，没有像继电—接触器控制电路中的时间继电器有断电延时型的。现将定时器和主控指令的一些基本编程方法的补充内容进行整理归纳，供教师在教学中参考使用，以帮助学生更好地利用定时器、主控指令进行编程设计。

一、定时器的分类及控制方法

PLC 中的定时器相对于继电—接触器控制系统中的通电型时间继电器，只是 PLC 中的定时器没有具体的常闭、常开触点，它是看不见摸不着的，只是 PLC 内部的一组数据。在进行 PLC 编程时，它可以提供无限对常开、常闭延时触点。另外，由于定时器没有具体的常开、常闭触点，所以不能直接驱动外部的负载，如果要驱动负载，只能由输出继电器的外部触点驱动。

1. 定时器的分类

FX_{2N} 系列 PLC 中定时器可分为两种，即通用型定时器和积算型定时器。它们是在 PLC 内部通过对一定周期的时钟脉冲计数实现定时的，时钟脉冲的周期有 1 ms、10 ms、100 ms 三种，当定时器所计的脉冲个数达到预先设定值时，定时器的触点就会动作，常闭触点先断开，常开触点再闭合。预先的设定值可用十进制常数 K 进行设置。

在进行 PLC 编程时，定时器的常开与常闭触点可无限次使用，而继电—接触器控制系统中的时间继电器只有几个固定的常开、常闭触点。在这点上，要把定时器和继电—接触器控制系统中的时间继电器区分开。

定时器的分类见表2—3—3。

表2—3—3　　定时器的分类

名称	触点范围	触点数量	功能说明
100ms 通用型定时器	T0 ~ T199	200点	通用型，不具有断电保持功能
10ms 通用型定时器	T200 ~ T245	46点	
1ms 断电型保持定时器	T246 ~ T249	4点	具有断电保持功能
100ms 断电型保持定时器	T250 ~ T255	6点	

2. 通用定时器的控制方法

定时器的控制方法就是利用PLC的定时器和其他元器件构成各种时间控制，这是各类控制系统经常用到的功能。在FX_{2N}系列PLC中定时器是通电延时型，即当定时器的输入信号接通后，定时器的当前值计数器开始对其相应的时钟脉冲进行累计计数，当该计数值与预先设定值相等时，定时器动作，其常闭触点先断开，然后常开触点闭合。通电延时控制分为通电延时接通控制和通电延时断开控制两类。

(1) 通电延时接通控制

顾名思义，通电延时接通控制就是在接通定时器电源后，定时器开始计数，当当前值到达预先设定值时，定时器动作，其常开触点闭合，这个过程就叫作通电延时接通控制。下面用一个例子说明。

在图2—3—3中，当启动按钮X000按下时PLC内部的辅助继电器M0接通并自锁，由于M0的得电，M0的常开触点接通定时器T0，T0的当前值计数器开始对100 ms的时钟脉冲进行累积计数。当该计数器累积到设定值20时，即从X000按下到此刻延时2 s后，定时器T0开始动作，T0的常开触点闭合，输出继电器 Y000 接通，系统开始正常工作。

当停止按钮 X001 按下时，PLC 内部辅助继电器 M0 断电，其自锁触点和常开触点断开，定时器 T0 被复位，定时器 T0 的常开触点断开，输出继电器 Y000 断电，系统停止工作。需要说的是，定时器 T0 是 100 ms 通用型定时器，不具有断电保持功能。

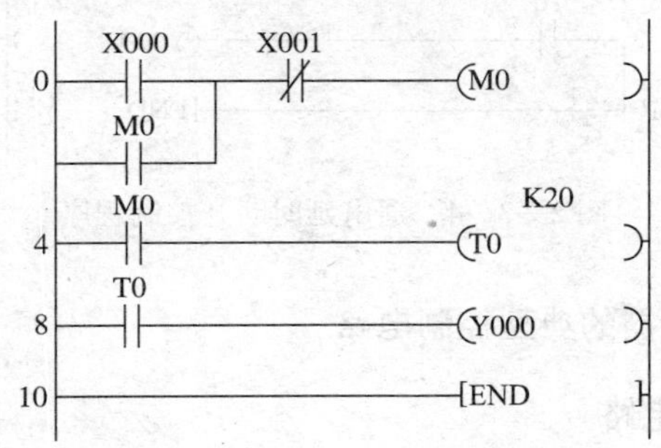

图 2—3—3　通电延时接通控制程序

（2）通电延时断开控制

顾名思义，通电延时断开控制就是在接通定时器电源后，定时器开始计数，当当前值到达预先设定值时，定时器动作，其常闭触点断开，这个过程就叫作通电延时断开控制。下面用一个例子说明。

在图 2—3—4 中，当启动按钮 X000 按下时 PLC 内部的辅助继电器 M0 接通并自锁，所以 M0 的常开触点接通了定时器 T0，T0 的当前值计数器开始对 100 ms 的时钟脉冲进行累积计数。当该计数器累积到设定值 20 时，即从 X000 按下到此刻延时 2 s 后，定时器 T0 开始动作，T0 的常闭触点断开，输出继电器 Y000 断电，系统停止工作。

当停止按钮 X001 按下时，PLC 内部辅助继电器 M0 断电，其自锁触点和常开触点断开，定时器 T0 被复位，定时器 T0 的常闭触点闭合，输出继电器 Y000 得电，系统开始工作。需要说的是，定时器 T0 是 100 ms 通用型定时器，不具有断电保持功能。

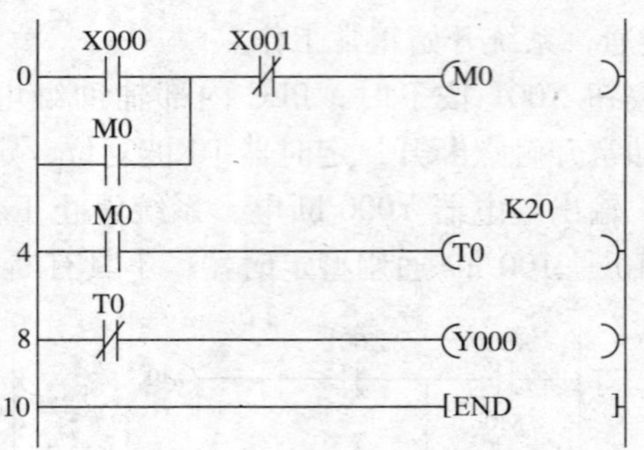

图 2—3—4 通电延时断开控制程序

二、定时器的典型控制电路

1. 延时电路

（1）失电延时定时器

PLC 的定时器一般多为接通延时定时器，即输入条件为 ON，定时器线圈通电，定时器的设定值开始运算，直到设定值时，其常开触点闭合，常闭触点断开。当定时器的输入断开时，即复位时，使其常开触点断开，常闭触点闭合。有时还需要另一种定时器，就是失电定时器，如图 2—3—5 所示。

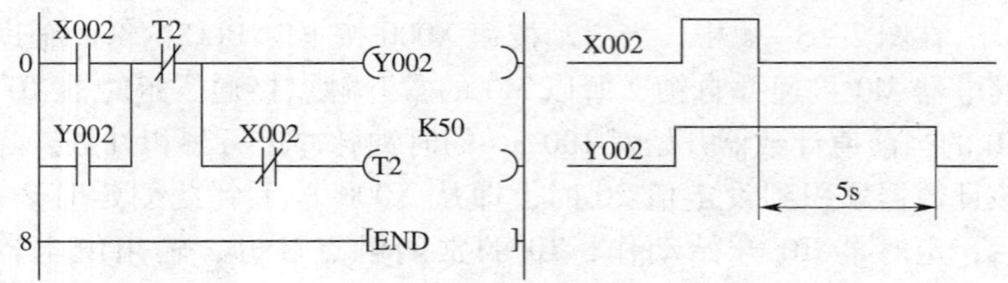

图 2—3—5 失电延时电路

从图中可以看到，当 X002 为 ON 时，其常开触点闭合，输出继电器 Y002 接通并保持，但定时器 T2 却无法接通。只有当 X002 断开，且断开时间达到设定值 5 s 时，Y002 才由 ON 变为

OFF，实现失电延时。

（2）双延时电路

即通电和失电均延时的定时电路，一般用两个定时器完成双延时控制，如图 2—3—6 所示。

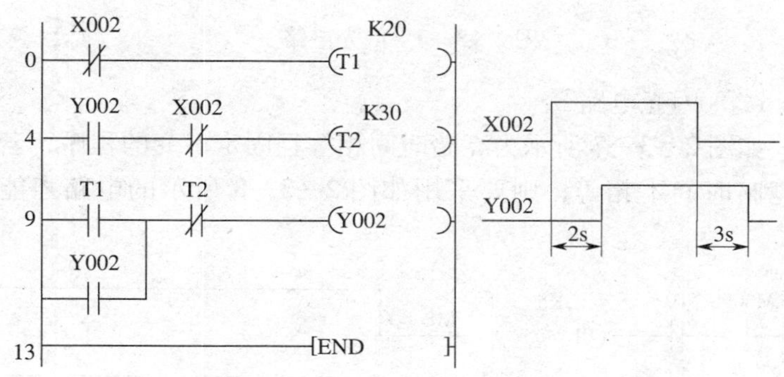

图 2—3—6　双延时定时器

从图中可以看出，当输入 X002 为 ON 时，T1 开始计时，2 s 后接通 Y002 并自保持。当输入 X002 由 ON 变为 OFF 时，T2 开始计时，3 s 后，T2 常闭触点断开 Y002，实现了输出线圈 Y002 在通电和失电时均产生延时控制的效果。

2. 闪光电路

闪光电路是广泛应用的一种实用控制电路，它既可以控制灯光的闪烁频率，又可以控制灯光的通断时间比。同样的电路也可控制不同的负载，如电铃、蜂鸣器等。实现灯光控制的方法很多，常用的方法有以下几种。

（1）闪光电路一

用 M8013（PLC 1 s 脉冲）编程，如图 2—3—7 所示，当 M8013 为 ON 时，输出继电器 Y000 开始 0.5 s 为 ON、0.5 s 为 OFF 的反复运行。如果 Y000 点控制一只灯，则该灯亮 0.5 s、灭 0.5 s，如此循环不止。

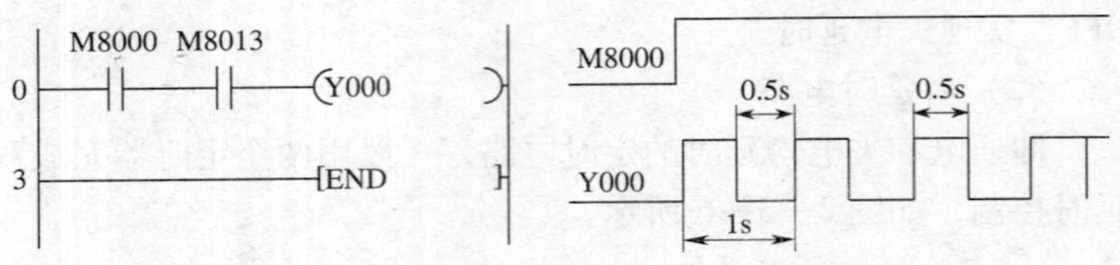

图 2—3—7　闪光电路一

（2）闪光电路二

如图 2—3—7 所示为亮暗时间相等且固定不变的程序，若要求亮暗时间不相等，则要采用如图 2—3—8 所示的电路才能实现。

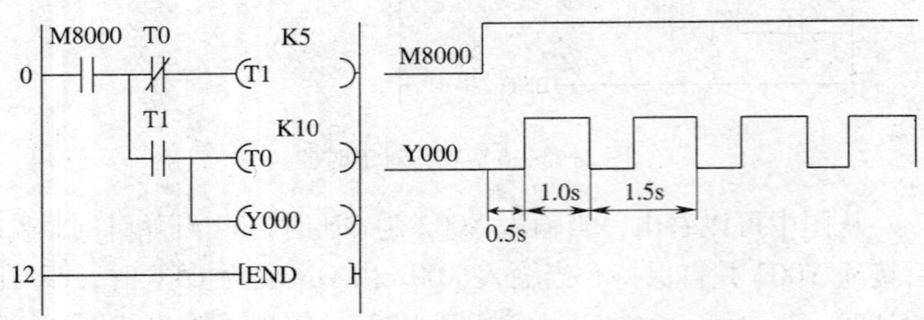

图 2—3—8　闪光电路二

（3）闪光电路三

由图 2—3—9 可知，当 M8000 为 ON 时，由于 T1 时间未到，

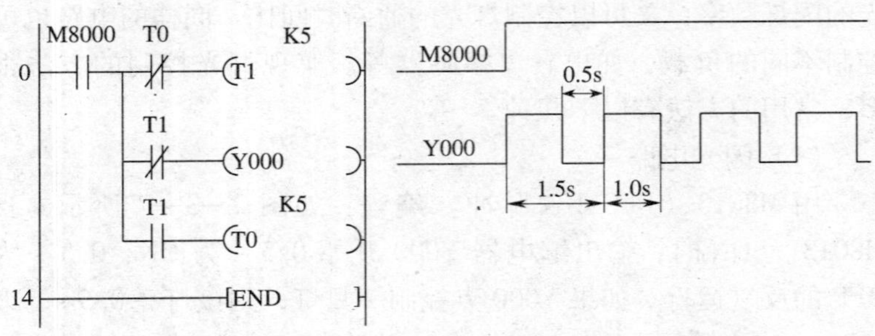

图 2—3—9　闪光电路三

其动断触点闭合，Y000 为 ON。当 T1 整定时间到时，Y000 为 OFF，T1 的动合触点闭合，使 T0 开始计时，当 T0 时间到时，其动断触点闭合，使 T1 开始计时，同时 Y000 也为 ON，如此循环。

3. 综合应用实例

用 PLC 基本逻辑指令编程实现三相异步电动机的星形启动、三角形运行。

控制要求：

（1）KM2（星形接触器）先闭合，KM1（主接触器）再闭合，经过 3s 延时 KM2 断开，KM3（三角形接触器）闭合，启动期间要有闪光信号，闪光周期为 1 s。

（2）具有过载保护和停止功能。

技能操作指引：

（1）I/O 点分配

I/O 通道地址分配表见表 2—3—4。

表 2—3—4　I/O 通道地址分配表

输入			输出		
元件代号	作用	输入继电器	元件代号	作用	输出继电器
SB1	停止按钮	X000	KM1	主接触器	Y000
SB2	启动按钮	X001	KM2	星形接触器	Y001
KH	热继电器	X002	KM3	三角形接触器	Y002
			HL	信号灯	Y003

（2）画出 PLC 接线图（I/O 接线图）

PLC 接线图如图 2—3—10 所示。

（3）根据控制要求进行编程设计

1）采用串、并联及输出指令进行设计

采用串、并联及输出指令进行设计的梯形图程序如图 2—3—11 所示。

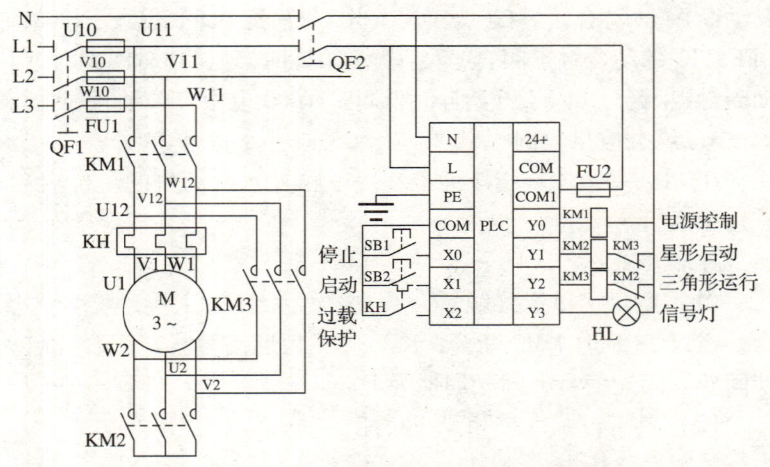

图 2—3—10 Y－△降压启动控制 I/O 接线图

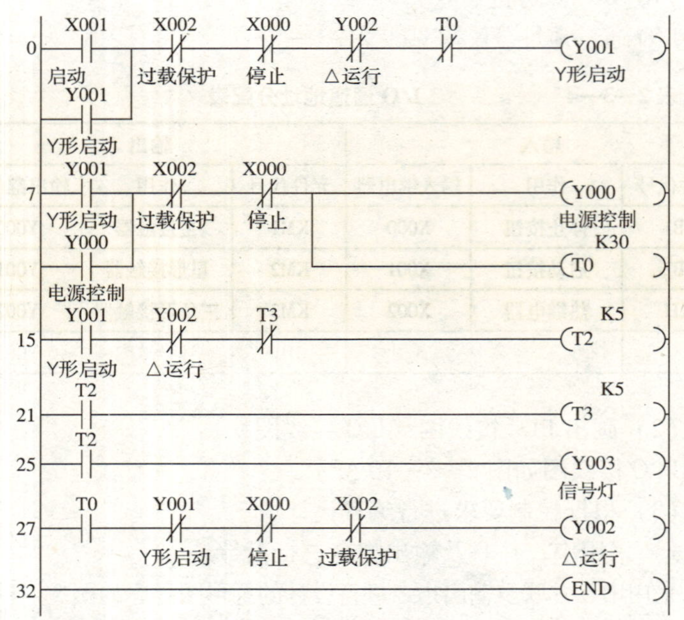

图 2—3—11 采用串、并联及输出指令实现的 Y－△降压启动控制程序

2）采用主控指令进行设计

采用主控指令进行设计的梯形图程序如图 2—3—12 所示。

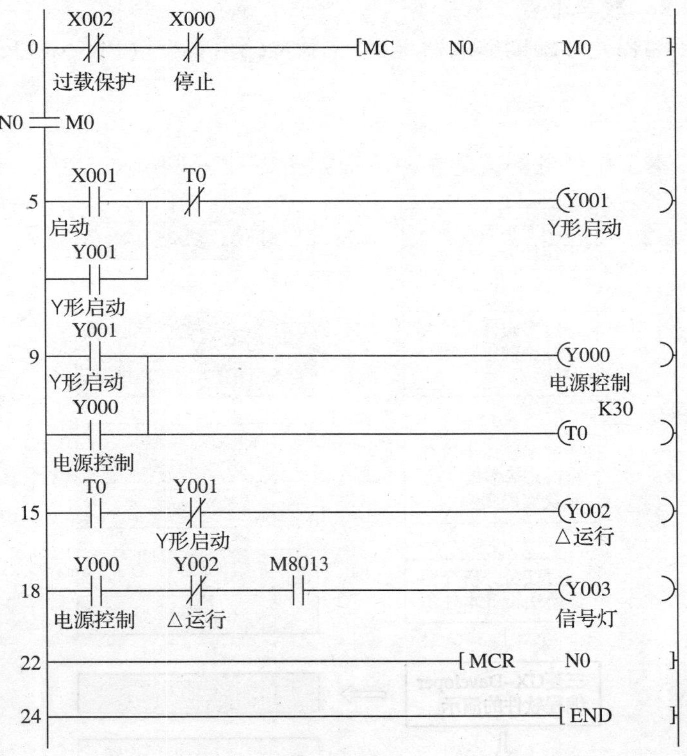

图 2—3—12　采用主控指令实现的 Y－△降压启动控制程序

任务 4　抢答器控制系统设计与装调

教学重点和难点

1．教学重点

编程元件辅助继电器（M），定时器的典型应用电路，脉冲输出指令（PLS、PLF）、脉冲检测指令（LDP、LDF、ANDP、ANDF、ORP、ORF）。

2. 教学难点

编程元件辅助继电器（M），脉冲输出指令（PLS、PLF）。

本工作任务的教学参考流程如图 2—4—1 所示。

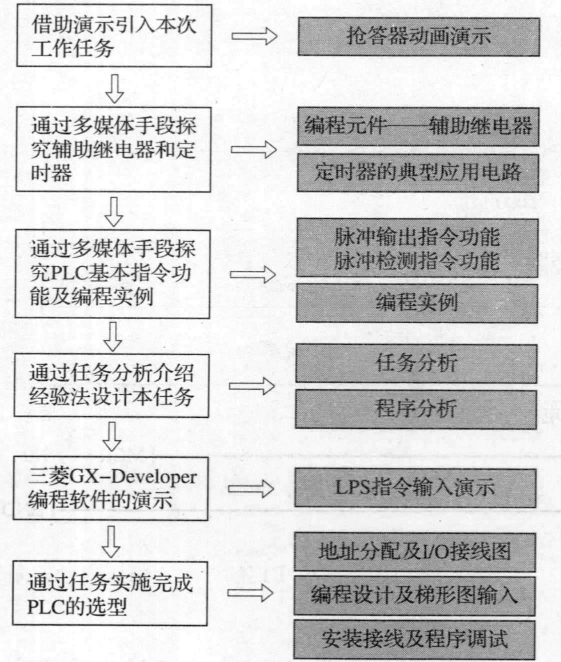

图 2—4—1　本工作任务的教学参考流程

【新课引入】

首先通过提问等方式，带领学生复习电力拖动控制线路与技能训练课程中所学习的中间继电器知识，分析抢答器控制系统的工作原理，对比继电器控制与 PLC 控制的异同。

然后下发工作任务书（见表 2—4—1），描述工作任务学习目标。在下发工作任务书后，通过播放抢答器控制系统多媒体课件，进行本工作任务的任务描述，并让学生通过观察熟悉本任务的控制要求。

表 2—4—1　　　　抢答器控制系统设计与装调任务书

<table>
<tr><td>典型工作任务名称</td><td colspan="3">抢答器控制系统设计与装调</td></tr>
<tr><td>学习环境</td><td>PLC 实训教室</td><td>学习方法</td><td>以工作过程为导向</td></tr>
<tr><td>学习目的</td><td colspan="3">1．熟悉抢答器的结构和工作特点
2．熟悉定时器的用法
3．掌握定时器与脉冲输出指令配合进行抢答器控制的设计方法
4．掌握利用三菱 GX Developer 编程软件输入脉冲输出指令，并进行编程和仿真运行的方法
5．掌握三菱 PLC 程序下载及接线安装，并进行调试的方法</td></tr>
<tr><td>工作任务内容</td><td colspan="3">如图 a 所示为竞赛抢答器的实物图。本次任务的主要内容：通过 PLC 控制系统，实现对竞赛抢答器系统的控制
抢答器主机
抢答按钮
a）竞赛抢答器
抢答器的控制要求如下：
（1）抢答器控制设有 1 个主持人总台和 3 个参赛队分台，总台设置有总台电源指示灯、撤销抢答指示灯、总台电源转换开关、抢答开始/复位按钮；分台设有 1 个抢答按钮和 1 个分台抢答指示灯</td></tr>
</table>

续表

<table>
<tr><td>典型工作任务名称</td><td colspan="3">抢答器控制系统设计与装调</td></tr>
<tr><td>学习环境</td><td>PLC 实训教室</td><td>学习方法</td><td>以工作过程为导向</td></tr>
<tr><td>工作任务内容</td><td colspan="3">（2）如图 b 所示是抢答器进行抢答开始前，主持人合上总电源开关，电源指示灯亮，等待发出抢答开始的画面

b）合上总电源开关等待抢答开始的控制效果
（ 表示灯亮， 表示灯不亮）
（3）当按下抢答/复位按钮时，撤销抢答指示灯熄灭，计数器开始计时，如图 c 所示是抢答开始计时器计时效果画面
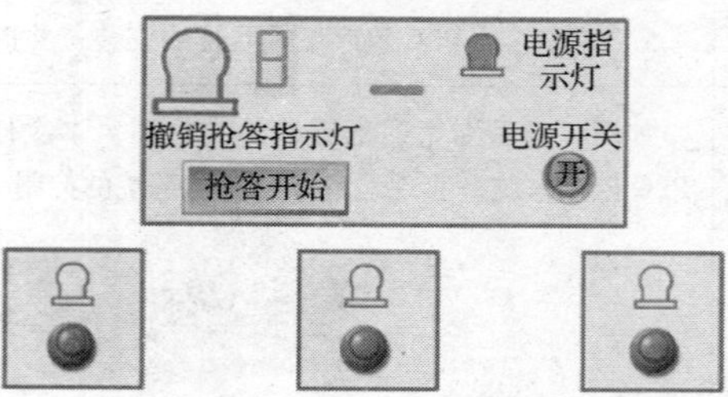
c）按下抢答/复位按钮，抢答开始计时器计时效果画面
（4）当抢答开始后，在 10 s 的计时内，无论哪个分台抢先按下抢答按钮，该分台的抢答指示灯就会亮，其他的分台再按抢答按钮将无效。如图 d 所示就是第 1 分台抢到抢答权的画面。如果是第 2 分台或者第 3 分台抢到抢答权，那么它们所对应的抢答指示灯就会亮，而其他的分台再按抢答按钮将无效
（5）当选手回答完毕后，主持人再次按下抢答/复位按钮，此时，抢答器又回到图 b 所示的等待抢答状态，计时器归零。如果继续进行下个题目的抢答，只要再按下一次抢答/复位按钮，就会进入图 c 所示</td></tr>
</table>

续表

<table>
<tr><td>典型工作任务名称</td><td colspan="3">抢答器控制系统设计与装调</td></tr>
<tr><td>学习环境</td><td>PLC 实训教室</td><td>学习方法</td><td>以工作过程为导向</td></tr>
<tr><td>工作任务内容</td><td colspan="3">的抢答状态。如果在 10 s 抢答时限内无人抢答，计时器计时到零后，会自动停止抢答，任何一个分台再按下抢答按钮都无效，该抢答题被视无效。如图 e 所示就是 10 s 抢答时限内无人抢答的画面 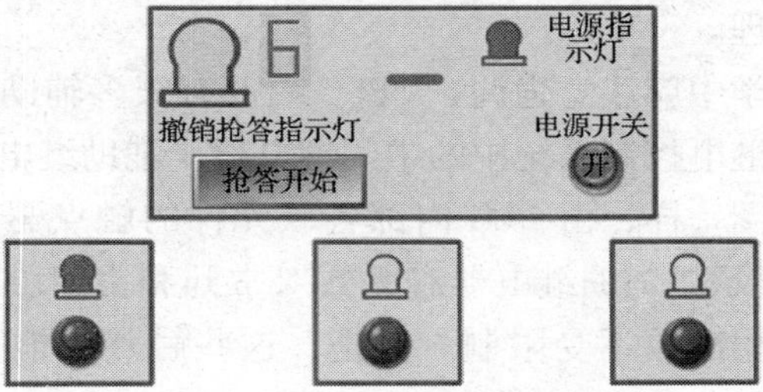

d）第 1 分台抢到抢答权的画面 

e）抢答时限内无人抢答的画面</td></tr>
<tr><td>任务实施步骤（或技术要点）</td><td colspan="3">步骤 1：现场观摩抢答器装置
步骤 2：熟悉抢答器装置的工作原理，编制 PLC 程序及线路安装计划
步骤 3：准备电工工具、仪表及辅助器材
步骤 4：检查并选择本任务所需的元器件及所需规格的导线
步骤 5：绘制图样（I/O 地址分配表、I/O 接线图、梯形图、平面布置图）
步骤 6：根据 I/O 地址分配表和梯形图，利用编程软件在计算机上进行编程设计，再按图样安装和调试电路
步骤 7：编制技术文件，进行检查评估</td></tr>
</table>

【相关知识讲授】

一、编程元件——辅助继电器（M）

在介绍三菱 PLC 辅助继电器时，建议用辅助继电器与继电器控制中的中间继电器进行比较，然后结合教材的图 2—4—2 和图 2—4—3 的原理分析，讲清辅助继电器（M）的分类、功能及工作原理。

教学中应注意强调："PLC 内部有很多辅助继电器，其功能相当于继电控制系统中的中间继电器。辅助继电器线圈与输出继电器线圈一样，由 PLC 内部各软元件的触点驱动，用文字符号"M"表示。辅助继电器有无数对常开和常闭触点供用户编程使用，使用次数不受限制。但是，这些触点不能直接驱动外部负载，外部负载只能由输出继电器驱动。"

二、定时器的典型应用电路

在介绍定时器的典型应用电路时，建议围绕教材图 2—4—4 和图 2—4—5 的编程实例开展教学，通过通电延时接通控制程序和通电延时断开控制程序的介绍，使学生熟练掌握定时器在程序设计中的应用。

三、脉冲输出指令（PLS、PLF）

介绍三菱 PLC 的脉冲输出指令（PLS、PLF）时，建议围绕教材图 2—4—6 和图 2—4—7 的编程实例开展教学，通过编程实例的原理分析，使学生熟练掌握脉冲输出指令的助记符、功能及其在程序设计中的应用。

关于本任务介绍的脉冲输出指令，教学时建议强调以下几点：

1. 使用 PLS 指令仅在驱动输入 ON 后，软元件 Y、M 动作一个扫描周期。

2. 使用 PLF 指令仅在驱动输入 OFF 后，软元件 Y、M 动作一个扫描周期。

四、脉冲检测指令（LDP、LDF 、ANDP、ANDF 、ORP、ORF）

介绍三菱 PLC 的脉冲检测指令（LDP、LDF 、ANDP、ANDF 、ORP、ORF）时，建议围绕教材图 2—4—8 和图 2—4—9 的编程实例开展教学，通过编程实例的原理分析，使学生熟练掌握脉冲检测指令的助记符、功能及其在程序设计中的应用。

教学时要指出：脉冲检测指令只适用于 FX_{1S}、FS_{1N}、FX_{2N} 和 FX_{2NC} 机型。LDP、ANDP、ORP 使指定的位软元件上升沿时接通一个扫描周期，而 LDF、ANDF、ORF 使指定的位软元件下降沿时接通一个扫描周期。

【任务实施】

任务实施的教学流程如图 2—4—2 所示。学生实施任务过程中，教师要做好巡回指导。在巡回指导过程中，指导学生按照安全文明操作规程规范操作，对个别掌握不好的学生要单独进行指导，随时纠正错误。对普遍存在的问题要采用集中指导的方法，老师再重新示范演示，使学生进一步理解。

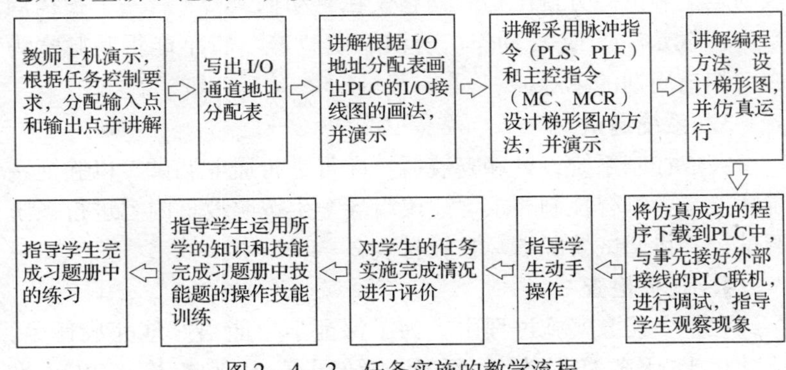

图 2—4—2　任务实施的教学流程

1. 控制系统硬件设计

这个环节的基本操作步骤仍为：画出 PLC 的 I/O 接线图→清点工具和仪表→选用元器件及导线→元器件检查（检查实训台上需要用到的元器件）→安装元器件→布线→自检。具体的教学流程和注意事项可参见本课题任务 1，在此不再赘述。

本任务进行布线时应注意强调：应根据 I/O 接线图，将 PLC 外部输出指示灯接到 DC24 V 的电源上，切勿接到 AC220 V 的电源上。这是因为错将输出指示灯接到 AC220 V 的电源上，会烧毁指示灯，严重时会损坏 PLC。

2. 控制系统软件设计

学生设计梯形图时，可以引导学生采用主控指令和脉冲输出指令、脉冲检测指令画出梯形图，然后在编程计算机和 PLC 实训台上进行设计及仿真调试运行。操作过程中，每位学生结合工作任务独立完成，并结组互相检查对错。另外，教师要注意指导和提醒学生在梯形图输入完毕后，将梯形图进行变换，并进行程序保存。

引导学生利用编程软件输入程序时要注意强调：在进行脉冲输出指令 PLS 的元件编号的输入时，应选择“sF7”的元件编号，而不能选择“F5”的元件编号。这是因为“sF7”的元件编号代表的是上升沿微分输出指令，它仅在驱动输入 ON 后一个扫描周期内，软元件 Y 或 M 动作。若误输成“F5”将不能得到脉宽为一个扫描周期的单脉冲。

3. 系统调试

完成控制系统设计和安装后，即可进行通电调试，以验证系统功能是否符合控制要求。建议引导学生按照教材内容进行系统调试，并将调试情况填写在教材表 2—4—7 中。

4. 任务检查

在整个任务实施过程中，为了保证学生能很好地完成任务，让学生将任务实施的过程检查结果填入任务检查单（见

表2—1—7）中。

5. 交流与评价

建议由教师按照教材表2—1—6对学生的任务完成情况进行评价。也可以根据具体情况先由学生进行自我评价和小组互评，然后由教师评价，并将结果填入教学效果评价表（参见表2—1—8）中。

6. 总结与反思

参考课题二任务1相关内容。

积算定时器

PLC的定时器分为通用定时器和积算定时器两种。通用定时器的工作原理在教材中通过图2—3—8所示的通用定时器的工作原理，进行了详细介绍。

积算定时器的工作原理如图2—4—3所示。积算定时器有断电保持功能。当X000断开或停电时，积算定时器T250的当前值能保留；当X000再次接通，计时继续。当两次或多次延时时间之和等于设定值时，T250的常开触点闭合，驱动Y000。积算定时器动作完成之后，一般要用RST复位。

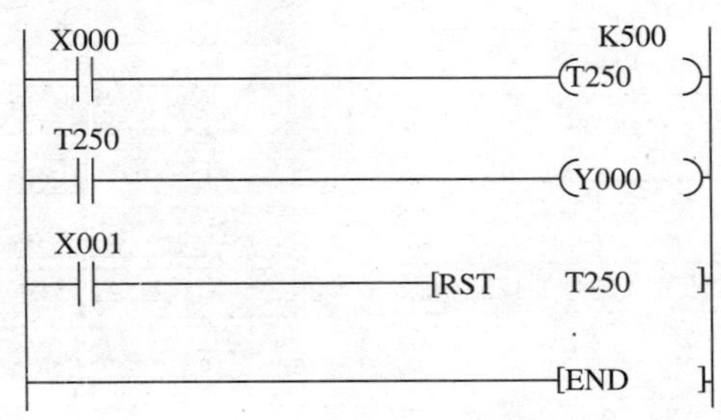

图2—4—3　积算定时器的工作原理

任务5　花式喷泉控制系统设计与装调

教学重点和难点

1. 教学重点

编程元件计数器（C），典型计数器长延时控制电路。

2. 教学难点

编程元件计数器（C），典型计数器长延时控制电路。

教学流程

本工作任务的教学参考流程如图2—5—1所示。

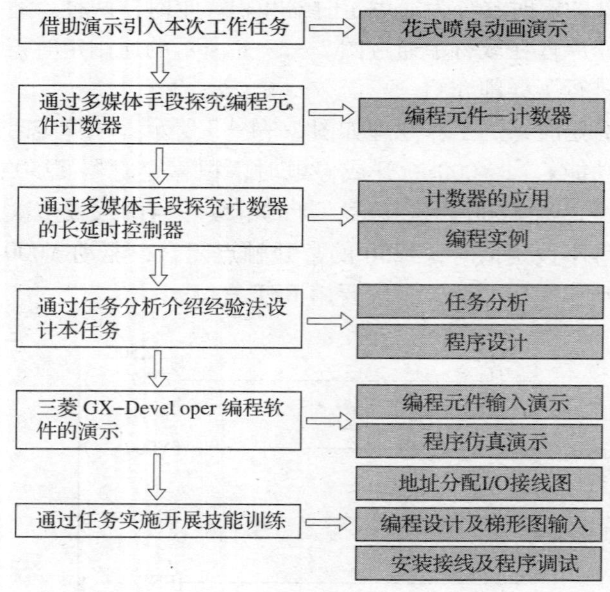

图2—5—1　本工作任务的教学参考流程

【新课引入】

首先利用多媒体展示各式各样喷泉的工作过程，引导学生分组讨论喷泉是如何变幻出各式各样的喷水花形的，并带领学生复习电子技术基础课程中使用过的时序图，为后面分析花式喷泉控制系统工作过程做准备。

然后下发工作任务书（见表2—5—1），描述工作任务学习目标。在下发工作任务书后，通过播放花式喷泉控制系统多媒体课件，进行本工作任务的任务描述，并让学生通过观察熟悉本任务的控制要求。

表2—5—1　花式喷泉控制系统设计与装调任务书

<table>
<tr><td>典型工作任务名称</td><td colspan="3">花式喷泉控制系统设计与装调</td></tr>
<tr><td>学习环境</td><td>PLC 实训教室</td><td>学习方法</td><td>以工作过程为导向</td></tr>
<tr><td>学习目的</td><td colspan="3">1. 熟悉花式喷泉的结构和工作特点
2. 熟悉计数器的用法
3. 掌握计数器与时钟脉冲指令配合进行长延时控制的设计方法
4. 掌握利用 GX Developer 三菱编程软件输入计数器指令，并进行编程和仿真运行的方法
5. 掌握三菱 PLC 程序下载及接线安装，并进行调试的方法</td></tr>
<tr><td>工作任务内容</td><td colspan="3">如图 a 所示是一休闲广场的花式喷泉控制效果画面。其喷泉组和工作时序图如图 b 所示。花式喷泉的工作时间是在晚上 11 点按下启动按钮，花式喷泉延时 9 个小时（即第二天早上八点）自动开始工作，工作 15 个小时（即再到晚上 11 点）后自动停止，并每天按上述时间不断循环工作。本次任务的主要内容是通过 PLC 控制系统，实现对花式喷泉系统的控制
花式喷泉喷头控制要求如下：
（1）花式喷泉分别由 A、B、C 三组喷头组成，其工作前的状态如图 c 所示</td></tr>
</table>

续表

<table>
<tr><td>典型工作任务名称</td><td colspan="3">花式喷泉控制系统设计与装调</td></tr>
<tr><td>学习环境</td><td>PLC 实训教室</td><td>学习方法</td><td>以工作过程为导向</td></tr>
<tr><td>工作任务内容</td><td colspan="3"> a）花式喷泉 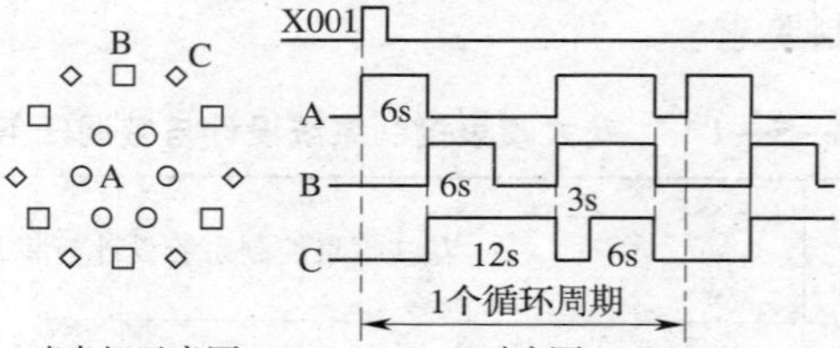

X001 A 6s B 6s 3s C 12s 6s 1个循环周期
喷泉组示意图　时序图
b）喷泉组示意图和时序图 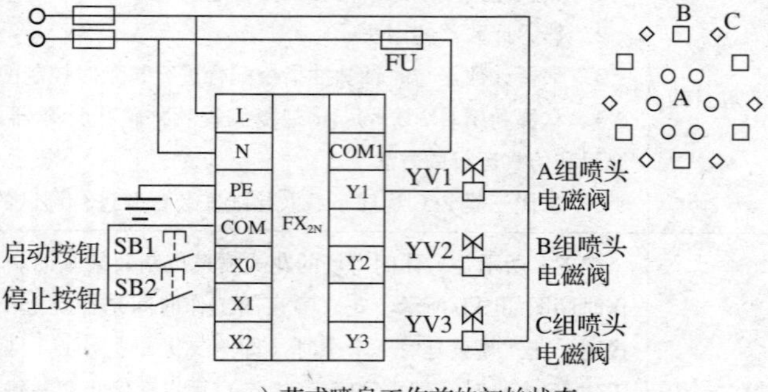

FU L N PE COM X0 X1 X2 FX2N COM1 Y1 Y2 Y3 YV1 YV2 YV3 A组喷头电磁阀 B组喷头电磁阀 C组喷头电磁阀 启动按钮 SB1 停止按钮 SB2
c）花式喷泉工作前的初始状态

（2）当按下启动按钮 SB1 后，A 组喷头电磁阀得电，A 组喷头开始喷泉。如图 d 所示
（3）当 A 组喷头开始喷泉 6 s 后，A 组喷头电磁阀自动断电，喷头停止喷泉。B、C 两组喷头电磁阀同时得电，B、C 两组喷头开始喷泉，如图 e 所示</td></tr>
</table>

续表

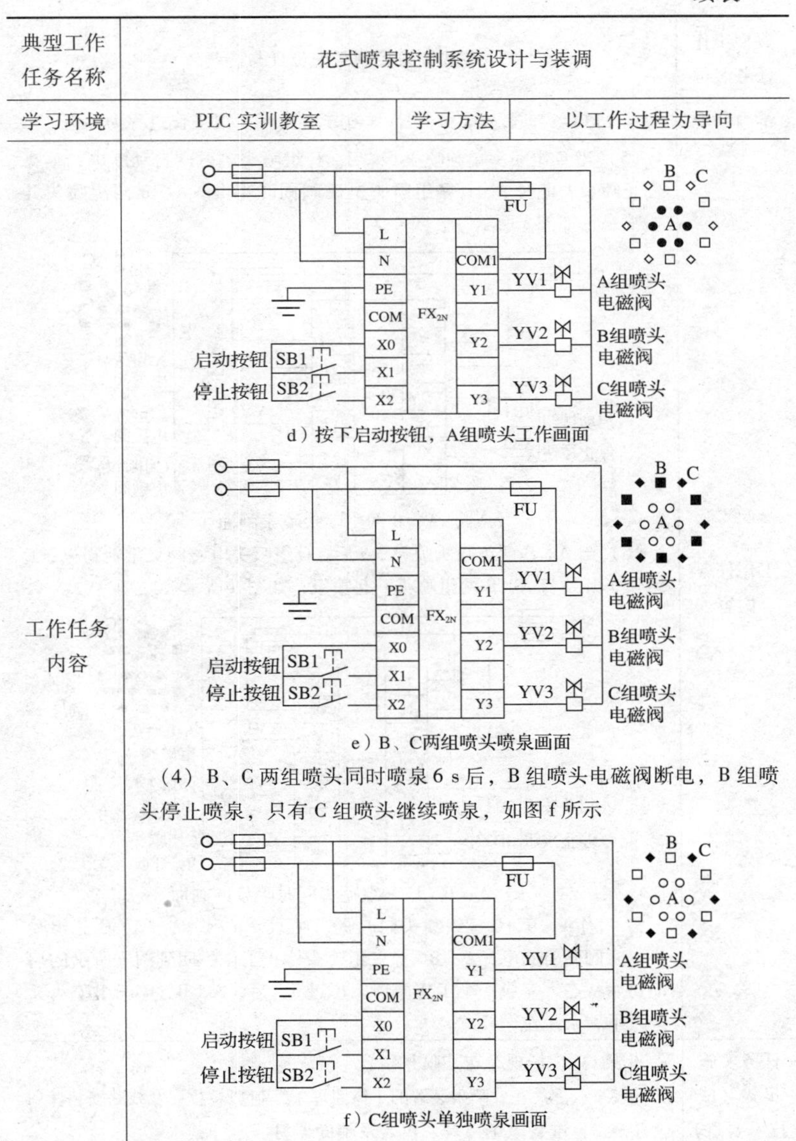

典型工作任务名称	花式喷泉控制系统设计与装调		
学习环境	PLC 实训教室	学习方法	以工作过程为导向

工作任务内容

d）按下启动按钮，A组喷头工作画面

e）B、C两组喷头喷泉画面

（4）B、C 两组喷头同时喷泉 6 s 后，B 组喷头电磁阀断电，B 组喷头停止喷泉，只有 C 组喷头继续喷泉，如图 f 所示

f）C组喷头单独喷泉画面

续表

<table>
<tr><td>典型工作
任务名称</td><td colspan="4">花式喷泉控制系统设计与装调</td></tr>
<tr><td>学习环境</td><td>PLC 实训教室</td><td>学习方法</td><td colspan="2">以工作过程为导向</td></tr>
<tr><td>工作任务
内容</td><td colspan="4">（5）当 C 组喷头单独喷泉 6 s 后，C 组喷头电磁阀自动断电，喷头停止喷泉，此时 A、B 两组喷头电磁阀同时得电，A、B 两组喷头开始喷泉，如图 g 所示
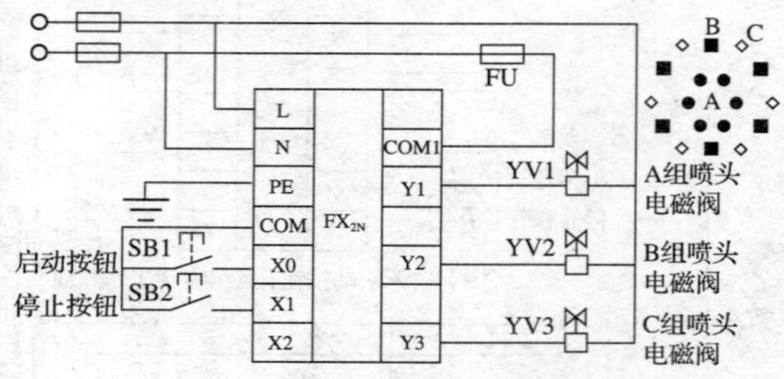

g）A、B 两组喷头喷泉画面
（6）当 A、B 两组喷头喷泉 3 s 后，C 组喷头电磁阀又重新得电，C 组喷头开始与 A、B 两组喷头一起喷泉，如图 h 所示
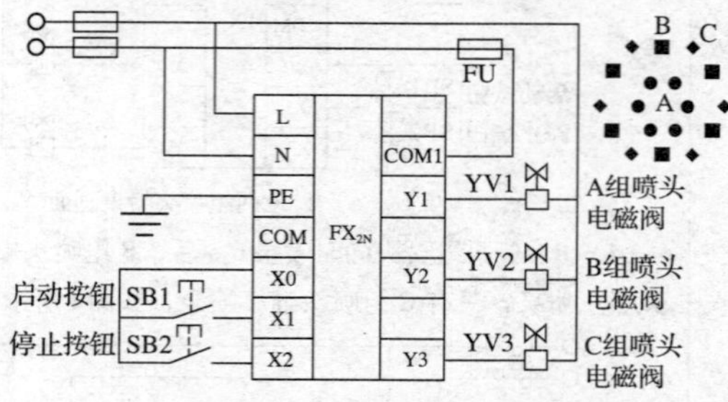

h）A、B、C 三组喷头同时喷泉的画面
（7）当 A、B、C 三组喷头同时进行喷泉 6 s 后，A、B、C 三组喷头电磁阀同时断电，A、B、C 三组喷头停止工作，回到图 c 所示的启动初始状态，完成一个工作循环。再过 3 s 后，A、B、C 三组喷头又进入下一个工作循环</td></tr>
<tr><td>任务实施
步骤（或
技术要点）</td><td colspan="4">步骤 1：现场观摩花式喷泉装置
步骤 2：熟悉花式喷泉装置的工作原理，编制 PLC 程序及线路安装计划
步骤 3：准备电工工具、仪表及辅助器材</td></tr>
</table>

续表

典型工作任务名称	花式喷泉控制系统设计与装调		
学习环境	PLC 实训教室	学习方法	以工作过程为导向
任务实施步骤（或技术要点）	步骤 4：检查并选择本任务所需的元器件及所需规格的导线 步骤 5：绘制图样（I/O 地址分配表、I/O 接线图、梯形图、平面布置图） 步骤 6：根据 I/O 地址分配表和梯形图，利用编程软件在计算机上进行编程设计，再按图样安装和调试电路 步骤 7：编制技术文件，进行检查评估		

【相关知识讲授】

一、编程元件

1. 计数器（C）

在介绍三菱 PLC 计数器时，建议先介绍一般计数器的分类及特点。然后重点围绕教材图 2—5—3 和图 2—5—4 介绍内部 16 位加计数器的工作过程，使学生熟练掌握计数器功能及其在程序设计中的应用。

教学中应注意强调："C0 ~ C199 共 200 点是 16 位加计数器，其中 C0 ~ C99 共 100 点为通用型，C100 ~ C199 共 100 点为断电保持型（断电后能保持当前值，通电后继续计数）。这类计数为递加计数，应用前先对其设置某一设定值，当输入信号（上升沿）个数累加到设定值时，计数器动作，其常开触点闭合、常闭触点断开。16 位加计数器的设定值为 1 ~ 32767，设定值可以用常数 K 或者通过数据寄存器 D 来设定。"

2. 特殊辅助继电器

由于本次任务的教学内容是有关定时的控制，所以在介绍特殊辅助继电器时，应以 M8011、M8012、M8013 和 M8014 的时钟脉冲结合教材里的典型长延时控制的实例进行介绍。介绍时可通过编程软件进行仿真演示，突出特殊辅助继电器在 PLC 中只有触点功能，而没有线圈的特点。

二、典型的计数器长延时控制电路

建议围绕教材图 2—5—5 ~ 图 2—5—9 介绍计数器、定时器与特殊辅助继电器配合实现长延时控制，突出计数器的功能。

【任务实施】

任务实施的教学流程如图 2—5—2 所示。学生实施任务过程中，教师要做好巡回指导。在巡回指导过程中，指导学生按照安全文明操作规程规范操作，对个别掌握不好的学生要单独进行指导，随时纠正错误。对普遍存在的问题要采用集中指导的方法，老师再重新示范演示，使学生进一步理解。

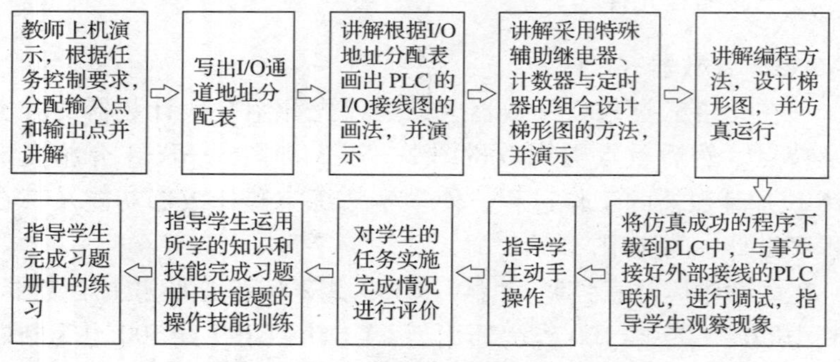

图 2—5—2　任务实施的教学流程

1. 控制系统硬件设计

这个环节的基本操作步骤仍为：画出 PLC 的 I/O 接线图→清点工具和仪表→选用元器件及导线→元器件检查（检查实训台上需要用到的元器件）→安装元器件→布线→自检。具体的教学流程和注意事项可参见本课题任务 1，在此不再赘述。

2. 控制系统软件设计

学生设计梯形图时，可以引导学生采用主控指令和脉冲输出指令、脉冲检测指令画出梯形图，然后在编程计算机和 PLC 实训台上进行设计及仿真调试运行。操作过程中，每位学生结合工作任务独立完成，并结组互相检查对错。另外，教师要注意指导和提醒学生在梯形图输入完毕后，将梯形图进行变换，并进行程序保存。

引导学生进行程序设计时要注意强调：采用计数器与秒脉冲指令 M8013 配合进行本任务 24 h 长延时控制程序的设计，应根据梯形图的设计原则，将计数器的复位程序放在计数程序的上面，以保证当计数器 C1、C2 计数完毕后，才实现计数器的复位，从而实现 24 h 长延时控制。这是因为若将计数器的复位程序放在计数程序的下面，会造成计数器 C1、C2 不计数，不能实现 24 h 长延时控制，如教材图 2—5—6 所示。

3. 系统调试

完成控制系统设计和安装后，即可进行通电调试，以验证系统功能是否符合控制要求。建议引导学生按照教材内容进行系统调试，并将调试情况填写在教材表 2—5—4 中。

4. 任务检查

在整个任务实施过程中，为了保证学生能很好地完成任务，让学生将任务实施的过程检查结果填入任务检查单（参见表 2—1—7）中。

5. 交流与评价

建议由教师按照教材表 2—1—6 对学生的任务完成情况进行评价。也可以根据具体情况先由学生进行自我评价和小组评价，然后由教师评价，并将结果填入教学效果评价表（参见表 2—1—8）中。

6. 总结与反思

参考课题二任务 1 相关内容。

1. 32 位增（加）/减计数器

在实施本任务的延时控制程序设计时，所使用的主要编程元件是计数器。在三菱 FX 系列的 PLC 中，计数器分为 16 位增计数器、32 位增/减计数器和高速计数器三类。在教材中分别介绍了 16 位增计数器的工作原理及典型的计数器长延时控制电路。现将 32 位计数器的内容归纳如下，供教师教学中参考。

32 位增（加）/减计数器是32 位二进制加法器。在 FX 系列 PLC 中，只有 FX_{1N}、FX_{2N}、FX_{2NC} 等机型才具有，其对应编号为 C200 ~ C234。增（加）/减计数器的切换由特殊辅助继电器 M8200 ~ M8234 决定。当 M82□□为 OFF 时，对应的 C2□□为增计数；当 M82□□为 ON 时，对应的 C2□□为减计数，其动作原理如图 2—5—3 所示。图中当 X010 闭合时，M8210 为 ON，C210 为减计数器；当 X010 断开时，M8210 为 OFF，C210 为增计数器。

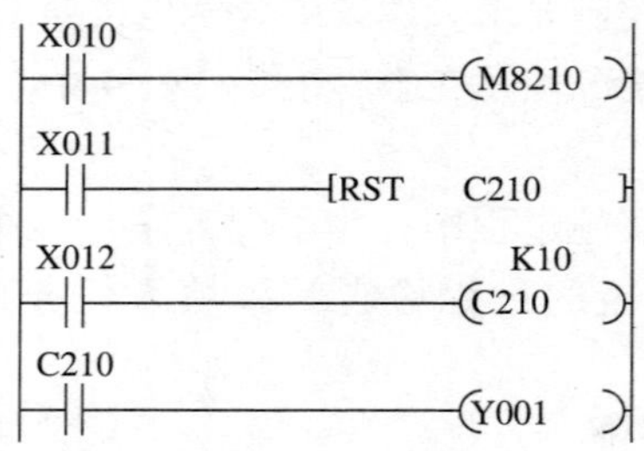

图 2—5—3　增/（加）减计数器

2. 典型的计数器长延时控制电路

由于 FX_{2N} 系列 PLC 的最长定时时间为 3 276. 7 s，它们对长时限的控制具有局限性，不能有效地实现对本任务的从早八点至晚十一点的长时限控制。如果需要更长时间的定时时间，可以采用计数器、多个定时器的组合或者定时器与计数器的组合来获得较长的延时时间。现将使用特殊辅助继电器与计数器配合实现定时程序的一些内容整理如下，供教师教学中参考使用。

（1）单独计数器实现延时控制的条件

单独计数器实现延时控制的条件是必须与具有时钟脉冲的特殊辅助继电器配合使用。特殊辅助继电器的工作原理是：当 PLC 运行时，能自动驱动其线圈，用户仅可利用其触点功能。如：M8014 产生的是 1 min 连续脉冲，M8013 产生的是 1 s 连续脉冲，M8012 产生的是 100 ms 连续脉冲，M8011 产生的是 10 ms 连续脉冲。

（2）用 M8013 和计数器配合实现 1 h 定时程序

以 M8013 作为秒时钟脉冲与计数器配合实现 1 h 定时控制程序如图 2—5—4 所示。

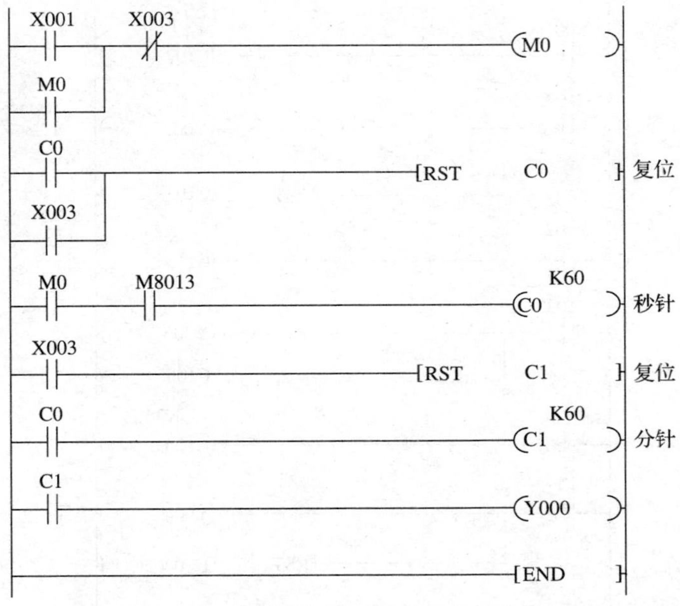

图 2—5—4　M8013 作为秒时钟脉冲与计数器配合实现 1 h 定时控制程序

（3）开机累计时间控制程序

开机累计时间控制程序如图 2—5—5 所示。它通过 M8000 运行常开触点、M8013 脉冲触点和计数器结合组成秒、分、时、天、年的显示电路。需要说明计数器必须采用断电保持型才能保证每次开机的时间累计计时。图中计数器采用 C101 ~ C104，属于断电保持型的。

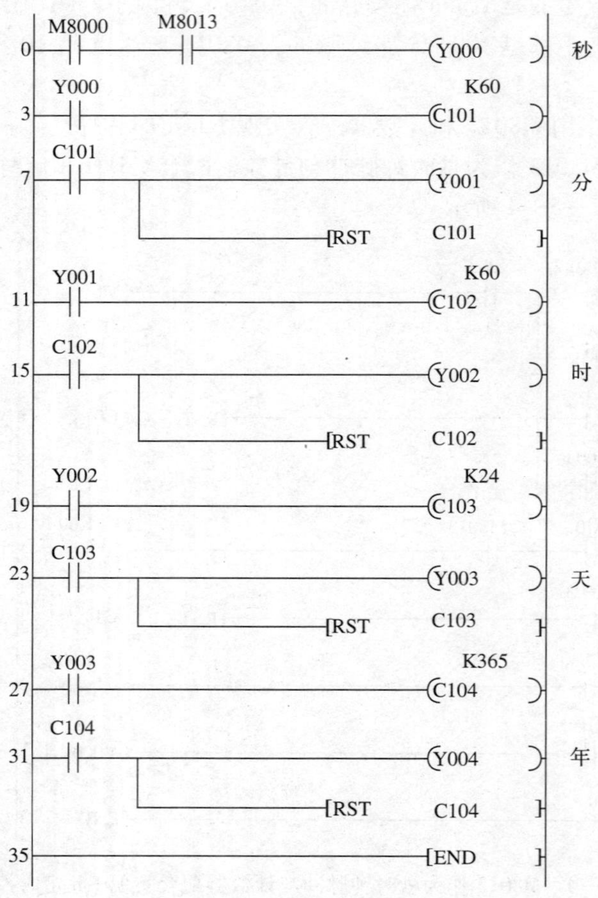

图 2—5—5　开机累计时间控制程序

课题三　顺序控制设计法及顺序控制指令应用

学时分配表

教学内容	建议学时
任务1　送料小车三地自动往返循环控制系统设计与装调	12
任务2　液体自动混合装置控制系统设计与装调	10
任务3　自动门控制系统设计与装调	10
任务4　十字路口交通灯控制系统设计与装调	10
总　　计	42

本课题主要介绍三菱系列可编程序控制器顺序控制指令的应用，通过4个典型的工作任务讲解采用顺序控制设计法，运用顺序控制指令进行程序设计的相关知识。

任务1　送料小车三地自动往返循环控制系统设计与装调：本任务首先介绍三菱系列可编程序控制器的顺序控制设计法的定义、分类和特点等，然后重点介绍步进逻辑公式法设计梯形图程序的方法步骤。在专业技能方面，本任务要求学生能按照控制要求分出程序步，灵活地运用步进逻辑公式法，根据步进逻辑公式，列出每个程序步的逻辑代数表达式，再利用简单的基本指令，采用“启－保－停”电路将每个程序步的逻辑代数表达式转换成梯形图，实现送料小车三地自动往返控制的梯形图程序设计，完成控制系统的装接调试。

任务2　液体自动混合装置控制系统设计与装调：本任务首先介绍三菱系列PLC的编程元件状态继电器（S）、步进顺控指令（STL、RET）的功能及应用，然后重点介绍顺序功能图的组成、结构形式及顺序功能图的编程方法，最后重点介绍了使用步进顺控指令实现的单序列结构的编程方法。在专业技能方面，本任务要求学生能根据控制要求画出单序列结构顺序功能图，灵活地使用步进顺序控制指令将其转换成梯形图，实现液体自动混合装置控制的梯形图程序设计，完成控制系统的装接调试。

任务3　自动门控制系统设计与装调：本任务首先重点介绍三菱系列 PLC 的用步进顺控指令实现的选择序列结构的编程方法，然后重点介绍了选择序列结构顺序功能图的特点。在专业技能方面，本任务要求学生能根据控制要求画出选择序列结构顺序功能图，灵活地使用步进顺序控制指令将其转换成梯形图，实现自动门控制的梯形图程序设计，完成控制系统的装接调试。

任务4　十字路口交通灯控制系统设计与装调：本任务首先重点介绍三菱系列 PLC 的用“启—保—停”电路实现的并行序列结构的编程方法，然后重点介绍了用步进顺控指令实现的并行序列结构的编程方法。在专业技能方面，本任务要求学生能根据控制要求画出并行序列结构顺序功能图，灵活地使用步进顺序控制指令将其转换成梯形图，实现十字路口交通灯控制的梯形图程序设计，完成控制系统的装接调试。

任务1　送料小车三地自动往返循环控制系统设计与装调

教学重点和难点

1. 教学重点

顺序控制设计法，步进逻辑公式设计法。

2. 教学难点

步进逻辑公式设计法。

教学流程

本工作任务的教学参考流程如图 3—1—1 所示。

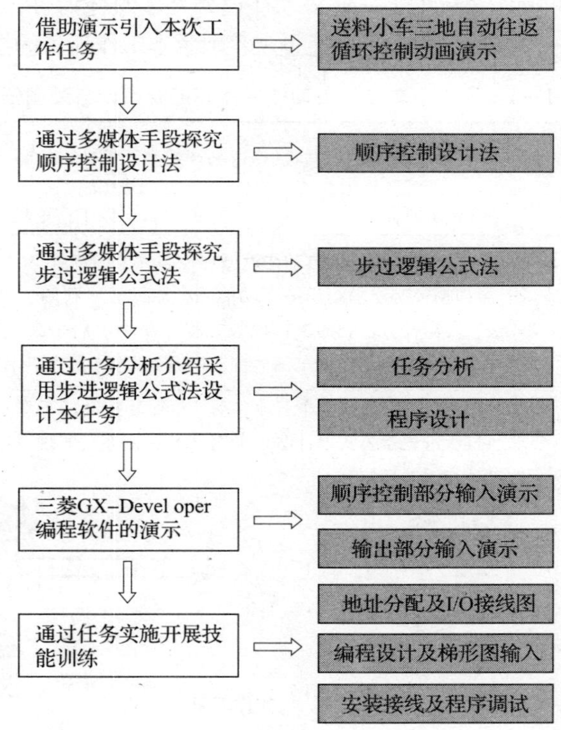

图 3—1—1　本工作任务的教学参考流程

教学设计

【新课引入】

首先带领学生复习经验法设计程序的相关知识，为后续内容的教学做准备。并通过展示、提问等方式，引导学生小组讨论并思考，工厂中在多工位之间自动往返循环送卸料的小车、酒店的自动平移门、十字路口交通灯等的工作过程有什么特点？为新课的展开做准备。

然后下发工作任务书（见表3—1—1），描述任务学习目标，并通过播放和操作送料小车三地自动往返循环多媒体课件，进行本工作任务的任务描述，并让学生通过观察熟悉本工作任务的控制要求。

表3—1—1　送料小车三地自动往返循环控制设计与装调任务书

典型工作任务名称	送料小车三地自动往返循环控制的设计与装调		
学习环境	PLC 实训教室	学习方法	以工作过程为导向
学习目的	1. 熟悉送料小车三地自动往返循环控制的工作特点 2. 会根据控制要求画出顺序功能图，能灵活地利用步进逻辑公式设计法，写出任务控制的逻辑代数方程，并用“启—保—停”电路，通过基本指令实现送料小车三地自动往返循环控制的梯形图程序设计		
工作任务内容	如图 a 所示为一送料小车三地自动往返循环控制的工作示意图。现要求通过步进逻辑公式设计法，采用 PLC 控制系统实现对送料小车的三地自动往返循环控制 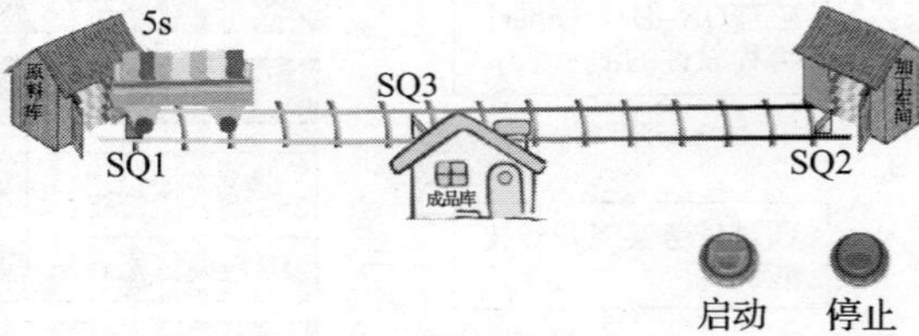 工作画面 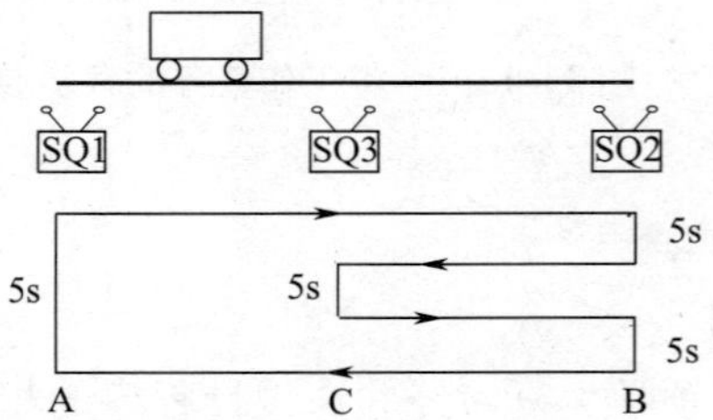 工作示意图 a)		

续表

<table>
<tr><td>典型工作任务名称</td><td colspan="3">送料小车三地自动往返循环控制的设计与装调</td></tr>
<tr><td>学习环境</td><td>PLC 实训教室</td><td>学习方法</td><td>以工作过程为导向</td></tr>
<tr><td>工作任务内容</td><td colspan="3">具体控制要求如下：
（1）初始为等待启动状态，如图 b 所示。此时送料小车投入运行前处于原位状态

b) 送料小车等待启动状态
（2）当按下启动按钮 SB2 后，送料小车在原料库装料，如图 c 所示

c) 送料小车装料过程画面
（3）送料小车用时 5 s 装料，装料完毕后，将原料运送到加工车间，途经成品库，碰到限位开关 SQ3，小车不停，如图 d 所示
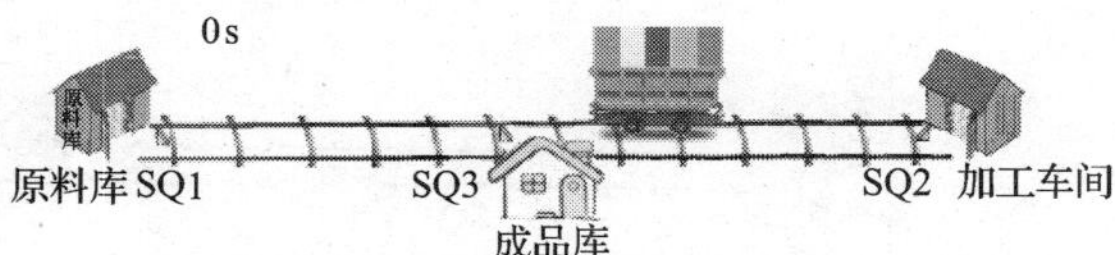

d) 送料小车从原料库送料到加工车间画面
（4）当小车到达加工车间碰到限位开关 SQ2 后停下，延时 5 s 卸下料并装上成品，如图 e 所示

e) 小车在加工车间卸料和装成品画面</td></tr>
</table>

续表

<table>
<tr><td>典型工作任务名称</td><td colspan="3">送料小车三地自动往返循环控制的设计与装调</td></tr>
<tr><td>学习环境</td><td>PLC 实训教室</td><td>学习方法</td><td>以工作过程为导向</td></tr>
<tr><td>工作任务内容</td><td colspan="3">

（5）当小车在加工车间装完成品后，将成品运往成品库，到达成品库碰到限位开关 SQ3 后停下卸货，如图 f 所示

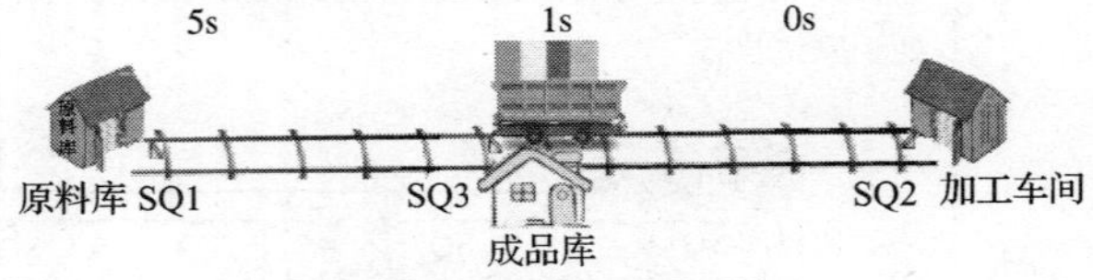

f) 送料小车在成品库卸成品画面

（6）当小车卸完成品后，空车再返回加工车间去装废品，如图 g 所示

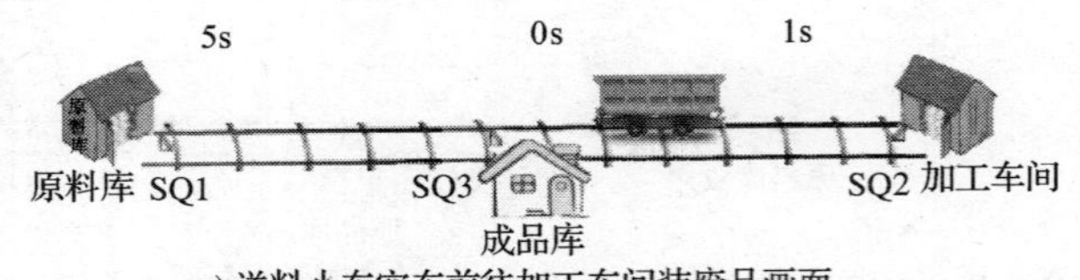

g) 送料小车空车前往加工车间装废品画面

（7）空车到达加工车间碰到限位开关 SQ2 停下，将废品装车，如图 h 所示

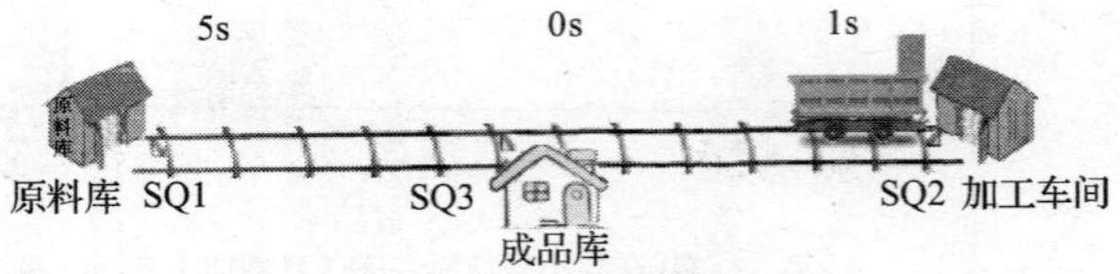

h) 送料小车在加工车间装废品画面

（8）小车运送废品返回原料库，途经成品库碰到限位开关 SQ3 不停，继续运行，如图 i 所示

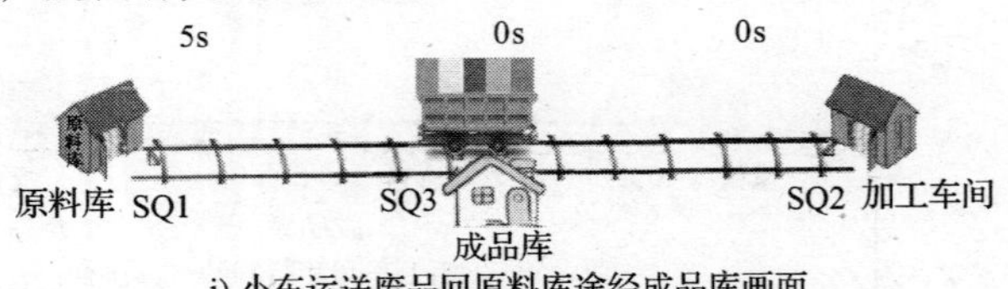

i) 小车运送废品回原料库途经成品库画面

</td></tr>
</table>

续表

<table>
<tr><td>典型工作任务名称</td><td colspan="3">送料小车三地自动往返循环控制的设计与装调</td></tr>
<tr><td>学习环境</td><td>PLC 实训教室</td><td>学习方法</td><td>以工作过程为导向</td></tr>
<tr><td>工作任务内容</td><td colspan="3">（9）当小车回到原料库碰到限位开关 SQ1 后停下，并卸下废品，然后再装上原料，进入下一个循环过程，如图 j 所示 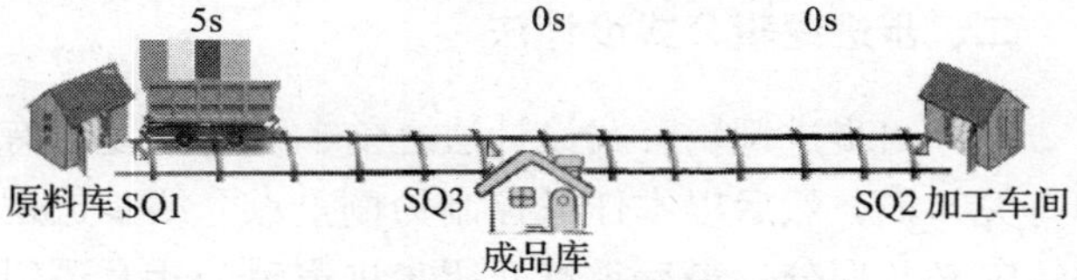
5s　0s　0s
原料库 SQ1　SQ3　SQ2 加工车间
成品库
j) 小车卸废品过程画面
（10）如需小车停下，只要按下停止按钮 SB1 即可实现</td></tr>
<tr><td>任务实施步骤（或技术要点）</td><td colspan="3">步骤 1：现场观摩送料小车（无条件的可通过多媒体仿真课件实现）
步骤 2：熟悉送料小车三地自动循环控制的工作原理，编制 PLC 程序设计及线路安装计划
步骤 3：准备电工工具、仪表以及辅助器材
步骤 4：检查并选择本任务所需的元器件及所需规格的导线
步骤 5：绘制图样（I/O 地址分配表、I/O 接线图、梯形图、平面布置图）
步骤 6：根据 I/O 地址分配表、逻辑代数方程式和梯形图，利用编程软件在计算机上进行编程设计，再按图样安装和调试电路
步骤 7：编制技术文件，进行检查评估</td></tr>
</table>

【相关知识讲授】

一、顺序控制设计法

在介绍三菱 PLC 顺序控制设计法之前，应先讲清前面工作任务所介绍的经验设计法，实际上是用输入信号 X 直接控制输出信号 Y，如果无法直接控制或为了解决联锁和互锁功能，只好被动地增加一些辅助元件和辅助触点。由于各系统输出量 Y 与输入量 X 之间的关系和对联锁、互锁的要求千变万化，所以有时候设计起来难以得心应手。然后再介绍顺序控制及顺序控制设计法的定义，最后通过经验设计法与顺序控制设计法的比较，突出顺序控制设计法的优点。

教学中应注意强调："顺序控制设计法是用输入信号控制代表各步的编程元件（如辅助继电器 M 和状态继电器 S），再用它们控制输出信号。"

二、步进逻辑公式设计法

在介绍步进逻辑公式设计法之前，建议先复习有关逻辑代数的有关知识，然后以本任务控制为例重点介绍步进逻辑公式设计法的定义及划分，最后重点介绍步进逻辑公式及逻辑代数方程式转换成梯形图的方法，使学生熟练掌握步进逻辑公式设计法在程序设计中的应用。

教学中应注意强调："步进逻辑公式设计法就是利用步进逻辑公式列出每个程序步的逻辑代数方程式后，再利用'启—保—停'电路，通过 PLC 的基本指令，画出每个程序步的梯形图的方法。"

【任务实施】

任务实施的教学流程如图 3—1—2 所示。学生实施任务过程中，教师要做好巡回指导。在巡回指导过程中，指导学生按照安全文明操作规程规范操作，对个别掌握不好的学生要单独进行指

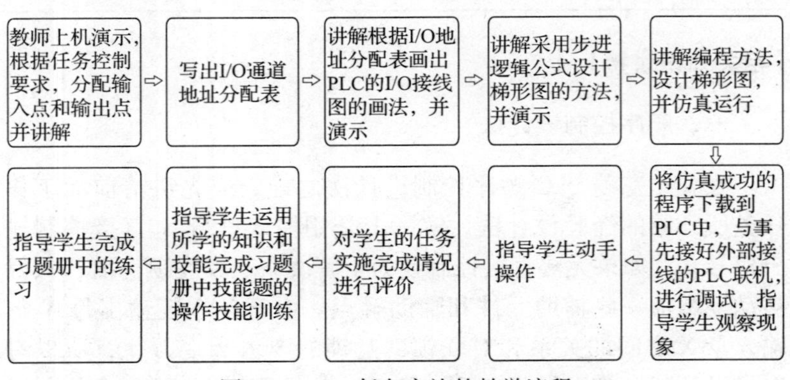

图 3—1—2　任务实施的教学流程

导，随时纠正错误。对普遍存在的问题要采用集中指导的方法，老师再重新示范演示，使学生进一步理解。

1. 控制系统硬件设计

这个环节的基本操作步骤仍为：画出 PLC 的 I/O 接线图→清点工具和仪表→选用元器件及导线→元器件检查（检查实训台上需要用到的元器件）→安装元器件→布线→自检。具体的教学流程和注意事项可参见课题二任务 1，在此不再赘述。

2. 控制系统软件设计

学生设计梯形图时，先引导学生采用步进逻辑公式设计法列出逻辑代数方程式，再利用“启—保—停”电路，通过 PLC 的基本指令，画出梯形图，然后在编程计算机和 PLC 实训台上进行设计及仿真调试运行。操作过程中，每位学生结合工作任务独立完成，并结组互相检查对错。另外，教师要注意指导和提醒学生在梯形图输入完毕后，将梯形图进行变换，并进行程序保存。

3. 系统调试

完成控制系统设计和安装后，即可进行通电调试，以验证系统功能是否符合控制要求。建议引导学生按照教材内容进行系统调试，并将调试情况填写在教材表 3—1—5 中。

教学时要注意强调：在模拟仿真试车调试过程中，应明确行程开关 SQ1、SQ2 和 SQ3 在小车运行中的各个状态，如小车等待启动时，SQ1 处于原位压下状态，而 SQ2 和 SQ3 处于断开状态；当小车在运行过程中，行程开关 SQ1、SQ2 和 SQ3 都处于断开状态，当小车到达 B 点时，SQ2 处于闭合状态，而 SQ1 和 SQ3 处于断开状态；当小车到达 C 点时，SQ3 处于闭合状态，而 SQ2 和 SQ1 处于断开状态。

4. 任务检查

在整个任务实施过程中，为了保证学生能很好地完成任务，让学生将任务实施的过程检查结果填入任务检查单（见表 3—1—2）中。

表 3—1—2　　　　　　　　任务检查单

<table>
<tr><td rowspan="2">任务检查单</td><td>产品型号和名称</td><td>项目承接人</td><td colspan="2">编号</td></tr>
<tr><td></td><td></td><td colspan="2"></td></tr>
<tr><td>检查人</td><td>检查开始时间</td><td colspan="3">检查结束时间</td></tr>
<tr><td></td><td></td><td colspan="3"></td></tr>
<tr><td colspan="3">检查内容</td><td>是</td><td>否</td></tr>
<tr><td rowspan="5">一、硬件和软件程序的设计</td><td colspan="2">1. 根据设计要求，正确设计主电路</td><td></td><td></td></tr>
<tr><td colspan="2">2. 正确设计 PLC 控制 I/O 口接线图并列出 PLC 控制 I/O 口元件地址分配表</td><td></td><td></td></tr>
<tr><td colspan="2">3. 根据控制要求正确列出逻辑代数方程式，并设计 PLC 梯形图</td><td></td><td></td></tr>
<tr><td colspan="2">4. 根据梯形图列出程序指令表</td><td></td><td></td></tr>
<tr><td colspan="2">5. 绘制的电路图规范清晰、元器件文字代号准确完整</td><td></td><td></td></tr>
<tr><td rowspan="7">二、硬件安装接线</td><td colspan="2">1. 合理选择电气元件并检查元件质量</td><td></td><td></td></tr>
<tr><td colspan="2">2. 能按照元件布置图进行 PLC 输入输出安装固定元器件</td><td></td><td></td></tr>
<tr><td colspan="2">3. 正确进行控制电路的接线</td><td></td><td></td></tr>
<tr><td colspan="2">4. 紧固件规格、型号选用正确</td><td></td><td></td></tr>
<tr><td colspan="2">5. 机械连接正确</td><td></td><td></td></tr>
<tr><td colspan="2">6. 无导线、塑料件、外壳等丢失、损伤现象</td><td></td><td></td></tr>
<tr><td colspan="2">7. 能正确使用万用表或验电笔检查线路</td><td></td><td></td></tr>
<tr><td rowspan="8">三、PLC 控制程序的输入及调试</td><td colspan="2">1. 熟练操作 PLC，能正确地将所编程序输入 PLC</td><td></td><td></td></tr>
<tr><td colspan="2">2. 能正确使用编程软件进行程序的修改、插入等编辑</td><td></td><td></td></tr>
<tr><td colspan="2">3. 正确按照被控设备的动作要求利用按钮、限位开关等器件进行调试，达到设计要求</td><td></td><td></td></tr>
<tr><td colspan="2">4. 能正确操作 PLC 按照控制要求进行控制</td><td></td><td></td></tr>
<tr><td colspan="2">5. 能正确使用编程软件进行 PLC 的监控和测试</td><td></td><td></td></tr>
<tr><td colspan="2">6. 能根据 PLC 运行故障进行常见故障的检查</td><td></td><td></td></tr>
<tr><td colspan="2">7. 能排除 PLC 程序常见故障</td><td></td><td></td></tr>
<tr><td colspan="2">8. 能排除 PLC 外围控制器件的常见故障</td><td></td><td></td></tr>
</table>

续表

检查内容		是	否
四、安全文明操作	1. 必须穿戴劳动防护用品		
	2. 遵守劳动纪律，注意培养一丝不苟的敬业精神		
	3. 注意安全用电，严格遵守本专业操作规程		
	4. 保持工位整洁，符合安全文明生产要求		
	5. 工具仪表摆放规范整齐，仪表完好无损		
五、简述本任务的整个工作过程			
六、指导教师审核			

项目承接人签名	检查人签名	老师签名

5．交流与评价

建议由教师按照教材表3—1—6对学生的任务完成情况进行评价。也可以根据具体情况先由学生进行自我评价和小组互评，然后由教师评价，并将结果填入教学效果评价表（参见表3—1—3）中。

表3—1—3　　　　教学效果评价表

考核点（%）	建议考核方式	评价标准				成绩
		优	良	中	及格	
PLC I/O分配表（15）	教师评价	正确设计PLC I/O分配表，输入、输出量表述清楚，布局合理	正确设计PLC I/O分配表，输入、输出量表述清楚	在教师的指导下完成PLC I/O分配表的设计，输入、输出量表述清楚，布局合理	在教师的指导下完成PLC I/O分配表的设计	

续表

考核点（%）	建议考核方式	评价标准				成绩
		优	良	中	及格	
PLC 系统接线图（20）	教师评价＋自评＋互评	正确设计 PLC 系统接线图，条理清楚，布局合理	能设计 PLC 系统接线图，条理清楚，布局合理	在教师的指导下设计 PLC 系统接线图，条理清楚，布局合理	在教师指导下基本完成 PLC 系统接线图	
PLC 控制系统程序（20）	教师评价	根据步进逻辑公式法，正确编写本任务的逻辑代数表达式，并转换成 PLC 控制系统程序，条理清楚，无错误	根据步进逻辑公式法，正确编写本任务的逻辑代数表达式，并转换成 PLC 控制系统程序，条理清楚，无重大错误	根据步进逻辑公式法，编写 PLC 控制系统程序，有较大错误，经教师指导后改正	在教师指导下基本完成本任务的逻辑代数表达式和 PLC 控制系统程序的编写	
仿真操作（35）	教师评价	正确录入 PLC 程序，进行正确仿真操作，效果明显，结论正确	能正确录入 PLC 程序，进行正确仿真操作，结论正确	能正确录入 PLC 程序，进行正确仿真操作，操作不够熟练，结论正确	能在教师的指导下录入 PLC 程序，进行仿真操作，操作不够熟练，结论正确	

续表

考核点（%）	建议考核方式	评价标准				成绩
		优	良	中	及格	
综合表现（10）	教师评价＋自评	积极参与；团队合作意识强；按时完成任务；愿意帮助同学；服从指导教师的安排	主动参与；团队合作意识较强；在教师的指导下完成任务；服从指导教师的安排	能够参与；团队合作意识较强；在同学的帮助下完成任务；服从指导教师的安排	能够参与；团队合作意识一般；在教师的帮助下完成任务；服从指导教师的安排	

6. 总结与反思

参考课题二任务 1 相关内容。

教学参考资料

通过逻辑代数方程表达式进行步进顺序控制设计的步进逻辑公式设计法，不仅适用于 PLC 控制系统的程序设计，还是继电—接触器控制的步进顺序控制设计的一种有效而重要的设计手段。教材对“三地自动往返循环控制”做了介绍，在此以习题册中的技能题“小车四点自动往返控制”设计题目为例，进一步介绍步进逻辑公式法的应用，供教师教学中参考。值得一提的是，步进逻辑公式法特别适用于这种通过行程开关控制的小车（或工作台）的多地自动循环步进顺序控制的设计。

运用步进逻辑公式法进行设计，程序步的划分是关键和首要条件。在“小车四地自动往返控制”系统中，输出信号为 KM1 和 KM2，输入信号由 1 个启动按钮和 1 个停止按钮发出，反馈信号由 4 个行程开关（SQ1、SQ2、SQ3 和 SQ4）发出。小车运行程序分步图如图 3—1—3 所示。

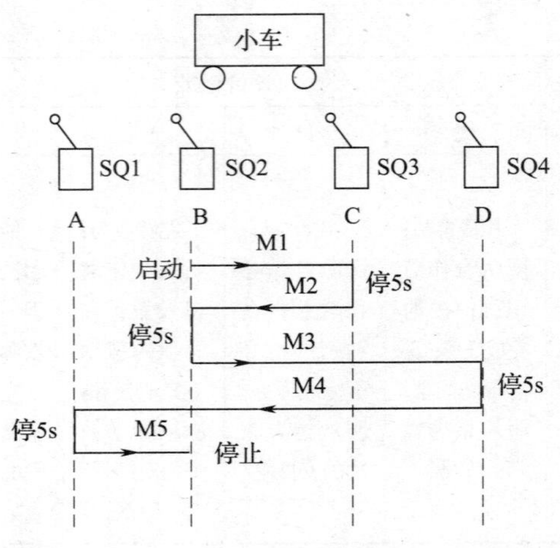

图 3—1—3　小车运行程序分步图

此时的输出状态是指控制电路输出触点的状态，如图 3—1—3 所示的控制电路中，如果小车向右运行，那么 KM1 得电，KM2 失电。在小车向右运行期间，输出状态保持 KM1 得电，KM2 失电的状态，由定义可得这是一程序步。当小车向左运行时又变成 KM1 失电、KM2 得电，系统又转入另一个程序步。

根据程序步的定义可知小车运行轨迹可分为 M1、M2、M3、M4、M5 五步，每步的转步信号分别设为 SQ1、SQ2、SQ3、SQ4，如图 3—1—3 所示。

根据步进逻辑公式可得如下方程组：

$$M1 = (SB2 + M1)\overline{M2} \tag{3—1}$$

$$M2 = (SQ3 \times M1 + M2)\overline{M3} \tag{3—2}$$

$$M3 = (SQ2 \times M2 + M3)\overline{M4} \tag{3—3}$$

$$M4 = (SQ4 \times M3 + M4)\overline{M5} \tag{3—4}$$

$$M5 = (SQ1 \times M4 + M5)\overline{SQ2} \tag{3—5}$$

由于行程开关 SQ1、SQ2、SQ3、SQ4 是小车的反馈输入信号，若分别用X002、X003、X004和X005所代替，则上述方程组可转换成下列方程组：

$$M1 = (X001 + M1)\overline{M2} \tag{3—6}$$

$$M2 = (X004 \times M1 + M2)\overline{M3} \tag{3—7}$$

$$M3 = (X003 \times M2 + M3)\overline{M4} \tag{3—8}$$

$$M4 = (X005 \times M3 + M4)\overline{M5} \tag{3—9}$$

$$M5 = (X002 \times M4 + M5)\overline{X003} \tag{3—10}$$

要“结束”控制流程，必须增加停止按钮SB2（X000）来使系统停止工作。逻辑代数方程组再次修改为：

$$M1 = (X001 + M1)\overline{M2} \times \overline{X000} \tag{3—11}$$

$$M2 = (X004 \times M1 + M2)\overline{M3} \times \overline{X000} \tag{3—12}$$

$$M3 = (X003 \times M2 + M3)\overline{M4} \times \overline{X000} \tag{3—13}$$

$$M4 = (X005 \times M3 + M4)\overline{M5} \times \overline{X000} \tag{3—14}$$

$$M5 = (X002 \times M4 + M5)\overline{X003} \times \overline{X000} \tag{3—15}$$

因为KM1得电，小车向右运行，而KM2得电，小车向左运行，所以程序步与KM1和KM2之间的函数为：

$$KM1 = (M1 + M3 + M5)\overline{KM2} \times \overline{SB1} \times \overline{KH} \tag{3—16}$$

$$KM2 = (M2 + M4)\overline{KM1} \times \overline{SB1} \times \overline{KH} \tag{3—17}$$

考虑编程，分别将输出继电器Y000（KM1）、Y001（KM2）和停止按钮SB1（X000）以及过载保护用的热继电器KH（X006）带入上面函数，可得小车向左和向右运行的逻辑代数方程组：

$$Y000 = (M1 + M3 + M5)\overline{Y001} \times \overline{X000} \times \overline{X006} \tag{3—18}$$

$$Y001 = (M2 + M4)\overline{Y000} \times \overline{X000} \times \overline{X006} \tag{3—19}$$

在实际生产控制过程中，考虑到KM1和KM2之间的动作转换不能立即进行，所以M3、M5和M2、M4不能直接引发KM1

和 KM2 得电，必须经过时间继电器延时，故有如下改进，其逻辑代数方程组也可改为下列表达式。

$$M1 = (X001 + M1)\ \overline{M2} \times \overline{X000} \times \overline{X006} \quad (3—20)$$

$$M2 = (X004 \times M1 + M2)\ \overline{M3} \times \overline{X000} \times \overline{X006} \quad (3—21)$$

$$M3 = (X003 \times M2 + M3)\ \overline{M4} \times \overline{X000} \times \overline{X006} \quad (3—22)$$

$$M4 = (X005 \times M3 + M4)\ \overline{M5} \times \overline{X000} \times \overline{X006} \quad (3—23)$$

$$M5 = (X002 \times M4 + M5)\ \overline{X003} \times \overline{X000} \times \overline{X006} \quad (3—24)$$

$$T0 = (M3 + M5)\ \overline{X000} \times \overline{X006} \quad (3—25)$$

$$T1 = (M2 + M4)\ \overline{X000} \times \overline{X006} \quad (3—26)$$

$$Y000 = (M1 + T0)\ \overline{Y001} \times \overline{X000} \times \overline{X006} \quad (3—27)$$

$$Y001 = T1 \times \overline{Y000} \times \overline{X000} \times \overline{X006} \quad (3—28)$$

综上所述，通过对小车的运行分步，然后根据步进逻辑公式，列出步进逻辑代数表达式，最后根据步进逻辑代数表达式画出梯形图。其梯形图程序如图 3—1—4 所示。

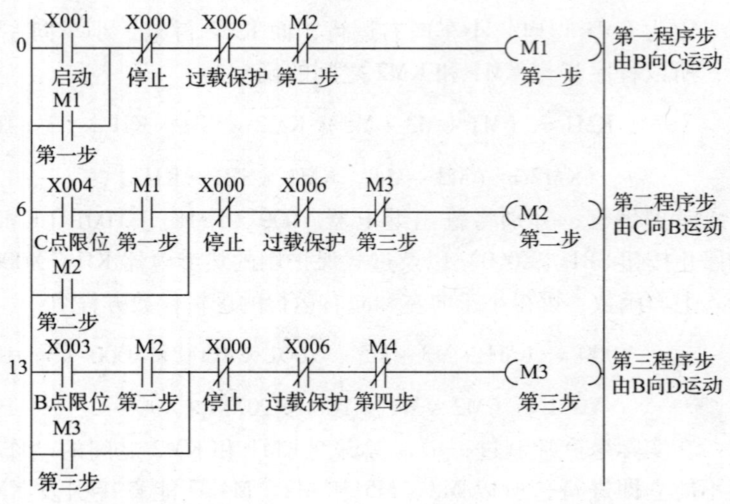

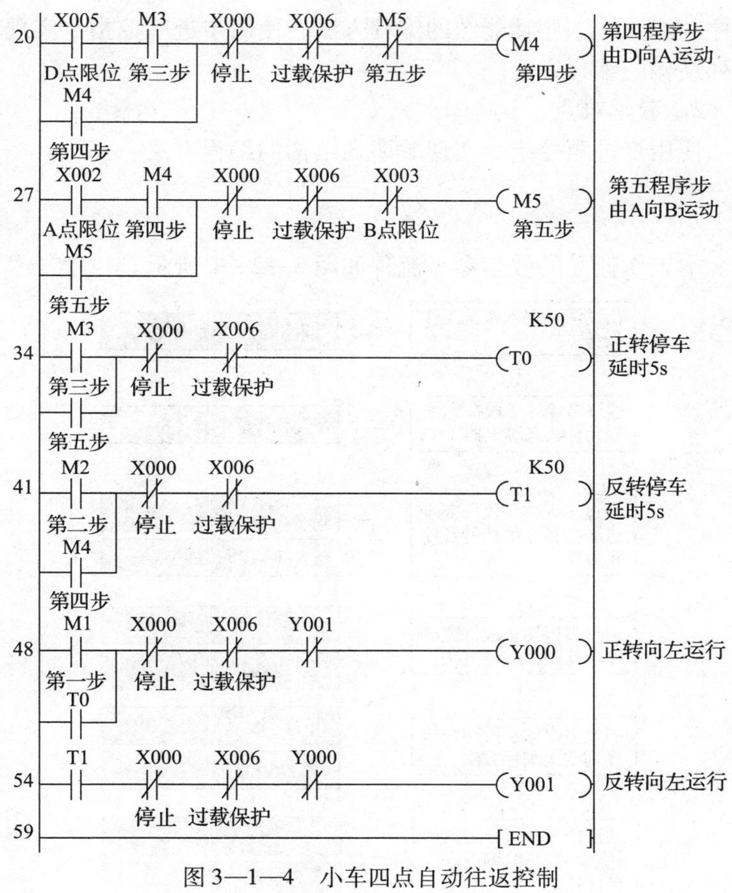

图 3—1—4　小车四点自动往返控制

任务2　液体自动混合装置控制系统设计与装调

教学重点和难点

1. 教学重点

编程元件状态继电器（S），步进顺控指令（STL、RET），顺序功能图，顺序功能图的编程方法，使用步进顺控指令实现单序列结构的编程方法。

2. 教学难点

使用步进顺控指令实现单序列结构的编程方法。

教学流程

本工作任务的教学参考流程如图 3—2—1 所示。

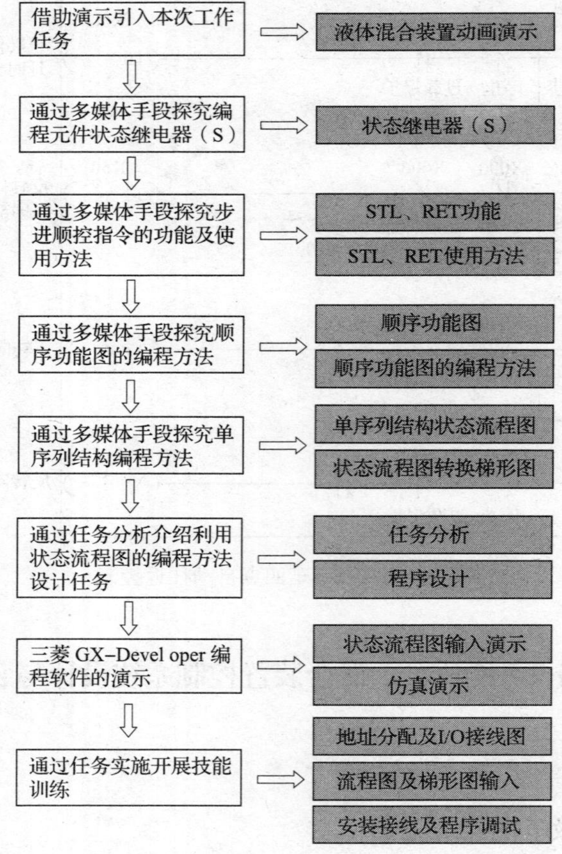

图 3—2—1　本工作任务的教学参考流程

【新课引入】

首先通过提问等方式，带领学生复习上一任务中所学的步进逻辑公式设计法，为后续内容的教学做准备；展示液体自动混合装置在医药、食品、化工等行业中的应用，引导学生思考：采用传统继电—接触器控制的液体自动混合装置有哪些缺点，如果改用 PLC 控制具有哪些优势，为新课展开做准备。

然后下发工作任务书，参见表 3—2—1，描述工作任务学习目标。在下发工作任务书后，通过播放液体自动混合控制系统多媒体课件，进行本次工作任务描述，并让学生通过观察熟悉本工作任务的控制要求。

表 3—2—1　液体自动混合控制系统设计与装调任务书

<table>
<tr><td>典型工作任务名称</td><td colspan="3">液体自动混合控制系统的设计与安装调试</td></tr>
<tr><td>学习环境</td><td>PLC 实训教室</td><td>学习方法</td><td>以工作过程为导向</td></tr>
<tr><td>学习目的</td><td colspan="3">1. 熟悉液体自动混合装置的结构和工作特点
2. 熟悉步进顺控指令的用法
3. 掌握状态流程图（SFC）的画法
4. 掌握利用 GX Developer 三菱编程软件编辑 SFC 块，并进行编程和仿真运行的方法
5. 掌握三菱 PLC 程序下载及接线安装，并进行调试的方法</td></tr>
<tr><td>工作任务内容</td><td colspan="3">有一台液体自动混合装置，如图 a 所示。其以前的控制曾采用继电器或分立的电子线路来实现。现需要利用 PLC 对其进行改造，将其设计成以 PLC 为核心的集多物料合成、混合、反应自动控制系统
具体控制要求如下：
根据液体自动混合装置的控制原理，运用顺序控制设计法进行设计
a）液体自动混合装置</td></tr>
</table>

<table>
<tr><td>典型工作任务名称</td><td colspan="3">液体自动混合控制系统的设计与安装调试</td></tr>
<tr><td>学习环境</td><td>PLC 实训教室</td><td>学习方法</td><td>以工作过程为导向</td></tr>
<tr><td>工作任务内容</td><td colspan="3">其控制原理如下：
（1）液体自动混合装置投入运行时，液体 A、B 阀门关闭，容器为放空关闭状态，如图 b 所示
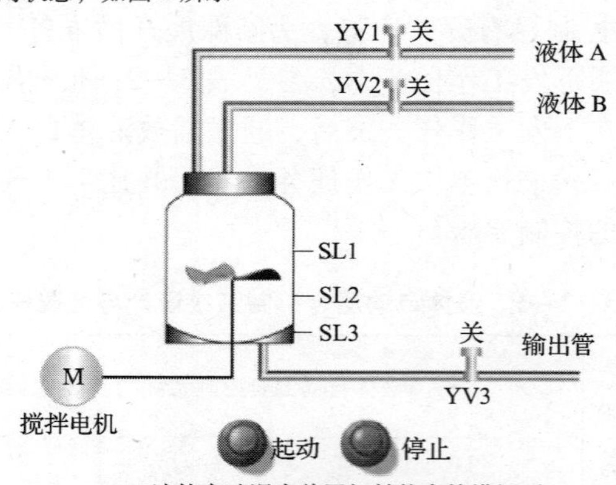

b) 液体自动混合装置初始状态的模拟画
（2）按下启动按钮，可观察到液体 A 的控制阀 YV1 打开，液体 A（红色）流入容器，液位上升，如图 c 所示
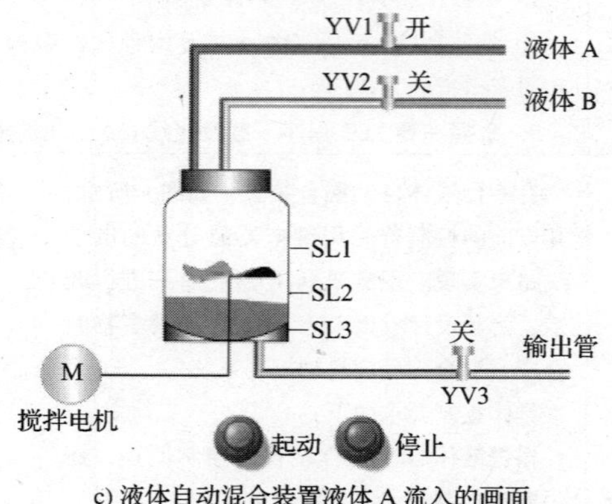

c) 液体自动混合装置液体 A 流入的画面</td></tr>
</table>

续表

<table>
<tr><td>典型工作任务名称</td><td colspan="3">液体自动混合控制系统的设计与安装调试</td></tr>
<tr><td>学习环境</td><td>PLC 实训教室</td><td>学习方法</td><td>以工作过程为导向</td></tr>
<tr><td>工作任务内容</td><td colspan="3">（3）当液体 A（红色）的液面上升到 SL2 时，SL2 导通，关闭液体 A 阀门 YV1，同时打开液体 B 阀门 YV2，液体 B 开始流入容器，如图 d 所示。注意观察液体的颜色：此时在画面上可以看到，当在红色的液体中渗入绿色液体，将变成橙色液体
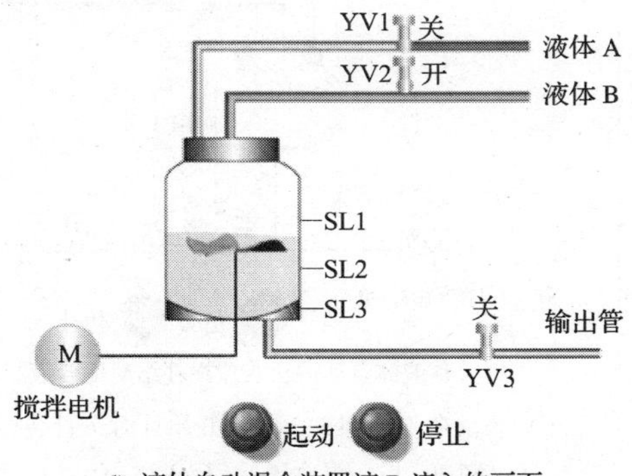

d) 液体自动混合装置液 B 流入的画面
（4）当液位上升到 SL1 时，关闭液体 B 阀门 YV2，搅拌电动机开始搅拌，如图 e 所示。注意观察液体的颜色：通过搅拌后，液体的颜色由橙色转为黄色
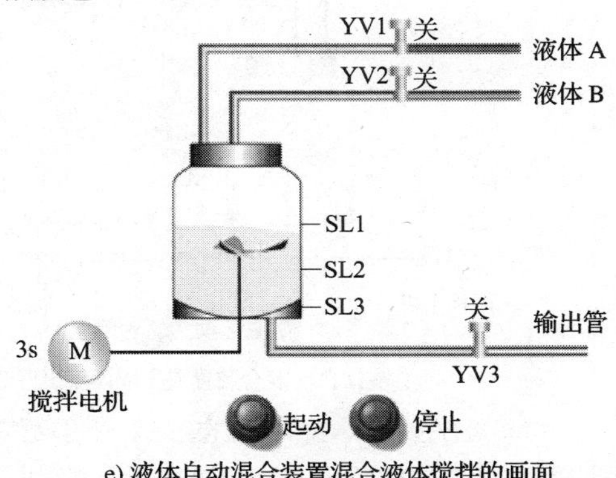

e) 液体自动混合装置混合液体搅拌的画面</td></tr>
</table>

续表

<table>
<tr><td>典型工作
任务名称</td><td colspan="3">液体自动混合控制系统的设计与安装调试</td></tr>
<tr><td>学习环境</td><td>PLC 实训教室</td><td>学习方法</td><td>以工作过程为导向</td></tr>
<tr><td>工作任务
内容</td><td colspan="3">（5）当搅拌电动机工作 20 s 后停止搅拌，混合液阀门 YV3 打开，放出混合液体，如图 f 所示
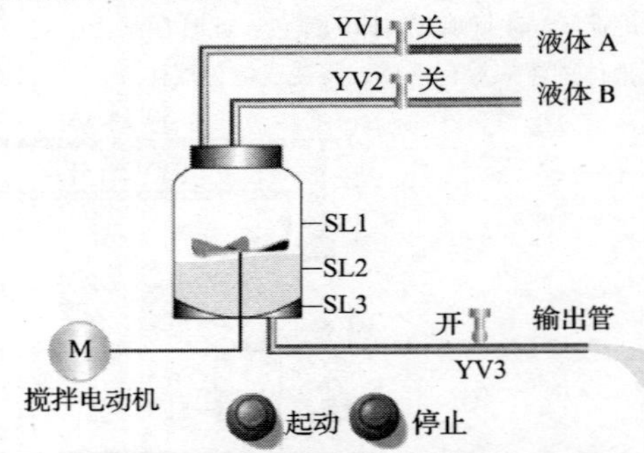

f) 液体自动混合装置搅拌结束混合液流出的画面
（6）当液位下降到 SL3 时，开始计时，且装置继续放液，将容器放空，计时满 20s 后，混合液阀门 YV3 关闭，自动开始下一个周期，如图 g 所示
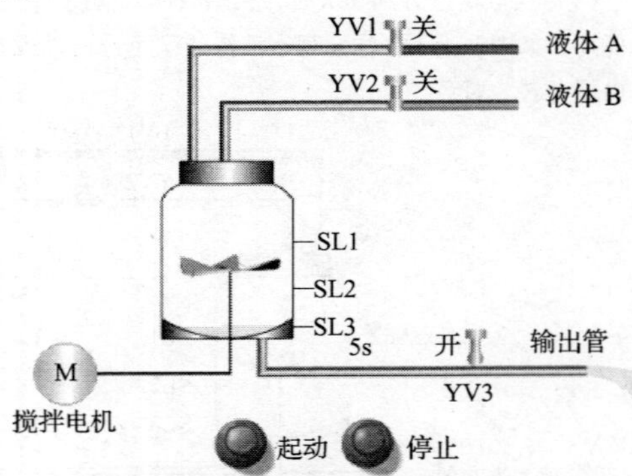

g) 液体自动混合装置混合液体流出计时的画面
（7）运行过程中，按下停止按钮后，可以观察到控制系统没有立即停止工作，系统在完成当前的工作循环后才停止工作</td></tr>
</table>

续表

<table>
<tr><td>典型工作任务名称</td><td colspan="3">液体自动混合控制系统的设计与安装调试</td></tr>
<tr><td>学习环境</td><td>PLC 实训教室</td><td>学习方法</td><td>以工作过程为导向</td></tr>
<tr><td>任务实施步骤（或技术要点）</td><td colspan="3">步骤 1：现场观摩液体自动混合机（无条件的可通过多媒体仿真课件实现）
步骤 2：熟悉液体自动混合机的工作原理，编制 PLC 程序设计及线路安装计划
步骤 3：准备电工工具、仪表以及辅助器材
步骤 4：检查并选择本任务所需的元器件及所需规格的导线
步骤 5：绘制图样（I/O 地址分配表、状态流程图、I/O 接线图、梯形图、平面布置图）
步骤 6：根据 I/O 地址分配表、状态流程图和梯形图利用编程软件在计算机上进行编程设计，再按图样安装和调试电路
步骤 7：编制技术文件，进行检查评估</td></tr>
</table>

【相关知识讲授】

一、编程元件——状态继电器（S）

在介绍三菱 PLC 状态继电器时，建议先重点围绕教材表 3—2—2 介绍类型及编号。然后介绍状态继电器的使用注意事项，使学生熟练掌握状态继电器功能及其在程序设计中的应用。

教学中应注意强调："对断电保持状态继电器在重复使用时要用 RST 指令复位。对于报警用的状态继电器（S900 ~ S999），要联合使用特殊辅助继电器 M8048（信号报警器动作），M8049（信号报警器有效）及应用指令 ANS 及 ANR。"

二、步进顺控指令（STL、RET）

介绍三菱 PLC 的步进顺控指令时，建议围绕教材表 3—2—3

开展教学；通过分析使学生熟练掌握步进顺控指令的助记符、功能及其在程序设计中的应用。

关于本任务介绍的步进顺控指令，教学时建议强调以下几点：

（1）STL 是利用软元件对步进顺控问题进行工序步进式控制的指令。RET 是使状态（S 元件）流程结束，返回主程序。

（2）STL 触点通过置位指令（SET）激活。当 STL 触点激活，则与其相连的电路接通；如果 STL 触点未激活，则与其相连的电路断开。

（3）STL 触点与其他元件触点意义不尽相同。STL 无常闭触点，而且与其他触点无 AND、OR 的关系。

三、顺序功能图

在介绍顺序功能图时，建议围绕教材图 3—2—3 以本任务控制为例重点介绍顺序功能图的组成要素，然后介绍顺序功能图的基本结构形式，使学生熟练掌握顺序功能图的画法和在程序设计中的应用。

教学中应注意强调："顺序功能图主要由步、有向连线、转换、转换条件和动作（或命令）五大要素组成。使用顺序控制设计法时，首先根据系统的工艺过程划分工作步、确定转换条件，然后画出顺序功能图，最后根据顺序功能图画出梯形图。"

四、顺序功能图的编程方法

在介绍顺序功能图的编程方法时，建议围绕教材图 3—2—7 和图 3—2—8 的编程实例重点介绍顺序功能图的编程方法，使学生熟练掌握顺序功能图的编程方法在程序设计中的应用。

教学中应注意强调："使用置位复位指令的编程方法时，不能将输出继电器 Y、定时器 T、计数器 C 的线圈直接与 STL 指令和 RET 指令并联，这是因为前级步和转换条件对应的串联电路接通的时间是相当短的（只有一个扫描周期），转换条件满足后前级步马上被复位，即在下一个扫描周期控制置位、复位的串联电路被断开，而输出继电器 Y 等线圈至少应该在某一步对应的全部时间内被接通。”

五、使用步进顺控指令实现的单序列结构的编程方法

在介绍使用步进顺控指令实现的单序列结构的编程方法时，建议围绕教材图 3—2—9 的编程实例重点介绍单序列结构的编程方法，使学生熟练掌握使用步进顺控指令实现的单序列结构的编程方法在程序设计中的应用。

教学中应注意强调：“SFC 编程中，可允许‘双线圈’；相同编号的线圈可以出现在相邻或不相邻的状态上，但要慎用相邻状态出现相同编号的定时器和计数器。”

【任务实施】

任务实施的教学流程如图 3—2—2 所示。学生实施任务过程中，教师要做好巡回指导。在巡回指导过程中，指导学生按照安全文明操作规程规范操作，对个别掌握不好的学生要单独进行指导，随时纠正错误。对普遍存在的问题要采用集中指导的方法，老师再重新示范演示，使学生进一步理解。

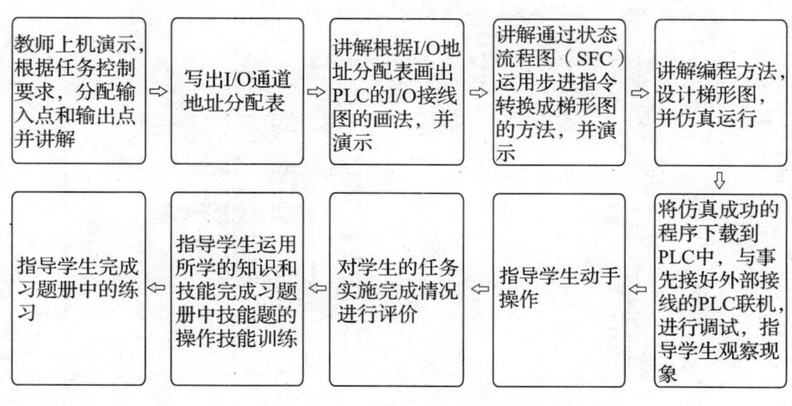

图 3—2—2　任务实施的教学流程

1. 控制系统硬件设计

控制系统硬件设计环节的基本操作步骤和教学流程可参见课题二任务 1，在此不再赘述。设计中要注意考查学生绘图中的文字符号和图形符号的准确性。

2. 控制系统软件设计

学生设计梯形图时，先引导学生了解本任务生产流程或对控制的要求，再根据单序列结构的状态流程图（SFC）的画法和原则，正确处理好各步之间的关系，输入正确的逻辑转换关系，最后画出所需要的状态流程图（SFC），然后在编程计算机和 PLC 实训台上进行设计及仿真调试运行。操作过程中，每位学生结合工作任务独立完成，并结组互相检查对错。另外，教师要注意指导和提醒学生将状态流程图输入转换成梯形图后，要进行程序保存。

教学时要注意强调：在进行采用状态流程图（SFC）转换成梯形图设计时，如果将初始化脉冲指令 M8002 的编程在“SFC 块”下进行，会造成指令输入形式有误，出现动作输出不能使用的指令，如图 3—2—3 所示。正确的方法是将初始化脉冲指令 M8002 的输入在“梯形图逻辑”下进行，如图 3—2—4 所示。

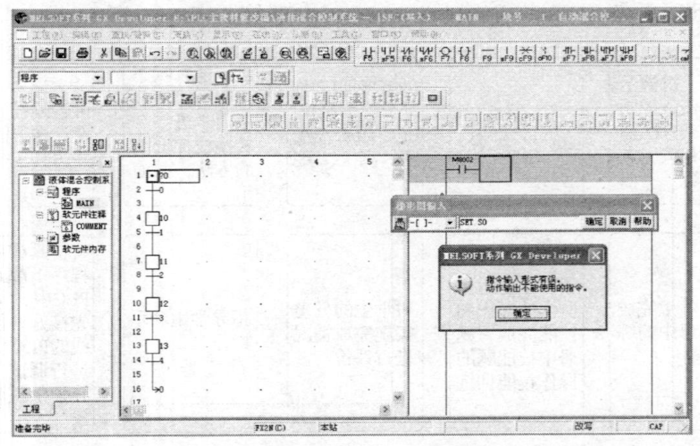

图 3—2—3　初始状态错误编程方法

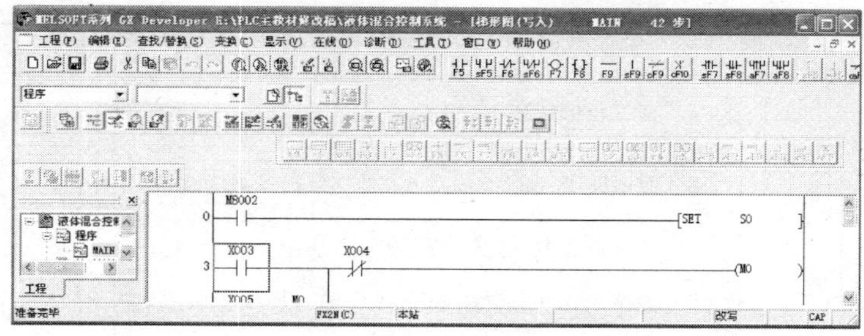

图 3—2—4　初始状态正确的编程方法

3. 系统调试

完成控制系统设计和安装后，即可进行通电调试，以验证系统功能是否符合控制要求。建议引导学生按照教材内容进行系统调试，并将调试情况填写在教材表 3—2—8 中。

4. 任务检查

在整个任务实施过程中，为了保证学生能很好地完成任务，让学生将任务实施的过程检查结果填入任务检查单（参见表 3—2—2）中。

表 3—2—2　　任务检查单

<table>
<tr><td rowspan="2">任务检查单</td><td colspan="2">产品型号和名称</td><td colspan="2">项目承接人</td><td>编号</td></tr>
<tr><td colspan="2"></td><td colspan="2"></td><td></td></tr>
<tr><td>检查人</td><td colspan="2">检查开始时间</td><td colspan="3">检查结束时间</td></tr>
<tr><td></td><td colspan="2"></td><td colspan="3"></td></tr>
<tr><td colspan="4">检查内容</td><td>是</td><td>否</td></tr>
<tr><td rowspan="3">一、硬件和软件程序的设计</td><td colspan="3">1. 根据设计要求，正确设计主电路</td><td></td><td></td></tr>
<tr><td colspan="3">2. 正确设计 PLC 控制 I/O 口接线图并列出 PLC 控制 I/O 口元件地址分配表</td><td></td><td></td></tr>
<tr><td colspan="3">3. 根据控制要求正确绘制状态流程图，并设计 PLC 梯形图</td><td></td><td></td></tr>
</table>

续表

检查内容		是	否
一、硬件和软件程序的设计	4. 根据梯形图列出程序指令表		
	5. 画电路图规范清晰、元器件文字代号准确完整		
二、硬件安装接线	1. 合理选择电气元件并检查元件质量		
	2. 能按照元件布置图进行 PLC 输入输出安装固定元器件		
	3. 正确进行控制电路的接线		
	4. 紧固件规格、型号选用正确		
	5. 机械连接正确		
	6. 无导线、塑料件、外壳等丢失、损伤现象		
	7. 能正确使用万用表或验电笔检查线路		
三、PLC 控制程序的输入及调试	1. 熟练操作 PLC，能正确地将所编程序输入 PLC		
	2. 能正确使用编程软件进行程序的修改、插入等编辑		
	3. 正确按照被控设备的动作要求利用按钮、限位开关（传感器）等器件进行调试，达到设计要求		
	4. 能正确操作 PLC 按照任务控制要求进行控制		
	5. 能正确使用编程软件进行 PLC 的监控和测试		
	6. 能根据 PLC 运行故障进行常见故障的检查		
	7. 能排除 PLC 程序常见故障		
	8. 能排除 PLC 外围控制器件的常见故障		
四、安全文明操作	1. 必须穿戴劳动防护用品		
	2. 遵守劳动纪律，注意培养一丝不苟的敬业精神		
	3. 注意安全用电，严格遵守本专业操作规程		
	4. 保持工位整洁，符合安全文明生产要求		
	5. 工具仪表摆放规范整齐，仪表完好无损		

续表

<table>
<tr><th colspan="2">检查内容</th><th>是</th><th>否</th></tr>
<tr><td>五、简述本任务的整个工作过程</td><td colspan="3"></td></tr>
<tr><td>六、指导教师审核</td><td colspan="3"></td></tr>
</table>

项目承接人签名	检查人签名	老师签名

5. 交流与评价

建议由教师按照教材表3—2—9对学生的任务完成情况进行评价。也可以根据具体情况先由学生进行自我评价和小组互评，然后由教师评价，并将结果填入教学效果评价表（参见表3—2—3）中。

表3—2—3　　教学效果评价表

考核点（%）	建议考核方式	评价标准				成绩
		优	良	中	及格	
PLC I/O分配表（15）	教师评价	正确设计PLC I/O分配表，输入、输出量表述清楚，布局合理	正确设计PLC I/O分配表，输入、输出量表述清楚	在教师指导下完成PLC I/O分配表的设计，输入、输出量表述清楚	在教师的指导下完成PLC I/O分配表的设计	

续表

考核点（%）	建议考核方式	评价标准				成绩
		优	良	中	及格	
PLC 系统接线图（20）	教师评价+自评+互评	正确设计PLC 系统接线图，条理清楚，布局合理	能设计PLC系统接线图，条理清楚，布局合理	在教师的指导下设计PLC 系统接线图，条理清楚，布局合理	在教师指导下基本完成 PLC 系统接线图	
PLC 控制系统程序（20）	教师评价	根据控制要求，正确编写本任务的状态流程图，并转换成 PLC 控制系统程序，条理清楚，无错误	根据控制要求，能正确编写本任务的状态流程图，并转换成 PLC 控制系统程序，条理清楚，无重大错误	根据控制要求能够编写状态流程图和 PLC 控制系统程序，有较大错误，经教师指导后改正	在教师指导下基本完成本任务的状态流程图和 PLC 控制系统程序的编写	
仿真操作（35）	教师评价	正确录入状态流程图和PLC 程序，进行正确仿真操作，效果明显，结论正确	能正确录入状态流程图和 PLC 程序，进行正确仿真操作，结论正确	能正确录入状态流程图和 PLC 程序，进行正确仿真操作，操作不够熟练，结论正确	在教师的指导下能够录入状态流程图和 PLC 程序，进行正确仿真操作，操作不够熟练，结论正确	

续表

考核点（%）	建议考核方式	评价标准				成绩
		优	良	中	及格	
综合表现（10）	教师评价 + 自评	积极参与；团队合作意识强；按时完成任务；愿意帮助同学；服从指导教师的安排	主动参与；团队合作意识较强；在教师的指导下完成任务；服从指导教师的安排	能够参与；团队合作意识较强；在同学的帮助下完成任务；服从指导教师的安排	能参与；团队合作意识一般；在教师的帮助下完成任务；服从指导教师的安排	

6. 总结与反思

参考课题二任务 1 相关内容。

一、状态继电器（S）的使用

采用以转换为中心的顺序功能图（SFC）的编程方法，状态继电器 S 的设定和使用是编程方法使用的关键。例如：在初始状态继电器的设定时，必须在 S0 ~ S9 范围内选择，否则达不到设定的目的。因此，状态继电器的编号必须在指定的类别范围内使用。

（1）对断电保持功能状态继电器在重复使用时要用 RST 指令复位。

（2）对报警用状态继电器，要联合使用特殊辅助继电器 M8048、M8049 及应用指令 ANS 及 ANR。

二、步进顺控指令的单序列结构的编程方法

步进顺控指令的单序列结构的编程方法，在教材中编者以图3—2—9 的编程实例进行了简明的阐述，教学过程中，除了让学生知道什么是步进顺控指令的单序列结构的编程方法外，更重要的是要让学生知道，在采用步进顺控指令编程时的注意事项。例如在 SFC 编程中，可允许“双线圈”；相同编号的线圈可以出现在相邻或不相邻的状态上，但相邻状态出现相同编号的定时器和计数器是不允许的，因此，使用时必须要谨慎。

步进顺控指令的单序列结构的编程方法是首先根据生产流程或对控制的要求画出状态流程图（SFC），然后通过状态流程图（SFC）画出梯形图和编写指令语句表。采用步进顺控指令编程应注意以下几个方面：

（1）步进顺控编程的可读性甚好，编程前要深刻了解生产流程或对控制的要求。

（2）SFC 编程中，可允许“双线圈”；相同编号的线圈可以出现在相邻或不相邻的状态上，但要慎用相邻状态出现相同编号的定时器和计数器。

（3）在 STL 的状态子母线的输出，如连成图 3—2—5a 所示的形式，程序会出错。必须连成如图 3—2—5b 所示的形式。

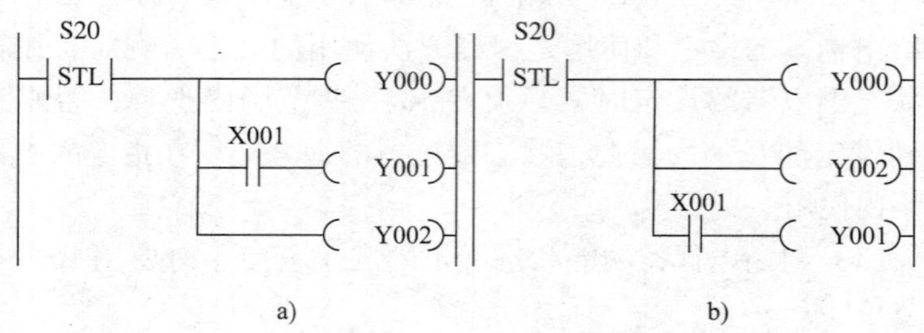

图 3—2—5　STL 状态子母线的输出

a）错误　b）正确

任务 3　自动门控制系统设计与装调

教学重点和难点

1. 教学重点

用步进顺控指令实现的选择序列结构的编程方法，选择序列结构功能图的特点。

2. 教学难点

用步进顺控指令实现的选择序列结构的编程方法。

教学流程

本工作任务的教学参考流程如图 3—3—1 所示。

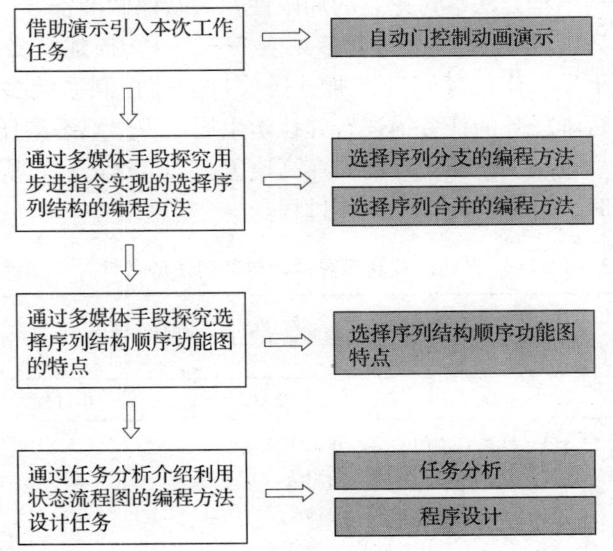

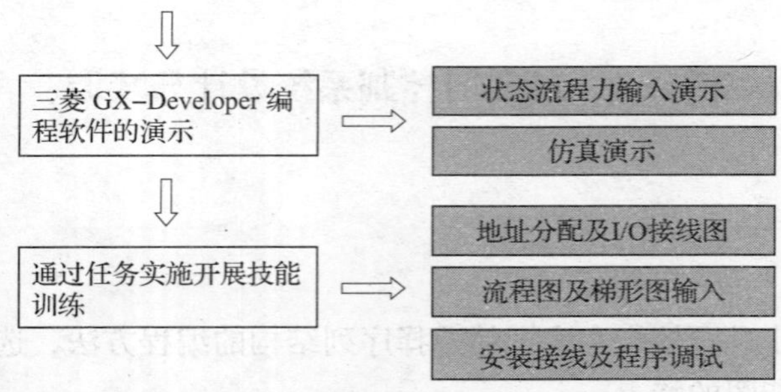

图 3—3—1　本工作任务的教学参考流程

【新课引入】

首先通过提问等形式，带领学生复习前面任务 2 中所学的单序列结构编程方法，讨论它的局限性，为新课做准备。

然后下发工作任务书，参见表 3—3—1，描述任务学习目标。在下发工作任务书后，通过播放自动门控制系统多媒体课件，进行本任务的任务描述，并让学生通过观察熟悉本任务的控制要求。重点观察：当自动门在高速关门和低速关门过程中，有人进出时，自动门的整个工作过程。

表 3—3—1　自动门控制系统设计与装调任务书

典型工作任务名称	自动门控制系统的设计与安装调试		
学习环境	PLC 实训教室	学习方法	以工作过程为导向
学习目的	1. 熟悉自动门的结构和工作特点 2. 熟悉步进顺控指令的用法 3. 掌握选择性序列结构状态流程图（SFC）的画法 4. 掌握 GX Developer 三菱编程软件的 SFC 块在计算机编程和仿真运行的方法 5. 掌握三菱 PLC 程序下载及接线安装，并进行调试的方法		

续表

<table>
<tr><td>典型工作任务名称</td><td colspan="3">自动门控制系统的设计与安装调试</td></tr>
<tr><td>学习环境</td><td>PLC 实训教室</td><td>学习方法</td><td>以工作过程为导向</td></tr>
<tr><td>工作任务内容</td><td colspan="3">有一台玻璃自动平移门，如图 a 所示。其以前的控制曾采用继电器或分立的电子线路来实现。现需要设计一种以 PLC 为核心的自动控制系统对其进行改造

a）玻璃自动平移门
具体要求如下：
根据玻璃自动平移门的控制原理，运用 PLC 的顺序控制设计法中的选择序列结构的状态流程图编程法，完成对玻璃自动平移门的电气控制
其控制原理如下：
（1）自动平移门投入运行时，平移门处于关闭状态，如图 b 所示

b）自动平移门初始状态的模拟画面
（2）当有人靠近自动平移门时，红外传感器 SQ1（X000）接收到信号为 ON，Y000 驱动电动机高速开门，如图 c 所示</td></tr>
</table>

续表

<table>
<tr><td>典型工作任务名称</td><td colspan="3">自动门控制系统的设计与安装调试</td></tr>
<tr><td>学习环境</td><td>PLC 实训教室</td><td>学习方法</td><td>以工作过程为导向</td></tr>
<tr><td>工作任务内容</td><td colspan="3">

c）自动平移门高速开门过程的模拟画面
（3）高速开门过程中，当碰到开门减速开关 SQ2（X001）时，Y001 驱动电动机转为低速开门，如图 d 所示。注意观察平移门从高速转变成低速的过程

d）平移门低速开门的模拟画面
（4）当碰到开门极限开关 SQ3（X002）时，驱动电动机停止转动，完成开门控制，如图 e 所示。注意观察自动门开完门后的停留时间</td></tr>
</table>

续表

<table>
<tr><td>典型工作任务名称</td><td colspan="3">自动门控制系统的设计与安装调试</td></tr>
<tr><td>学习环境</td><td>PLC 实训教室</td><td>学习方法</td><td>以工作过程为导向</td></tr>
<tr><td>工作任务内容</td><td colspan="3">
有人　　暂停
e）平移门开完门后的画面
（5）在自动门打开后，若在 0.5 s 内红外传感器 SQ1（X000）检测到无人，Y002 驱动电动机高速关门，如图 f 所示。注意观察此时的关门速度与开门速度刚好相反

有人　　暂停
f）平移门高速关门的模拟画面
（6）平移门高速关门过程中，当碰到关门减速开关 SQ4（X003）时，Y003 驱动电动机低速关门，如图 g 所示。注意观察此时的关门速度与开门速度刚好相反</td></tr>
</table>

续表

典型工作任务名称	自动门控制系统的设计与安装调试		
学习环境	PLC 实训教室	学习方法	以工作过程为导向
工作任务内容	 有人　暂停 g）平移门低速关门的模拟画面 （7）在关门期间，若红外传感器 SQ1（X000）检测到有人，玻璃自动平移门会自动停止关门，并且会在 0.5 s 后自动转换成高速开门		
任务实施步骤（或技术要点）	步骤 1：现场观摩玻璃自动平移门（无条件的可通过多媒体仿真课件实现） 步骤 2：熟悉玻璃自动平移门的工作原理，编制 PLC 程序设计及线路安装计划 步骤 3：准备电工工具、仪表及辅助器材 步骤 4：检查并选择本任务所需的元器件及所需规格的导线 步骤 5：绘制图样（I/O 地址分配表、状态流程图、I/O 接线图、梯形图、平面布置图） 步骤 6：根据 I/O 地址分配表、状态流程图和梯形图利用编程软件在计算机上进行编程设计，再按图样安装和调试电路 步骤 7：编制技术文件，进行检查评估		

【相关知识讲授】

一、用步进指令实现的选择序列结构的编程方法

在介绍三菱 PLC 用步进指令实现的选择序列结构的编程方

法之前，建议先介绍选择序列结构状态流程图的组成，然后介绍选择序列结构状态流程图的分类、特点和使用方法。最后围绕教材图3—3—3和图3—3—4的编程实例分别介绍选择序列分支和选择序列合并的编程方法，使学生熟练掌握用步进指令实现的选择序列结构的编程方法在程序设计中的应用。

教学中应注意强调：

（1）在进行选择序列分支编程时，经常会遇到像下图3—3—2a所示的多个转移条件汇集在一起的状态流程图。这在实际编程中是不允许的，必须将它进行等效化简，一般是在这几个转移条件中加入一个空步，如图3—3—2b所示就是图3—3—2a等效化简后的状态流程图，只有这样，才能在软件上进行编程。

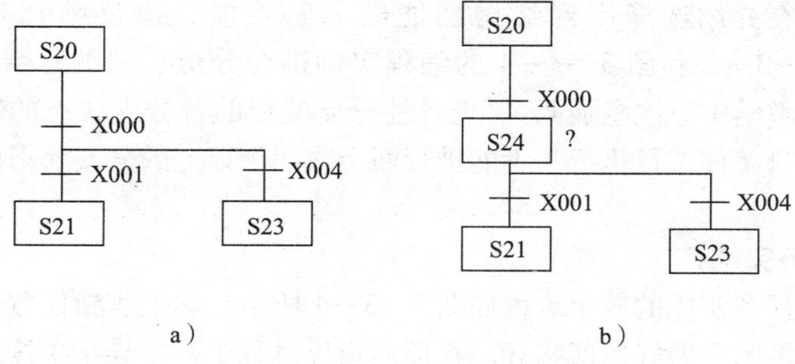

图3—3—2　状态流程图的等效化简图1

a）等效前　b）等效后

（2）在进行选择序列合并编程时，同样会遇到像下图3—3—3a所示的多个转移条件汇集在一起的状态流程图，这在实际编程中也是不允许的，也必须将它进行等效化简，同样是在这几个转移条件中加入一个空步，如图3—3—3b所示就是图3—3—3a等效化简后的状态流程图，只有这样，才能在软件上进行编程。

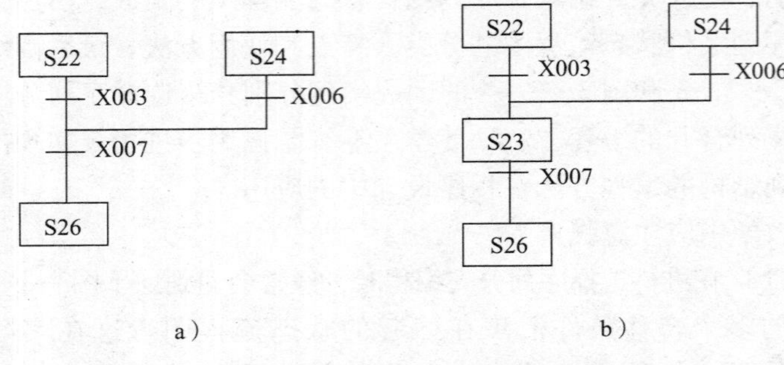

图 3—3—3　状态流程图的等效化简图 2
a）等效前　b）等效后

二、选择序列结构功能图的特点

在介绍选择序列结构功能图的特点时，建议结合教材图 3—3—3 和图 3—3—4 的编程实例进行分析、归纳总结。

教学中应注意强调：“选择性分支流程的各分支状态的转移由各自条件选择执行，不能进行两个或两个以上的分支状态同时转移。”

【任务实施】

任务实施的教学流程如图 3—3—4 所示。学生实施任务过程中，教师要做好巡回指导。在巡回指导过程中，指导学生按照安全文明操作规程规范操作，对个别掌握不好的学生要单独进行指导，随时纠正错误。对普遍存在的问题要采用集中指导的方法，老师再重新示范演示，使学生进一步理解。

1. 控制系统硬件设计

控制系统硬件设计环节的基本操作步骤和教学流程可参见课题二任务 1，在此不再赘述。设计中要注意考查学生绘图中的文字符号和图形符号的准确性。

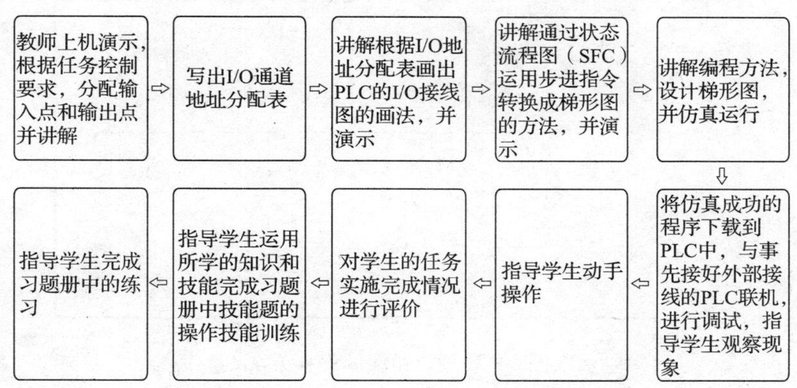

图 3—3—4　任务实施的教学流程

2. 控制系统软件设计

学生设计梯形图时，先引导学生了解本任务对控制的要求，再根据选择序列结构的状态流程图（SFC）的画法和原则，正确处理好各步之间的关系，输入正确的逻辑转换关系，最后画出所需要的状态流程图（SFC），然后在编程计算机和 PLC 实训台上进行设计及仿真调试运行。操作过程中，每位学生结合工作任务独立完成，并结组互相检查对错。另外，教师要注意指导和提醒学生将状态流程图输入转换成梯形图后，要进行程序保存。

教学时要注意强调：在采用选择序列结构状态流程图（SFC）转换成梯形图进行设计时，如果将选择分支线画成双实线，将变成并行性序列结构状态转移图，达不到选择性控制的目的，如图 3—3—5 所示。

3. 系统调试

完成控制系统设计和安装后，即可进行通电调试，以验证系统功能是否符合控制要求。建议引导学生按照教材内容进行系统调试，并将调试情况填写在教材表 3—3—5 中。

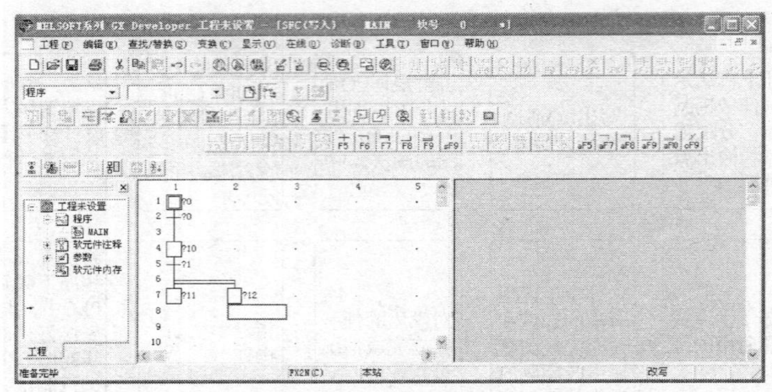

图 3—3—5　错误的编程方法

4．任务检查

在整个任务实施过程中，为了保证学生能很好地完成任务，让学生将任务实施的过程检查结果填入任务检查单（参见表 3—2—2）中。

5．交流与评价

建议由教师按照教材表 3—2—9 对学生的任务完成情况进行评价。也可以根据具体情况先由学生进行自我评价和小组互评，然后由教师评价，并将结果填入教学效果评价表（参见表 3—2—3）中。

6．总结与反思

参考课题二任务 1 相关内容。

教学参考资料

在步进顺控应用中，停止的处理比较复杂，可分为普通停止和紧急停止两种。

1．普通停止

普通停止，是指在执行完当前运行周期后停止。

如图 3—3—6a 所示是两盏灯交替点亮控制的 SFC 图。控制系统使用一个开关（X000）控制启停，当 X000 为 ON 时，系统运行，若 X000 为 OFF 时，系统则在执行完当前周期后停止输出，X000 在这里实现了普通停止。若系统使用一个启动按钮（X000），一个停止按钮（X001），对应的 SFC 图如图 3—3—6b 所示。在如图 3—3—6b 中，PLC 通电时，初始状态 S0 处于激活状态；启动时，按下按钮，M100 为 ON，状态 S20 激活。当 T0 延时时间到，S21 激活，S20 变为非激活态；当 T1 延时时间到时，T1 常开触点 ON，S0 激活，S21 变为非激活状态。由于停止按钮没有按下，X001 为 OFF，故 M100 为 ON，其常开触点闭合，转换正常进行，系统处于运行状态。若某个时刻 X001 变为 ON，故 M100 为 OFF，则转换条件不能成立，系统不能正常转换，在执行完当前周期后停止，为普通停止。

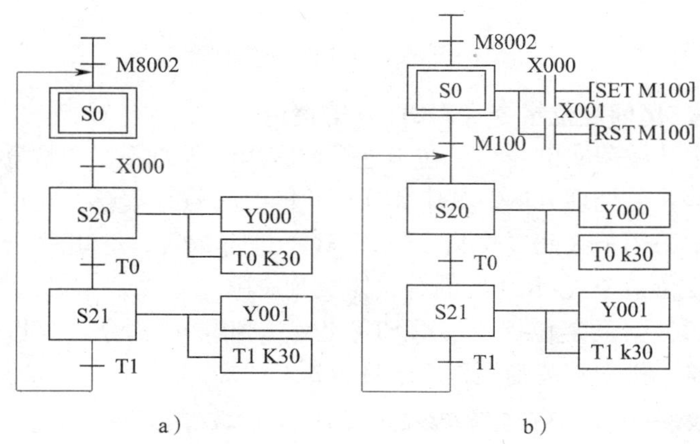

图 3—3—6　普通停止的处理

a）普通停止 SFC 图 1　b）普通停止 SFC 图 2

2. 紧急停止

紧急停止，是指立即结束当前系统的运行，所有状态复位。紧急停止一般使用保持型输入器件，如开关、带保持功能的按钮等，并且一般使用常闭触点。在上述例子中添加一个紧急停止按钮（带保持），接在输入 X002 上，使用常闭触点，其 SFC 图如图 3—3—7 所示。当 X002 为 OFF 时，除初始状态 S0 外，其他状态都复位，实现了紧急停止。

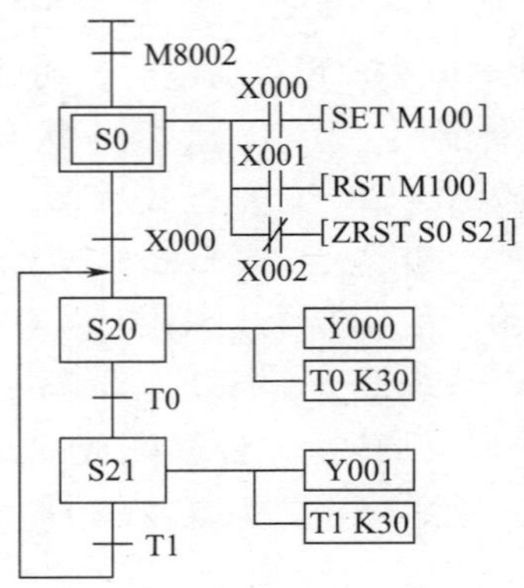

图 3—3—7 紧急停止的处理

3. 区间复位指令（ZRST）的使用

上述编程实例介绍了在步进顺控应用中普通停止和紧急停止两种停止的处理方法，其中普通停止的处理较易理解，而在紧急停止中采用了区间复位指令（ZRST）进行编程，这里补充介绍区间复位指令（ZRST）的有关知识及应用。

（1）区间复位指令（ZRST）也称成批复位指令。其指令的助记符、操作数范围及程序步见表 3—3—2。

表 3—3—2 区间复位指令的助记符、操作数范围及程序步

名称	指令助记符	操作数范围		程序步
		〔D1〕	〔D2〕	
区间复位	ZRST ZRST（P）	T、M、S、T、C、D（D1≤D2）		ZRST、ZRSTP 5 步

（2）区间复位指令（ZRST）的使用

区间复位指令（ZRST）的使用如图 3—3—8 所示。当

M8002 由 OFF→ON 时，区间复位指令执行，位元件 M500～M599 成批复位、字元件 C235～C255 成批复位、状态元件 S0～S127 成批复位。

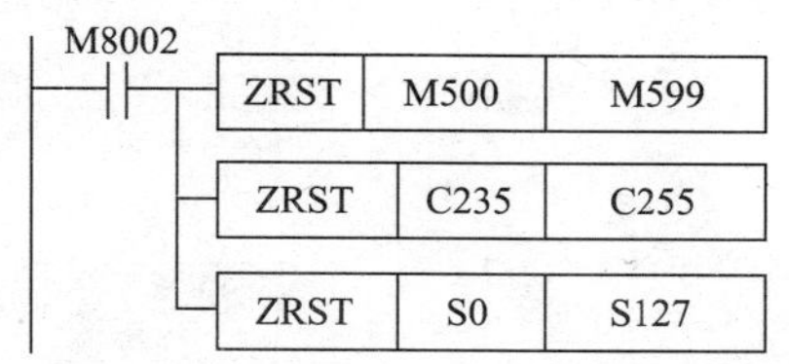

图 3—3—8　区间复位指令（ZRST）的使用

（3）在使用区间复位指令时，目标操作数［D1］和［D2］指定的元件应为同类元件，［D1］指定的元件号应小于等于［D2］指定的元件号。若［D1］的元件号大于［D2］的元件号，则只有［D1］指定的元件被复位。

（4）区间复位指令为 16 位处理，但是可在［D1］和［D2］中指定 32 位计数器。不过不能混合指定，即不能在［D1］中指定 16 位计数器，在［D2］中指定 32 位计数器。

任务 4　十字路口交通灯控制系统设计与装调

教学重点和难点

1. 教学重点

用“启—保—停”电路实现的并行序列结构的编程方法、用步进顺控指令实现的并行序列结构的编程方法。

2. 教学难点

用步进顺控指令实现的并行序列结构的编程方法。

教学流程

本工作任务的教学参考流程如图 3—4—1 所示。

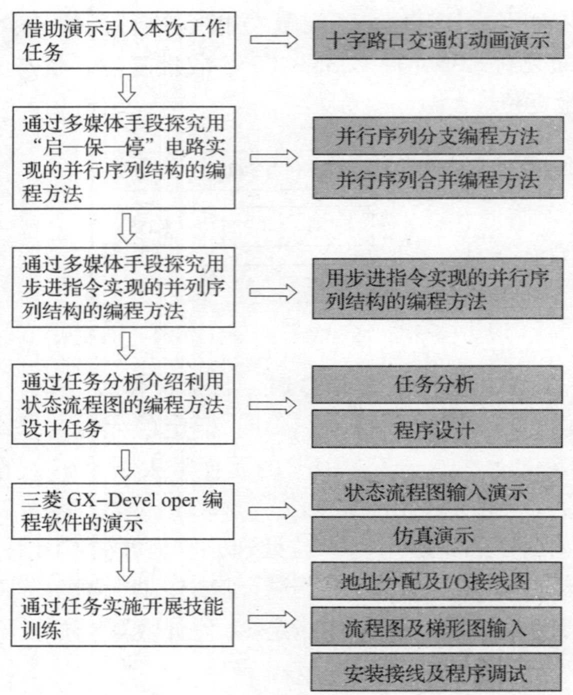

图 3—4—1　本工作任务的教学参考流程

【新课引入】

首先带领学生复习前面任务 3 中所学的并行序列结构编程方法和特点，并通过提问等形式，引导学生小组讨论：十字路口交通灯是如何实现红灯、黄灯、绿灯的时序控制的？其工作过程具有什么特点，是按一定的顺序进行的吗？为新课做准备。

然后下发工作任务书，参见表 3—4—1，描述工作任务学习目标。在下发工作任务书后，通过播放十字路口交通灯控制多媒体课件，进行本次工作任务描述，并让学生通过观察熟悉本工作任务的控制要求。

表 3—4—1　十字路口交通灯控制系统设计与装调任务书

<table>
<tr><td>典型工作任务名称</td><td colspan="3">十字路口交通灯控制系统的设计与安装调试</td></tr>
<tr><td>学习环境</td><td>PLC 实训教室</td><td>学习方法</td><td>以工作过程为导向</td></tr>
<tr><td>学习目的</td><td colspan="3">1. 熟悉十字路口交通灯的结构和工作特点
2. 熟悉步进顺控指令的用法
3. 掌握并行序列结构状态流程图（SFC）的画法
4. 掌握 GX Developer 三菱编程软件的 SFC 块在计算机编程和仿真运行的方法
5. 掌握三菱 PLC 程序下载及接线安装，并进行调试的方法</td></tr>
<tr><td>工作任务内容</td><td colspan="3">图 a 所示是一十字路口交通灯示意图。本任务的主要内容是：用 PLC 顺序控制设计法中的并行序列结构编程方法进行十字路口交通信号灯控制系统的设计 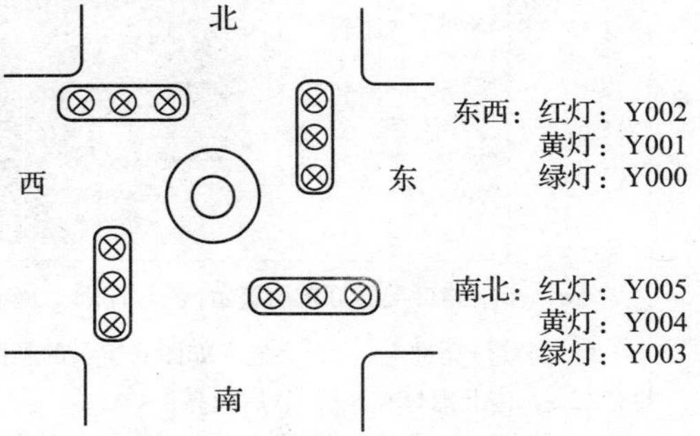

北
西　东
南
东西：红灯：Y002
黄灯：Y001
绿灯：Y000
南北：红灯：Y005
黄灯：Y004
绿灯：Y003

a）十字路口交通灯示意图

具体要求如下：
（1）根据十字路口交通灯的控制原理，运用顺序控制设计法进行控制程序的设计
其控制原理如下：
1）当 PLC 接通电源，东西绿灯亮 8 s，然后闪亮 4 s，南北方向的红灯始终保持亮 12 s，如图 b 所示</td></tr>
</table>

续表

<table>
<tr><td>典型工作任务名称</td><td colspan="3">十字路口交通灯控制系统的设计与安装调试</td></tr>
<tr><td>学习环境</td><td>PLC 实训教室</td><td>学习方法</td><td>以工作过程为导向</td></tr>
<tr><td>工作任务内容</td><td colspan="3">

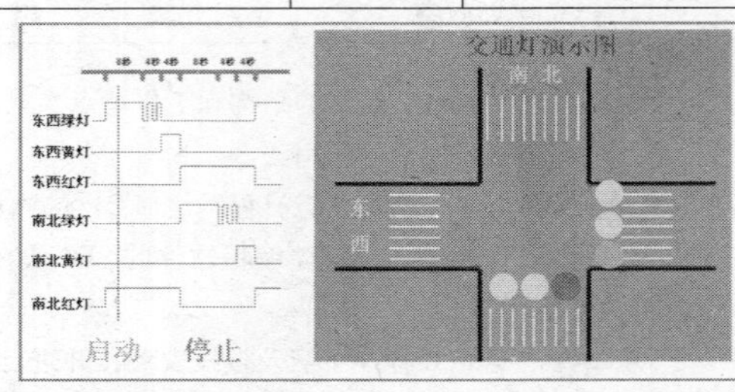

b）十字路口交通灯东西通行、南北停止的模拟画面

2）当东西绿灯闪亮 4 s 后，转为黄灯亮 4 s，此时南北方向红灯继续再亮 4 s，如图 c 所示。注意观察时序图蓝线的移动和交通灯画面

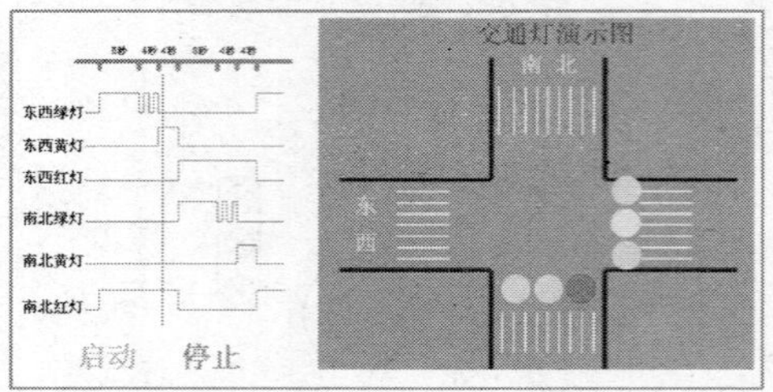

c）十字路口交通灯东西警示（黄灯亮）、南北停止模拟画面

3）当黄灯亮过 4 s 后，会进入如图 d 所示的画面，此时，东西红灯亮 12 s，南北绿灯亮 8 s，然后闪亮 4 s

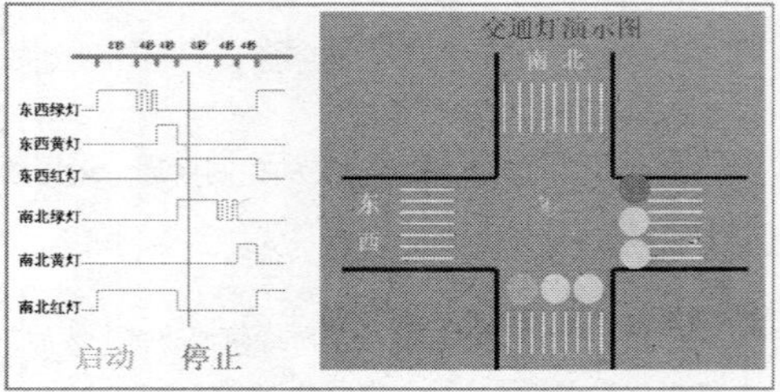

d）十字路口交通灯南北通行、东西停止模拟画面

</td></tr>
</table>

续表

典型工作任务名称	十字路口交通灯控制系统的设计与安装调试		
学习环境	PLC 实训教室	学习方法	以工作过程为导向
工作任务内容	4）当南北绿灯闪亮 4 s 后，转为黄灯亮 4 s，此时东西方向红灯继续再亮 4 s，如图 e 所示 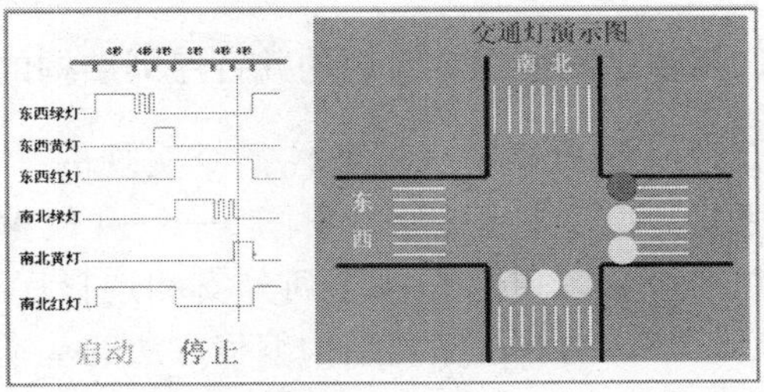 e）十字路口交通灯南北警示（黄灯亮）、东西停止模拟画面 5）当黄灯亮过 4 s 后，会进入如图 b 所示的画面，如此循环一直下去		
任务实施步骤（或技术要点）	步骤 1：现场十字路口交通灯 步骤 2：熟悉十字路口交通灯的工作原理，编制 PLC 程序设计及线路安装计划 步骤 3：准备电工工具、仪表及辅助器材 步骤 4：检查并选择本任务所需的元器件及所需规格的导线 步骤 5：图样绘制（I/O 地址分配表、状态流程图、I/O 接线图、梯形图、平面布置图） 步骤 6：根据 I/O 地址分配表、状态流程图和梯形图利用编程软件在计算机上进行编程设计，再按图样安装和调试电路 步骤 7：编制技术文件，进行检查评估		

【相关知识讲授】

一、用“启—保—停”电路实现的并行序列结构的编程方法

在介绍三菱 PLC 用“启—保—停”电路实现的并行序列结

构的编程方法之前，建议先介绍并行序列结构状态流程图的组成，然后介绍并行序列结构状态流程图的分类、特点和使用方法。最后围绕教材图 3—4—3 的编程实例分别介绍用“启—保—停”电路实现的并行序列分支和选择序列合并的编程方法，使学生熟练掌握用“启—保—停”电路实现的并行序列结构的编程方法在程序设计中的应用。

二、用步进顺控指令实现的并行序列结构的编程方法

在介绍三菱 PLC 用步进顺控指令实现的并行序列结构的编程方法之前，建议重点围绕教材图 3—4—4 的编程实例分别介绍用步进顺控指令实现的并行序列分支和选择序列合并的编程方法，最后总结归纳并行序列结构编程方法的基本编程原则，使学生熟练掌握用步进顺控指令实现的并行序列结构的编程方法在程序设计中的应用。

教学中应注意强调：“在并行序列中，编程的原则与选择序列编程的原则基本一样，也是先进行状态转换处理，然后处理动作。在状态转换处理中，先集中处理分支，然后处理分支内部状态转换，最后集中处理合并。”

【任务实施】

任务实施的教学流程如图 3—4—2 所示。学生实施任务过程中，教师要做好巡回指导。在巡回指导过程中，指导学生按照安全文明操作规程规范操作，对个别掌握不好的学生要单独进行指导，随时纠正错误。对普遍存在的问题要采用集中指导的方法，老师再重新示范演示，使学生进一步理解。

1. 控制系统硬件设计

控制系统硬件设计环节的基本操作步骤和教学流程可参见课题二任务 1，在此不再赘述。设计中要注意考查学生绘图中的文字符号和图形符号的准确性。

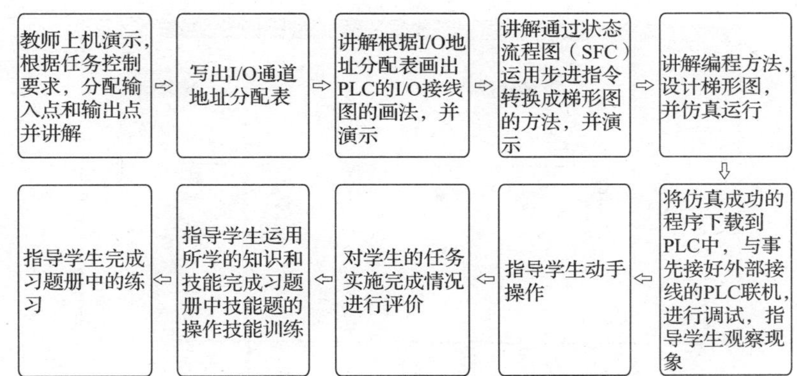

图 3—4—2　任务实施的教学流程

2. 控制系统软件设计

学生设计梯形图时，先引导学生了解本任务对控制的要求，再根据并行序列结构的状态流程图（SFC）的画法和原则，正确处理好各步之间的关系，输入正确的逻辑转换关系，最后画出所需要的状态流程图（SFC），然后在编程计算机和PLC 实训台上进行设计及仿真调试运行。操作过程中，每位学生结合工作任务独立完成，并结组互相检查对错。另外，教师要注意指导和提醒学生将状态流程图输入转换成梯形图后，要进行程序保存。

教学中要注意强调：在采用并行序列结构状态流程图（SFC）转换成梯形图进行设计时，如果将并行分支线画成单实线，将变成选择序列结构状态转移图，达不到并行性控制的目的，如图 3—4—3 所示。其正确的画法如图 3—4—4 所示。

3. 系统调试

完成控制系统设计和安装后，即可进行通电调试，以验证系统功能是否符合控制要求。建议引导学生按照教材内容进行系统调试，并记录调试情况。

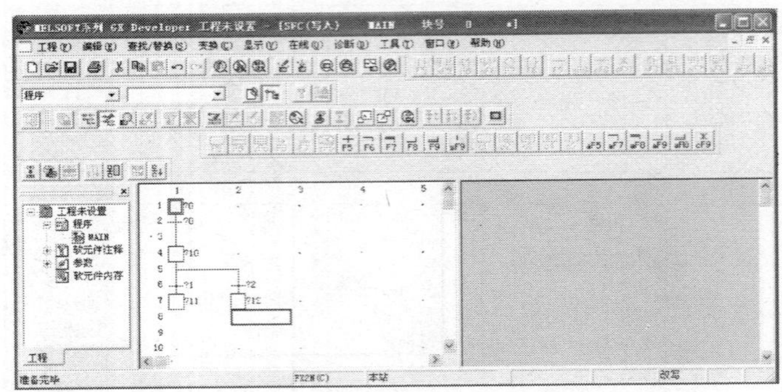

图 3—4—3　并行分支线的错误画法

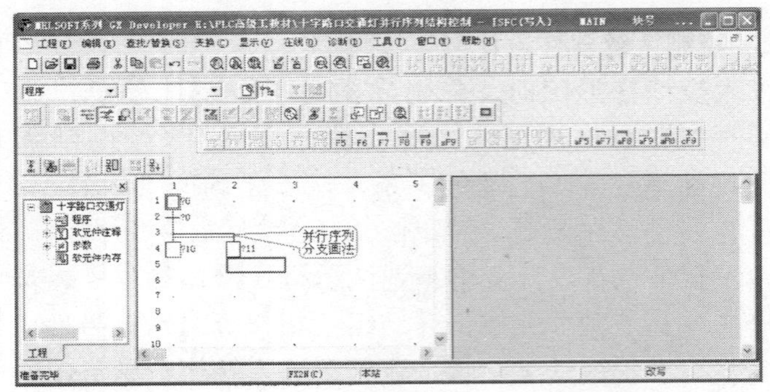

图 3—4—4　并行分支线的正确画法

4. 任务检查

在整个任务实施过程中，为了保证学生能很好地完成任务，让学生将任务实施的过程检查结果填入任务检查单（参见表 3—2—2）中。

5. 交流与评价

建议由教师按照教材表 3—2—9 对学生的任务完成情况进行评价。也可以根据具体情况先由学生进行自我评价和小组互评，然后由教师评价，并将结果填入教学效果评价表（参见表3—2—3）中。

6. 总结与反思

参考课题二任务1相关内容。

教学参考资料

在教材中对并行序列结构形式的顺序功能图作了介绍，为了能让学生更清楚地了解并行序列结构形式的顺序功能图，现将并行序列结构状态流程的特点归纳如下，供教师教学参考。

1. 并行序列结构状态流程的特点

（1）当条件满足，源的状态同时向各并行分路转移。各分支完成各自的状态转移后，才汇合向下一状态转移。

（2）并行分支流程在分支时是先条件后分支。

（3）并行分支流程在汇合时是先汇合后条件。

（4）FX系列的分支电路，可允许最多8列，每列允许最多250个状态。

（5）为了区别于选择序列顺序功能图，强调转换的同步实现，水平线用双线表示，转换条件放在水平线双线之上。

2. 并行序列编程法的基本编程原则

在并行序列中，编程的原则是先进行状态转换处理，然后处理动作。在状态转换处理中，先集中处理分支，然后处理分支内部状态转换，最后集中处理合并。

3. 并行序列编程法实例

并行序列的分支与汇合是按照当转移条件满足时，同时执行几条分支，分支结束后，汇于一点；待所有分支执行结束后，若转移条件满足时，状态向汇合点后的状态转移，如图3—4—5所示，转化成的指令表如图3—4—6所示。

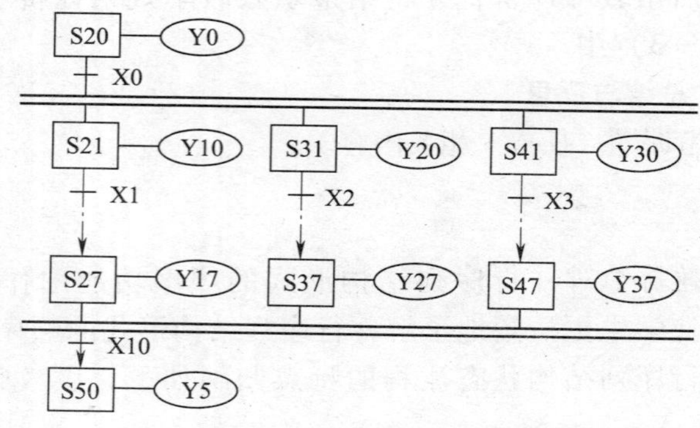

图 3—4—5　并行序列分支与汇合流程

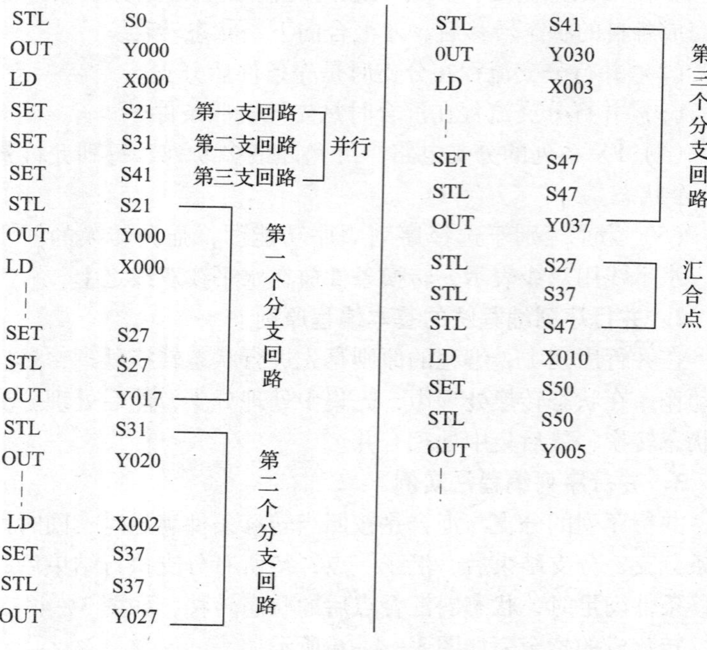

图 3—4—6　并行序列分支与汇合流程指令表

课题四 功能指令应用

学时分配表

教学内容	建议学时
任务 1 霓虹灯控制系统设计与装调	12
任务 2 自动售货机控制系统设计与装调	12
总 计	24

本课题主要介绍三菱系列可编程序控制器功能指令的应用，通过 2 个典型的工作任务讲解运用功能指令进行程序设计的相关知识。

任务 1 霓虹灯控制系统设计与装调：本任务首先介绍三菱系列可编程序控制器的位元件、字元件和位组合元件的定义、组成和特点等，然后介绍数据寄存器的定义和分类，功能指令的组成要素和格式，最后重点介绍了功能指令中的数据传送指令、循环及移位指令助记符和功能。在专业技能方面，本任务要求学生能按照控制要求，灵活地运用数据传送指令、循环及移位指令等功能指令，实现霓虹灯控制的梯形图程序设计，完成控制系统的装接调试。

任务 2 自动售货机控制系统设计与装调：本任务重点介绍了三菱系列 PLC 的数据比较指令、区间比较指令、区间复位指令和四则运算指令、二进制加 1 和减 1 指令的助记符、功能及使用原则。在专业技能方面，本任务要求学生能根据控制要求，灵活地运用比较运算指令、四则运算指令等功能指令，实现自动售货机控制的梯形图程序设计，完成控制系统的装接调试。

任务1　霓虹灯控制系统设计与装调

教学重点和难点

1. 教学重点

数据寄存器（D），功能指令的组成要素和格式，数据传送指令（MOV），循环及移位指令。

2. 教学难点

功能指令的组成要素和格式，数据传送指令（MOV），循环及移位指令。

教学流程

本工作任务的教学参考流程如图4—1—1所示。

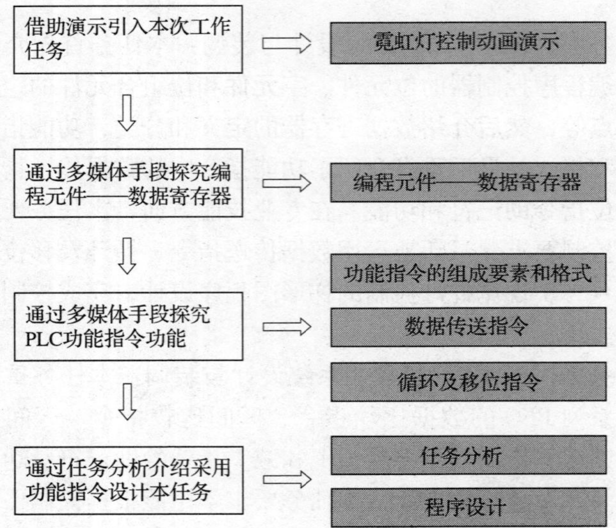

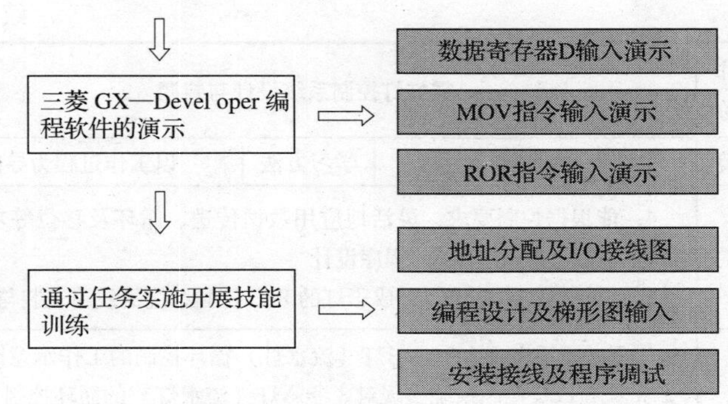

图 4—1—1　本工作任务的教学参考流程

【新课引入】

首先带领学生复习基本逻辑控制指令和步进顺控指令的特点等相关知识，并通过展示、提问等方式，引导学生思考并讨论：生活中常见的各种装饰彩灯、广告彩灯等能变幻出循环顺序点亮等各式各样的效果，如果用前面所学的基本逻辑控制指令和步进顺控指令编程能否方便实现，为后面的教学内容做好铺垫。

然后下发工作任务书（见表 4—1—1），描述任务学习目标，并通过播放彩灯控制多媒体课件，进行本工作任务的任务描述，让学生通过观察熟悉本工作任务的控制要求。

表 4—1—1　　霓虹灯控制系统设计与装调任务书

典型工作任务名称	霓虹灯控制系统设计与装调		
学习环境	PLC 实训教室	学习方法	以工作过程为导向
学习目的	1．熟悉彩灯（流水灯）循环控制的工作特点 2．了解数据寄存器的分类、功能 3．掌握数据传送指令、循环及移位等功能指令的功能及使用原则		

续表

<table>
<tr><td>典型工作任务名称</td><td colspan="3">霓虹灯控制系统设计与装调</td></tr>
<tr><td>学习环境</td><td>PLC 实训教室</td><td>学习方法</td><td>以工作过程为导向</td></tr>
<tr><td>学习目的</td><td colspan="3">4. 能根据控制要求，灵活地应用数据传送、循环及移位等功能指令，完成彩灯控制系统的程序设计
5. 能根据控制要求，完成彩灯的 PLC 控制系统的线路安装与调试</td></tr>
<tr><td>工作任务内容</td><td colspan="3">如图 a 所示为一个 8 盏彩灯（流水灯）循环控制的工作示意图。现要求采用 PLC 控制系统实现对 8 盏彩灯（流水灯）的循环控制
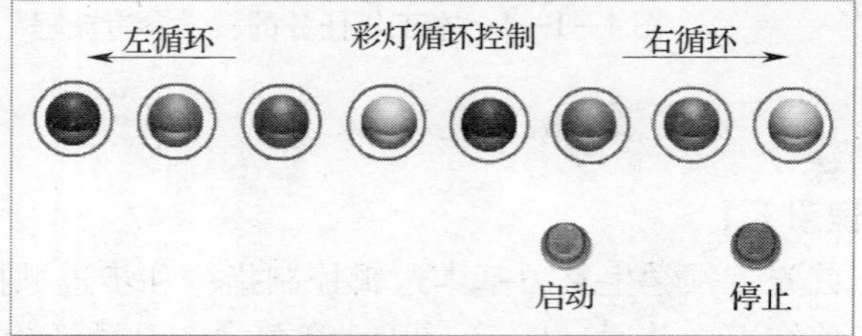

a）8 盏彩灯（流水灯）循环控制的工作示意图
具体控制要求如下：
（1）等待启动状态，如图 a 所示。彩灯投入运行前处于熄灭等待启动状态
（2）按下启动按钮，第一盏蓝色彩灯点亮，彩灯循环控制系统开始进行右循环控制，如图 b 所示
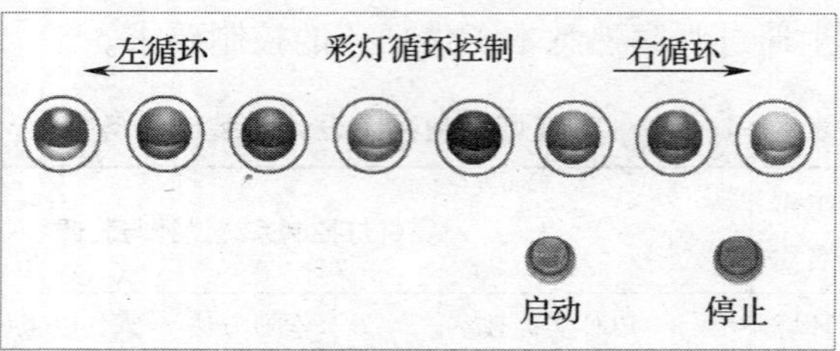

b）第一盏蓝色彩灯点亮画面
（3）当第一盏蓝色彩灯亮 1 s 后，会自动熄灭，接着右边的第二盏红色彩灯会自动点亮，如图 c 所示</td></tr>
</table>

续表

<table>
<tr><td>典型工作任务名称</td><td colspan="3">霓虹灯控制系统设计与装调</td></tr>
<tr><td>学习环境</td><td>PLC 实训教室</td><td>学习方法</td><td>以工作过程为导向</td></tr>
<tr><td>工作任务内容</td><td colspan="3">
c）第一盏蓝色彩灯熄灭，第二盏红灯点亮画面

（4）当第二盏红色彩灯亮 1 s 后，会自动熄灭，接着第三盏绿色彩灯会点亮，如图 d 所示

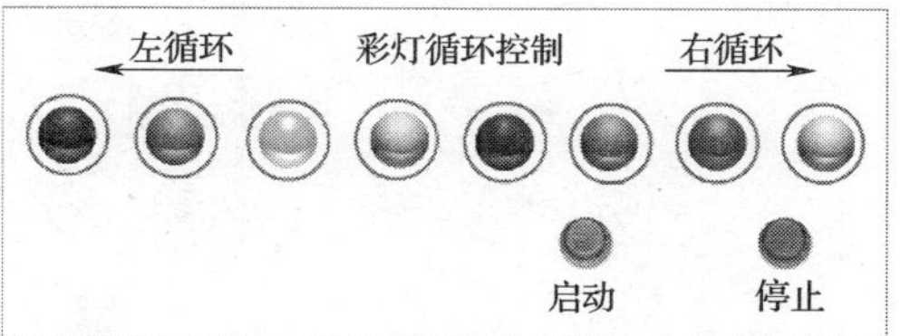

d）第二盏红色彩灯熄灭，第三盏绿灯点亮画面

（5）当第三盏绿色彩灯亮 1 s 后，会自动熄灭，接着第四盏黄色彩灯会点亮，如图 e 所示

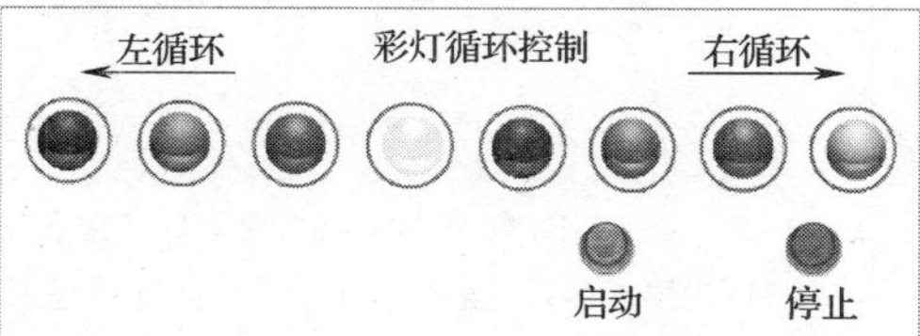

e）第三盏绿色彩灯熄灭，第四盏黄灯点亮画面

（6）当第四盏黄色彩灯亮 1 s 后，会自动熄灭，接着第五盏蓝色彩灯会点亮，1 s 后，蓝色彩灯熄灭，第六盏红色彩灯点亮；又过 1 s 后，红色彩灯熄灭，第七盏绿色彩灯点亮；再过 1 s 后，绿色彩灯熄灭，第八盏黄色彩灯点亮。如图 f 所示是第五盏至第八盏彩灯工作画面
</td></tr>
</table>

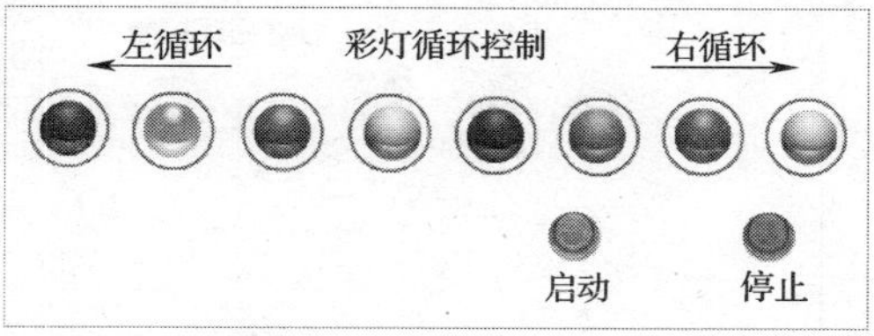

续表

<table>
<tr><td>典型工作
任务名称</td><td colspan="3">霓虹灯控制系统设计与装调</td></tr>
<tr><td>学习环境</td><td>PLC 实训教室</td><td>学习方法</td><td>以工作过程为导向</td></tr>
<tr><td>工作任务
内容</td><td colspan="3">左循环 彩灯循环控制 右循环
启动 停止

左循环 彩灯循环控制 右循环
启动 停止

左循环 彩灯循环控制 右循环
启动 停止

左循环 彩灯循环控制 右循环
启动 停止

f）第五盏至第八盏彩灯依次点亮画面
（7）当第八盏黄色彩灯亮 1 s 后，会自动熄灭，接着彩灯控制系统会进行左循环控制，第七盏绿色彩灯会点亮，1 s 后，绿色彩灯熄灭，第六盏红色彩灯点亮；又过 1 s 后，红色彩灯熄灭，第五盏蓝色彩灯点亮；再过 1 s 后，蓝色彩灯熄灭，第四盏黄色彩灯又点亮……依次完成左循环控制；直到第一盏蓝色彩灯点亮，1 s 后进入下一次循环
（8）需要停止时，只要按下停止按钮，这 8 盏彩灯无论在什么状态，都会熄灭，回到如图 a 所示的等待启动的画面状态</td></tr>
</table>

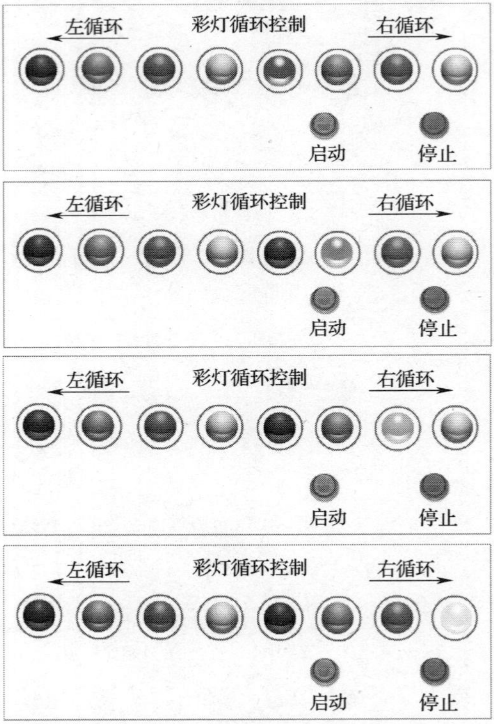

续表

典型工作任务名称	霓虹灯控制系统设计与装调		
学习环境	PLC 实训教室	学习方法	以工作过程为导向
任务实施步骤（或技术要点）	步骤 1：现场观摩彩灯控制系统（无条件的可通过多媒体仿真课件实现） 步骤 2：熟悉彩灯（流水灯）循环控制的工作原理，编制 PLC 程序设计及线路安装计划 步骤 3：准备电工工具、仪表及辅助器材 步骤 4：检查并选择本任务所需的元器件及所需规格的导线 步骤 5：绘制图样（I/O 地址分配表、I/O 接线图、梯形图、平面布置图） 步骤 6：根据 I/O 地址分配表、梯形图，利用编程软件在计算机上进行编程设计，再按图样安装和调试电路 步骤 7：编制技术文件，进行检查评估		

【相关知识讲授】

一、位元件、字元件和位组合元件

在介绍三菱 PLC 位元件、字元件和位组合元件时，建议先介绍以输入继电器 X、输出继电器 Y、辅助继电器 M 以及状态继电器 S 等的位元件定义，然后重点介绍字元件的定义，最后介绍位组合元件的表达方式，使学生掌握位元件、字元件和位组合元件的基本知识。

二、数据寄存器（D）

在介绍三菱 PLC 的数据寄存器（D）时，建议先介绍数据寄存器的定义，然后重点介绍数据寄存器的分类和功能，使学生熟练掌握数据寄存器的功能和在程序设计中的应用。

教学中应注意强调：“数据寄存器（D）是用来存储数值数据的字元件，其数值可以通过功能指令、数据存取单元（显示器）及编程装置读出与写入。”

三、功能指令的组成要素和格式

在介绍三菱 PLC 的功能指令的组成要素和格式之前，建议先介绍功能指令的定义和分类，然后重点围绕教材图 4—1—3 的编程实例开展教学，通过用功能指令与基本指令实现同一任务的编程比较，突出采用功能指令进行编程可简化程序的优点，使学生熟练掌握功能指令的特点、格式、助记符及其组成要素。

教学中应注意强调："功能指令与基本指令的不同，它不是表达梯形图符号间的相互关系，而是直接表达指令的功能。"

四、数据传送指令

在介绍三菱 PLC 的数据传送指令（MOV）之前，建议先介绍数据传送指令的助记符和功能，然后重点围绕教材图 4—1—6 ~ 图 4—1—10 的编程实例开展教学，通过采用 MOV 指令编程，突出采用 MOV 指令进行编程可简化程序的优点，使学生熟练掌握 MOV 指令的助记符、功能及其在程序设计中的应用。

教学中应注意强调："MOV 指令的功能是将一个存储单元的数据存到另一个存储单元。当 32 位传送时，用 DMOV 指令，源为（D3）D2，目标为（D7）D6。D3、D7 自动被占用。"

五、循环及移位指令

在介绍三菱 PLC 的循环及移位指令时，建议先介绍循环及移位指令的种类，然后重点介绍循环右移和循环左移指令的助记符和功能，围绕教材图 4—1—11 ~ 图 4—1—14 的编程实例开展教学，通过采用 ROR 指令和 ROL 指令编程，介绍 ROR 指令和 ROL 指令的使用格式和使用方法，最后围绕教材图 4—1—15 的编程实例，突出采用 ROR 指令进行编程可简化程序的优点，使学生熟练掌握 ROR 指令和 ROL 指令的助记符、功能及其在程序设计中的应用。

要强调，在采用循环右移和循环左移指令时应注意以下几个方面：

（1）指令 ROR、ROL 用来对（D）的数据以 n 位为单位进行循环右、左移；

（2）目标操作数（D）可以是如下形式：KnY、KnM、KnS、T、C、D、V、Z；操作数 n 用来指定每次移位的“位”数，其形式可以为 K 或 H；

（3）目标操作数（D）可以是 16 位或者 32 位数据。若为 16 位操作，$n < 16$，若为 32 位操作，需在指令前加“D”，并且此时的 $n < 32$；

（4）若（D）使用位组合元件，则只有 K4（16 位指令）或 K8（32 位指令）有效，即形式如 K4Y10，K8M0 等；

（5）指令通常使用脉冲执行型操作，即在指令后加字母“P”；若连续执行，则循环移位操作每个周期都执行一次。

【任务实施】

任务实施的教学流程如图 4—1—2 所示。学生实施任务过程中，教师要做好巡回指导。在巡回指导过程中，指导学生按照安全文明操作规程规范操作，对个别掌握不好的学生要单独进行指导，随时纠正错误。对普遍存在的问题要采用集中指导的方法，老师再重新示范演示，使学生进一步理解。

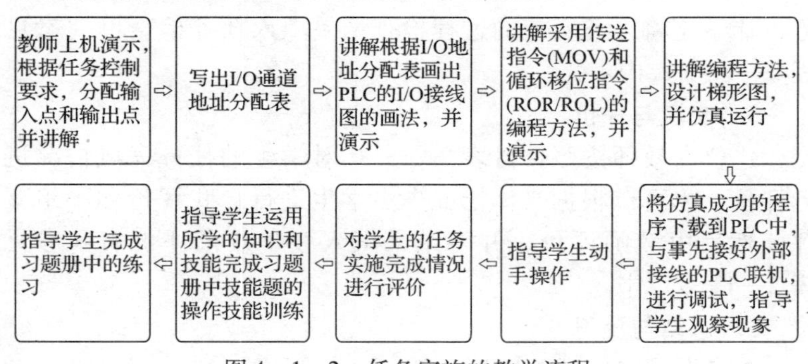

图 4—1—2　任务实施的教学流程

1. 控制系统硬件设计

控制系统硬件设计环节的基本操作步骤和教学流程可参见课题二任务 1，在此不再赘述。设计中要注意考查学生绘图中的文字符号和图形符号的准确性。

2. 控制系统软件设计

学生设计梯形图时，可以引导学生了解传送指令（MOV）和循环移位指令（ROR、ROL）的使用格式和编程原则，然后画出梯形图，在编程计算机和 PLC 实训台上进行设计及仿真调试运行。操作过程中，每位学生结合工作任务独立完成，并结组互相检查对错。另外，要注意强调：在采用循环移位指令进行本任务编程时，若误将指令写成“ROLP K2Y000 K1”或“RORP K2Y000 K1”，将造成位组合元件无效。这是因为在目标元件中指定位数，只能用 K4（16 位指令）和 K8（32 位指令），例如：K4Y10，K8M0 等。

3. 系统调试

完成控制系统设计和安装后，即可进行通电调试，以验证系统功能是否符合控制要求。建议引导学生按照教材内容进行系统调试，并将调试情况填写在教材表 4—1—6 中。

4. 任务检查

在整个任务实施过程中，为了保证学生能很好地完成任务，让学生将任务实施的过程检查结果填入任务检查单（参见表 2—1—7）中。

5. 交流与评价

建议由教师按照教材表 2—1—6 对学生的任务完成情况进行评价。也可以根据具体情况先由学生进行自我评价和小组互评，然后由教师评价，并将结果填入教学效果评价表（参见表 2—1—8）中。

6. 总结与反思

参考课题二任务 1 相关内容。

1. 数据传送指令的编程实例

【编程实例】彩灯的交替点亮控制

有一组灯 L1 ~ L8。要求隔灯显示，每 2 s 变换一次，反复进行。用一个开关实现启停控制。设置启停开关接于 X000，L1 ~ L8 接于 Y000 ~ Y007。其梯形图控制程序如图 4—1—3 所示。

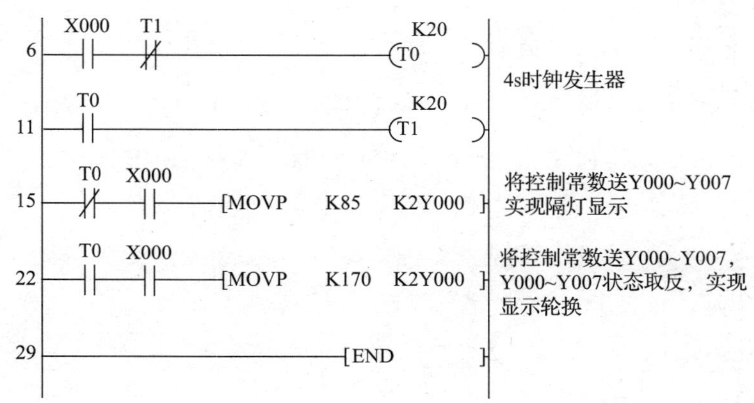

图 4—1—3　彩灯交替点亮控制梯形图程序

当合上开关 X000，彩灯 Y000、Y002、Y004、Y006 点亮，如图 4—1—4 所示。2 s 后，Y000、Y002、Y004、Y006 熄灭，Y001、Y003、Y005、Y007 点亮，如图 4—1—5 所示。接着每 2 s 变换一次，反复进行。

2. 移位控制指令应用实例

【编程实例】流水灯控制

某灯光招牌有 L1 ~ L16 共 16 盏灯接于 K4Y000，要求当 X000 为 ON 时，灯先以正序每隔 1 s 轮流点亮，当 Y017 亮后，停 2 s，然后以反序每隔 1 s 轮流点亮，当 Y000 再亮后，停 2 s，重复上述过程。当 X001 为 ON 时，停止工作。

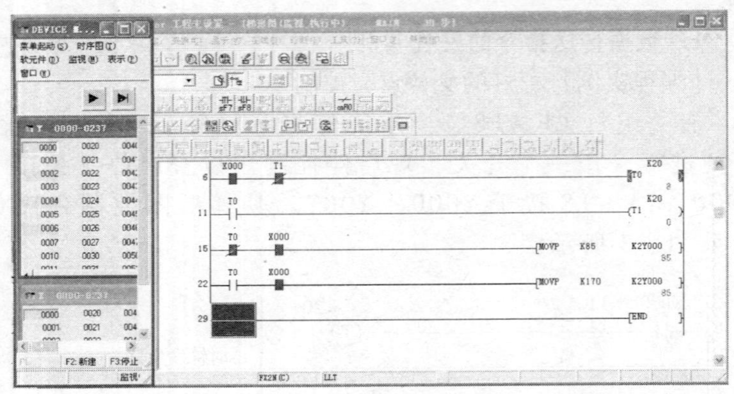

图 4—1—4　彩灯 Y000、Y002、Y004、Y006 点亮仿真

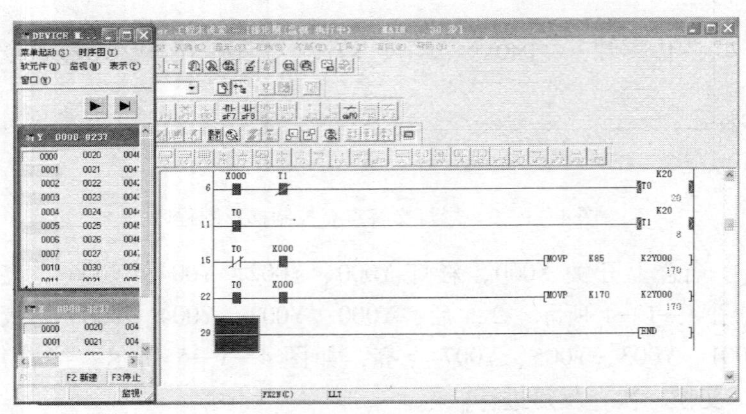

图 4—1—5　彩灯 Y001、Y003、Y005、Y007 点亮仿真

梯形图控制程序如图 4—1—6 所示，其分析见梯形图边文字。

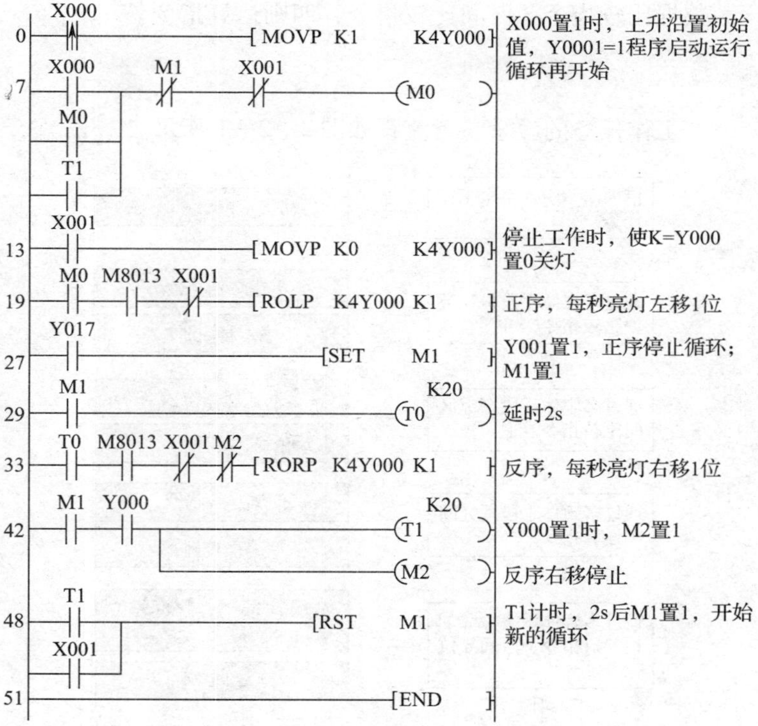

```
0   X000(↑)                                 [MOVP  K1       K4Y000]   X000置1时，上升沿置初始值，Y0001=1程序启动运行循环再开始
7   X000 / M0 / T1 (并联)  M1(常闭)  X001(常闭)  (M0)
13  X001                                    [MOVP  K0       K4Y000]   停止工作时，使K=Y000置0关灯
19  M0  M8013  X001(常闭)                   [ROLP  K4Y000  K1]        正序，每秒亮灯左移1位
27  Y017                                    [SET   M1]                Y001置1，正序停止循环；M1置1
29  M1                                      (T0  K20)                 延时2s
33  T0  M8013  X001(常闭)  M2(常闭)         [RORP  K4Y000  K1]        反序，每秒亮灯右移1位
42  M1  Y000                                (T1  K20)                 Y000置1时，M2置1
                                            (M2)                      反序右移停止
48  T1 / X001 (并联)                        [RST   M1]                T1计时，2s后M1置1，开始新的循环
51                                          [END]
```

图 4—1—6　流水灯控制梯形图程序

任务 2　自动售货机控制系统设计与装调

教学重点和难点

1. 教学重点

数据比较指令，区间比较指令，区间复位指令，四则运算指令，二进制加 1 和减 1 指令。

2. **教学难点**

数据比较指令，区间比较指令，四则运算指令。

教学流程

本工作任务的教学参考流程如图4—2—1所示。

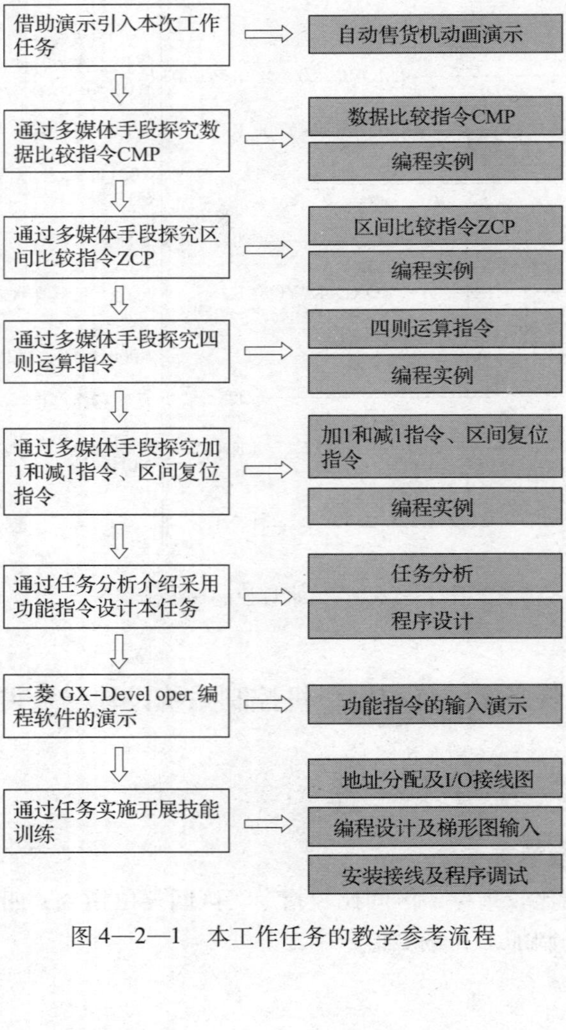

借助演示引入本次工作任务 ⇒	自动售货机动画演示
⇓	
通过多媒体手段探究数据比较指令CMP ⇒	数据比较指令CMP 编程实例
⇓	
通过多媒体手段探究区间比较指令ZCP ⇒	区间比较指令ZCP 编程实例
⇓	
通过多媒体手段探究四则运算指令 ⇒	四则运算指令 编程实例
⇓	
通过多媒体手段探究加1和减1指令、区间复位指令 ⇒	加1和减1指令、区间复位指令 编程实例
⇓	
通过任务分析介绍采用功能指令设计本任务 ⇒	任务分析 程序设计
⇓	
三菱GX-Devel oper编程软件的演示 ⇒	功能指令的输入演示
⇓	
通过任务实施开展技能训练 ⇒	地址分配及I/O接线图 编程设计及梯形图输入 安装接线及程序调试

图4—2—1　本工作任务的教学参考流程

【新课引入】

首先通过提问等方式，带领学生复习功能指令的特点等相关知识，为后面内容的教学做好铺垫。

然后下发工作任务书（见表4—2—1），描述任务学习目标，并通过播放自动售货机控制多媒体课件，进行本工作任务的任务描述，让学生通过观察熟悉本工作任务的控制要求。

表4—2—1　　自动售货机控制系统设计与装调任务书

<table>
<tr><td>典型工作任务名称</td><td colspan="3">自动售货机控制系统的设计与装调</td></tr>
<tr><td>学习环境</td><td>PLC 实训教室</td><td>学习方法</td><td>以工作过程为导向</td></tr>
<tr><td>学习目的</td><td colspan="3">1. 熟悉自动售货机控制的工作特点
2. 了解四则运算指令的功能及使用原则
3. 能根据控制要求，灵活地应用区间比较指令和触点比较指令以及四则运算指令等功能指令，完成自动售货机系统的程序设计
4. 能根据控制要求，完成自动售货机的 PLC 控制系统的线路安装与调试</td></tr>
<tr><td>工作任务内容</td><td colspan="3">本次任务的主要内容是利用 PLC 控制系统设计一款如下图所示集投币（计币）、比较、选择、供应、退币和报警等多功能于一体的自动售货机。其各系统的控制要求如下： 
自动售货机示意图</td></tr>
</table>

续表

典型工作任务名称	自动售货机控制系统的设计与装调		
学习环境	PLC 实训教室	学习方法	以工作过程为导向
工作任务内容	1. 计币系统 当有顾客买饮料时，投入的钱币经过感应器，感应器记忆投币的个数且传送到检测系统（即电子天平）和计币系统。只有当电子天平测量的重量少于误差值时，才允许计币系统进行叠加钱币，叠加的钱币数据存放在数据寄存器 D2 中。如果不正确时，认为是假币，则退出投币，等待新顾客 2. 比较系统 投入完毕后，系统会把 D2 内钱币数据和可以购买的价格进行区间比较，当投入的钱币小于2 元时，指示灯 Y0 亮，显示投入钱币不足。此时可以再投币或选择退币。当投入的钱币在 2 ~ 3 元之间时，汽水选择指示灯长亮。当大于 3 元时，汽水和咖啡的指示灯同时长亮。此时可以选择饮料或选择退币 3. 选择系统 比较电路完成后选择电路指示灯是长亮的，当按下汽水或咖啡选择，相应的选择指示灯由长亮转为以 1 s 为周期的闪烁。当饮料供应完毕后，闪烁同时停止 4. 饮料供应系统 当按下选择按钮时，相应的电磁阀（Y4 或 Y6）和电动机（Y3 或 Y5）同时启动。在饮料输出的同时，减去相应的购买钱币数。当饮料输出达到 8 s 时，电磁阀首先关断，电动机继续工作 0.5 s 后停机。此电动机的作用是：在输出饮料时，加快输出。在电磁阀关断时，给电磁阀加压，加速电磁阀关断。（注：由于售货机长期使用后，电磁阀使用过多时，返回弹力会减少，不能完全关断会出现漏饮料现象。此时电动机（Y3 或 Y5）延长工作 0.5 s 起到电磁阀加压的作用，使电磁阀可以完好地关断） 5. 退币系统 顾客购完饮料后，多余的钱币只要按下退币按钮，可通过退币系统控制实现退币 6. 报警系统 报警系统如果是非故障报警，只要通过网络通知送液车或者送币车即可。但是如果是故障报警则需要通知维修人员到现场进行维修，同时停止服务，避免造成顾客的损失		

续表

典型工作任务名称	自动售货机控制系统的设计与装调		
学习环境	PLC 实训教室	学习方法	以工作过程为导向
任务实施步骤（或技术要点）	步骤 1：现场观摩自动售货机 步骤 2：熟悉自动售货机控制工作原理，编制 PLC 程序设计及线路安装计划 步骤 3：准备电工工具、仪表以及辅助器材 步骤 4：检查并选择本任务所需的元器件及所需规格的导线 步骤 5：绘制图样（I/O 地址分配表、I/O 接线图、梯形图、平面布置图） 步骤 6：根据 I/O 地址分配表、梯形图，利用编程软件在计算机上进行编程设计，再按图样安装和调试电路 步骤 7：编制技术文件，进行检查评估		

【相关知识讲授】

一、数据比较指令（CMP）

在介绍三菱 PLC 数据比较指令时，建议先介绍数据比较指令的助记符和功能，然后重点围绕教材图 4—2—3 和图 4—2—4 的编程实例开展教学，通过采用 CMP 指令编程，介绍 CMP 指令的使用格式和使用方法，使学生熟练掌握 CMP 指令的助记符、功能及其在程序设计中的应用。

教学中应注意强调：“数据比较指令的功能是比较两个数的大小。”

二、区间比较指令（ZCP）

在介绍三菱 PLC 区间比较指令时，建议先介绍区间比较指令的助记符和功能，然后重点围绕教材图 4—2—6 的编程实例开展教学，通过采用 ZCP 指令编程，介绍 ZCP 指令的使用方法，使学生熟练掌握 ZCP 指令的助记符、功能及其在程序设计中的应用。

教学中应注意强调:“区间比较指令的功能是将一个数据与两个源数据进行代数比较。”

三、区间复位指令

在介绍三菱 PLC 的区间复位指令时，建议先介绍区间复位指令的助记符和功能，然后重点围绕教材图 4—2—8 的编程实例开展教学，通过采用 ZRST 指令编程，介绍 ZRST 指令的使用方法，使学生熟练掌握 ZRST 指令的助记符、功能及其在程序设计中的应用。

教学中应强调:“区间复位指令的功能是将指定范围同一类型的元件复位。”

四、四则运算指令

在介绍三菱 PLC 的四则运算指令时，建议先介绍四则运算指令的种类，然后介绍四则运算指令的助记符和功能，最后重点围绕教材图 4—2—9 ~ 图 4—2—19 的编程实例开展教学，通过采用四则运算指令编程，使学生熟练掌握四则运算指令的助记符、功能及其在程序设计中的应用。

五、二进制加 1 和减 1 指令

在介绍三菱 PLC 的二进制加 1 和减 1 指令时，建议重点围绕教材图 4—2—20 的编程实例开展教学，使学生熟练掌握二进制加 1 和减 1 指令的助记符、功能及其在程序设计中的应用。

【任务实施】

任务实施的教学流程如图 4—2—2 所示。学生实施任务过程中，教师要做好巡回指导。在巡回指导过程中，指导学生按照安全文明操作规程规范操作，对个别掌握不好的学生要单独进行指导，随时纠正错误。对普遍存在的问题要采用集中指导的方法，老师再重新示范演示，使学生进一步理解。

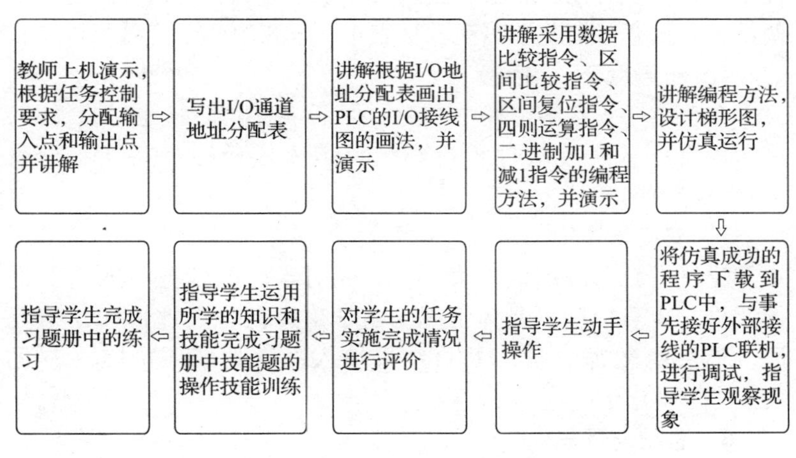

图 4—2—2　任务实施的教学流程

1. 控制系统硬件设计

控制系统硬件设计环节的基本操作步骤和教学流程可参见课题二任务 1，在此不再赘述。设计中要注意考查学生绘图中的文字符号和图形符号的准确性。

2. 控制系统软件设计

学生设计梯形图时，可以引导学生了解数据比较指令（CMP）、区间比较指令（ZCP）、区间复位指令（ZRST）和四则运算指令、二进制加 1 和减 1 指令的使用格式和编程原则，然后画出梯形图，在编程计算机和 PLC 实训台上进行设计及仿真调试运行。操作过程中，每位学生结合工作任务独立完成，并结组互相检查对错。另外，要注意强调：在设计计币系统程序设计时，采用加法指令 ADD 时，未在指令后加“P”，会造成当投币时间过长时，重复计币，致使计数错误。

3. 系统调试

完成控制系统设计和安装后，即可进行通电调试，以验证系统功能是否符合控制要求。建议引导学生按照教材内容进行系统调试，并将调试情况填写在教材表4—2—8中。

4. 任务检查

在整个任务实施过程中，为了保证学生能很好地完成任务，让学生将任务实施的过程检查结果填入任务检查单（参见表2—1—7）中。

5. 交流与评价

建议由教师按照教材表2—1—6对学生的任务完成情况进行评价。也可以根据具体情况先由学生进行自我评价和小组互评，然后由教师评价，并将结果填入教学效果评价表（参见表2—1—8）中。

6. 总结与反思

参考课题二任务1相关内容。

一、数据比较指令的编程实例

【编程实例】密码锁控制

用比较器构成密码锁系统。密码锁有12个按钮，分别接入X000～X013，其中X000～X003代表第一个十六进制数；X004～X007代表第二个十六进制数；X010～X013代表第三个十六进制数。根据要求设计，每次同时按4个键，分别代表3个十六进制数，共按4次，如与密码锁设定值都符合，3s后，密码锁可以开启。且10s后，重新锁定。

密码锁的控制由程序设定。假定为H2A4、H01E、H151、H18A，从K3X000上送入的数据应分别和他们相等，这可以用比较指令实现判断，其梯形图控制程序如图4—2—3所示。

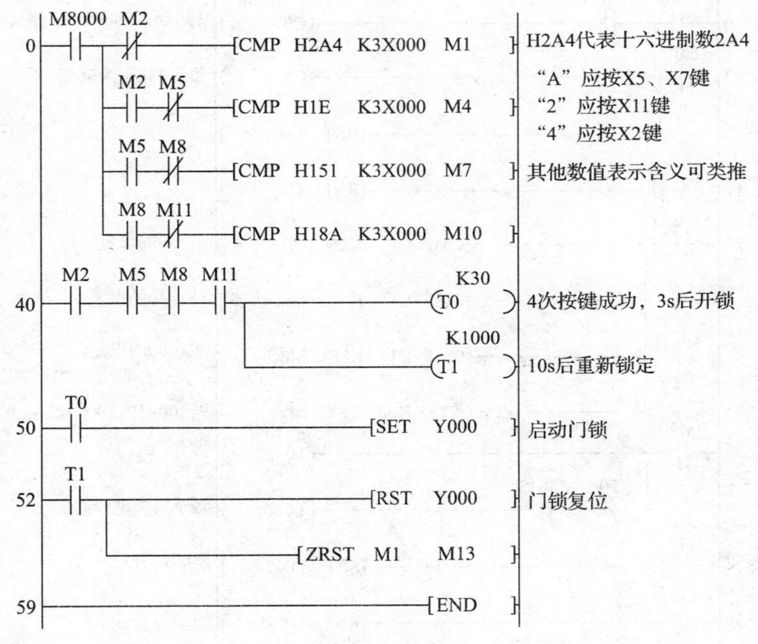

图 4—2—3　密码锁的梯形图及说明

二、区间比较指令的编程实例

【编程实例】简易定时报时器控制

应用计数器与比较指令，构成 24 h 可设定定时时间的控制器，15 min 为一设定单位，共 96 个时间单位。

现将此控制器作如下控制：早上 6：30，电铃（Y000）每秒响 1 次，6 次后自动停止；9：00 ~ 17：00，启动住宅报警系统（Y001）；晚上 18：00 打开院内照明（Y002）；晚上 22：00 关院内照明（Y002）。假定 X000 为启停开关。

设计的梯形图及分析如图 4—2—4 所示。

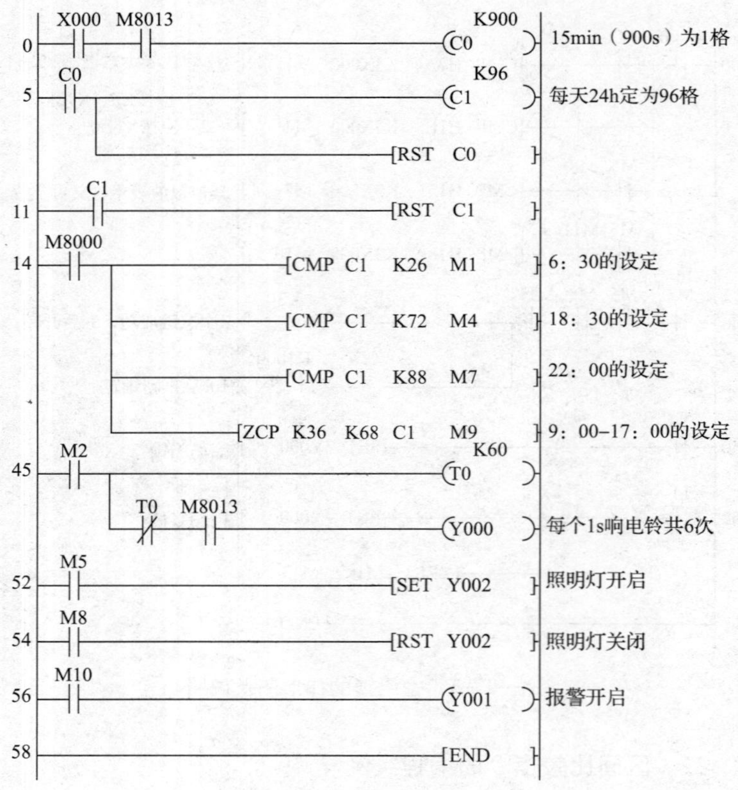

图 4—2—4　简易定时报时器梯形图及说明

三、四则运算指令应用实例

【编程实例】使用乘除运算实现灯移位点亮控制。

用乘除法指令实现灯组的移位点亮循环。有一组灯 16 个，接于 Y000 ~ Y017，要求：当 X000 为 ON 时，等正序每隔 1 s 单个移位，并循环；当 X000 为 OFF 时，灯反序每隔 1 s 单个移位，至 Y000 为 ON，停止。梯形图及说明如图 4—2—5 所示。

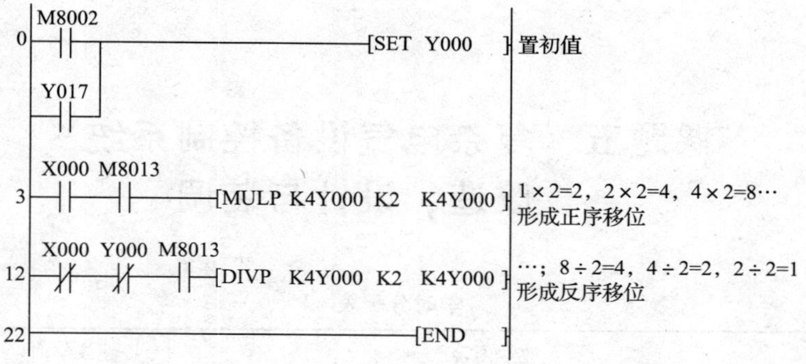

```
     M8002
 0 ──┤├──┬──────────────────────[SET  Y000         ]  置初值
     Y017│
     ──┤├──┘

     X000  M8013
 3 ──┤├────┤├──────[MULP K4Y000  K2   K4Y000 ]  1×2=2，2×2=4，4×2=8…
                                                  形成正序移位
     X000  Y000  M8013
12 ──┤/├───┤/├───┤├──[DIVP  K4Y000  K2   K4Y000 ]  …；8÷2=4，4÷2=2，2÷2=1
                                                  形成反序移位
22 ─────────────────────────────[END           ]
```

图 4—2—5　乘除运算实现灯移位点亮控制程序

课题五　复杂电气设备控制系统改造、设计与装调

学时分配表

教学内容	建议学时
任务 1　应用 PLC 改造 X62W 型万能铣床电气控制系统	12
任务 2　应用 PLC 设计双面钻孔组合机床电气控制系统	12
总　　计	24

本课题主要介绍三菱系列可编程序控制器在复杂电气设备控制系统改造、设计的应用，通过 2 个典型的工作任务讲解 PLC 改造常用机床的原则及工艺流程，PLC 控制系统设计的基本原则和主要内容的相关知识。

任务 1　应用 PLC 改造 X62W 型万能铣床电气控制系统：本任务首先介绍将常用机床继电—接触器电气控制系统升级改造为 PLC 控制系统的机床改造原则，然后介绍了 PLC 控制系统的机床改造流程。在专业技能方面，本任务要求学生能按照控制要求，灵活地运用 PLC 控制系统改造常用机床，并能综合调试常用机床 PLC 控制硬件和软件系统。

任务 2　应用 PLC 设计双面钻孔组合机床电气控制系统：本任务重点介绍了 PLC 控制系统设计的基本原则和主要内容，然后介绍了 PLC 控制系统的设计与调试步骤。在专业技能方面，本任务要求学生能根据控制要求，按照 PLC 控制系统的设计与调试步骤，实现双面钻孔组合机床 PLC 电气控制系统设计，完成控制系统的装接调试。

任务 1　应用 PLC 改造 X62W 型万能铣床电气控制系统

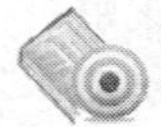

教学重点和难点

1. 教学重点

机床改造原则，机床改造流程。

2. 教学难点

机床改造流程。

教学流程

本工作任务的教学参考流程如图 5—1—1 所示。

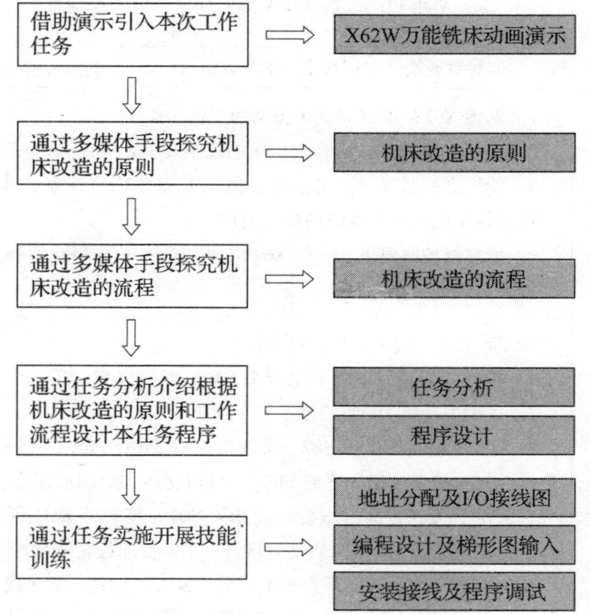

图 5—1—1　本工作任务的教学参考流程

【新课引入】

首先通过提问等方式，带领学生复习 X62W 型万能铣床电气控制线路工作原理等相关知识，为后面的教学内容做好铺垫。

然后下发工作任务书，参见表 5—1—1，描述本任务学习目标。在下发工作任务书后，通过播放 X62W 型万能铣床电气控制线路工作过程的多媒体课件或操作 X62W 型万能铣床实物，进行本次工作任务描述，并让学生通过观察熟悉本工作任务的控制要求。

表 5—1—1　应用 PLC 改造 X62W 型万能铣床电气控制系统任务书

典型工作任务名称	应用 PLC 改造 X62W 型万能铣床电气控制系统		
学习环境	PLC 实训教室或铣床实训教室	学习方法	以工作过程为导向
学习目的	1. 熟悉 X62W 型万能铣床控制的工作特点 2. 了解应用 PLC 改造常用机床的原则及工艺流程 3. 能根据控制要求，灵活地应用 PLC 基本指令，完成改造 X62W 型万能铣床电气控制系统的程序设计 4. 能根据控制要求，完成 X62W 型万能铣床的 PLC 控制系统的线路安装与调试		
工作任务内容	X62W 型万能铣床的控制要求如下： 1. 接通电源开关 QS，接通开关 SA4，照明灯 EL 亮 2. 主轴电动机 M1 的控制 （1）按下按钮 SB1 或 SB2，接触器 KM1 通电闭合，主轴电动机 M1 启动运转。按下按钮 SB5 或 SB6，主轴电动机 M1 制动停止 （2）主轴变速盘瞬时压合行程开关 SQ1，接触器 KM1 瞬时通电闭合，主轴电动机 M1 瞬时启动运转，对主轴变速齿轮进行冲动 （3）将换刀制动转换开关 SA1 扳至“换刀”位置，常开触点 SA1－1 接通制动电磁离合器 YC1 线圈的电源，主轴被制动，操作人员可进行换刀操作		

续表

典型工作任务名称	应用 PLC 改造 X62W 型万能铣床电气控制系统		
学习环境	PLC 实训教室或铣床实训教室	学习方法	以工作过程为导向
工作任务内容	3. 进给电动机 M2 的控制 主轴电动机 M1 启动后，将圆工作台开关 SA2 扳至“断开”位置，SA2－1、SA2－3 触点闭合，SA2－2 断开 （1）将工作台左右进给操作手柄扳至“向左”或“向右”位置，行程开关 SQ5 或 SQ6 被压合，接触器 KM3 或 KM4 通电闭合，进给电动机 M2 启动正转或启动反转，通过机械装置带动工作台向左或向右运动 （2）将工作台上下与前后进给操作手柄扳至“向下”或“向上”位置，行程开关 SQ3 或 SQ4 被压合，接触器 KM3 或 KM4 通电闭合，进给电动机 M2 启动正转或启动反转，通过机械装置带动工作台向下或向上运动 （3）将工作台上下与前后进给操作手柄扳至“向前”或“向后”位置，行程开关 SQ3 或 SQ4 被压合，接触器 KM3 或 KM4 通电闭合，进给电动机 M2 启动正转或启动反转，通过机械装置带动工作台向前或向后运动 （4）当进给变速盘瞬时压合行程开关 SQ2 时，接触器 KM3 瞬时通电闭合，进给电动机 M2 瞬时启动正转，对进给变速齿轮进行冲动 4. 工作台快速移动的控制 按下点动按钮 SB3 或 SB4，电磁离合器 YC2 线圈失电（YC2 线圈仅在工作台快速移动时断电，其余时间一直处于通电状态），YC3 线圈通电，工作台可向六个进给方向（左、右、上、下、前、后）中任意一个方向快速移动（圆工作台开关 SA2 要扳至“断开”位置） 5. 圆工作台进给的控制 主轴电动机 M1 启动后，将圆工作台开关 SA2 扳至“接通”位置，SA2－1、SA2－3 断开，SA2－2 闭合，接触器 KM3 通电闭合，进给电动机 M2 启动正转，带动圆工作台工作（圆工作台只能单向旋转） 6. 具有短路、过载保护等必要的保护措施			
任务实施步骤（或技术要点）	步骤 1：现场观摩 X62W 型万能铣床 步骤 2：熟悉 X62W 型万能铣床控制工作原理，编制 PLC 程序设计及线路安装计划 步骤 3：准备电工工具、仪表以及辅助器材 步骤 4：检查并选择本任务所需的元器件及所需规格的导线			

续表

<table>
<tr><td>典型工作任务名称</td><td colspan="3">应用 PLC 改造 X62W 型万能铣床电气控制系统</td></tr>
<tr><td>学习环境</td><td>PLC 实训教室或铣床实训教室</td><td>学习方法</td><td>以工作过程为导向</td></tr>
<tr><td>任务实施步骤（或技术要点）</td><td colspan="3">步骤 5：绘制图样（I/O 地址分配表、I/O 接线图、梯形图、平面布置图）
步骤 6：根据 I/O 地址分配表、梯形图，利用编程软件在计算机上进行编程设计，再按图样安装和调试电路
步骤 7：编制技术文件，进行检查评估</td></tr>
</table>

【相关知识讲授】

一、机床改造的原则

在介绍机床改造的原则之前，建议先介绍继电—接触器电气控制系统的特点，然后重点结合本任务将常用机床继电—接触器电气控制系统升级改造为 PLC 控制系统的机床改造原则，使学生熟练掌握应用 PLC 改造常用机床的原则。

教学中应注意强调：“将常用机床继电—接触器电气控制系统升级改造为 PLC 控制系统时，在满足控制功能的前提下应尽量使用原有的器件。”

二、机床改造的流程

在介绍机床改造的流程时，建议重点围绕教材图 5—1—3 的 PLC 系统设计流程图开展教学，通过对流程图的分析，介绍将常用机床继电—接触器电气控制系统升级改造为 PLC 控制系统的机床改造流程，使学生熟练掌握应用 PLC 改造常用机床的流程。

【任务实施】

任务实施的教学流程如图 5—1—2 所示。学生实施任务过程中，教师要做好巡回指导。在巡回指导过程中，指导学生按照安全文明操作规程规范操作，对个别掌握不好的学生要单独进行指导，随时纠正错误。对普遍存在的问题要采用集中指导的方法，老师再重新示范演示，使学生进一步理解。

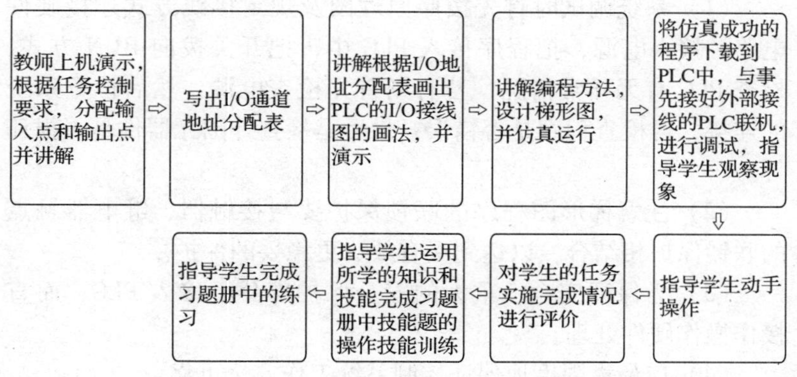

图 5—1—2　任务实施的教学流程

1. 控制系统硬件设计

控制系统硬件设计环节的基本操作步骤和教学流程可参见课题二任务 1，在此不再赘述。需要说明的是在进行硬件设计时，可以引导学生根据 X62W 型万能铣床的电气控制要求，由学生进行系统的硬件配置和 PLC 的 I/O 接线图及地址分配表的绘制，教师进行完善。设计中要注意输入器件和输出器件的选择，以及绘图中的文字符号和图形符号的准确性。

2. 控制系统软件设计

学生设计梯形图时，先引导学生了解 X62W 型万能铣床的控制要求，再采用顺序控制设计法，画出梯形图，在编程计算机和 PLC 实训台上进行设计及仿真调试运行。操作过程中，每位学生结合工作任务独立完成，并结组互相检查对错。另外，教师要注意指导和提醒学生将梯形图输入完毕后，要进行程序保存。

3. 系统调试

完成控制系统设计和安装后，即可进行通电调试，以验证系统功能是否符合控制要求。建议引导学生按照教材内容进行系统调试，并将调试情况填写在教材表5—1—3中。

在本任务的实施过程中，要注意以下几个方面：

（1）系统调试时首先按照原理图及规定接线方式连接硬件电路，接入电源，把程序传入PLC中，把开关拨向RUN方式，检查PLC有无异常情况，若有则首先检查电源，然后检查系统的连接，再检查程序是否错误，最后是检查外围元器件是否损坏等。

（2）注意梯形图程序的联锁保护要与接触器、继电器触点的联锁保护相结合，以达到更有效、更稳妥的保护。

（3）为保证安全，重大的安全保护部分不接入PLC，而直接作操作硬件处理。

（4）应最大限度地保证控制系统工作安全可靠。

4. 任务检查

在整个任务实施过程中，为了保证学生能很好地完成任务，让学生将任务实施的过程检查结果填入任务检查单（参见表2—1—7）中。

5. 交流与评价

建议由教师按照教材表2—1—6对学生的任务完成情况进行评价。也可以根据具体情况先由学生进行自我评价和小组互评，然后由教师评价，并将结果填入教学效果评价表（参见表2—1—8）中。

6. 总结与反思

参考课题二任务1相关内容。

应用PLC改造摇臂钻床电气控制系统

在生产车间中进行金属切削加工的机床种类很多，其中最常见的有车床、铣床、刨床、镗床、钻床等。在机床的组成中既有金属加工的刀具和工作台等机械机构，同时也有电气控制部分。长期以来，大部分的金属切削加工机床都采用继电—接触器控制系统实现电气控制。这类机械加工机床中的电气控制主要实现其工作逻辑的控制。而可编程序控制器的主要特点就是逻辑控制，而且具有高稳定性的特点。因此，PLC 在机械加工机床电气控制领域得到了越来越多的应用。不但许多新开发的机床开始采用 PLC 作为主要控制核心，而且旧的机床电路也开始用 PLC 实现电气改造。

一、摇臂钻床简介

钻床是一种金属材料孔加工设备，可以用来钻孔、扩孔、铰孔、攻丝及修刮端面等多种形式的加工。按用途和结构进行分类，钻床可以分为立式钻床、台式钻床、多孔钻床、摇臂钻床及其他专用钻床等。摇臂钻床具有操作方便、灵活，适用范围广的优点，特别适用于生产带有多孔大型零件的孔加工，是一般机械加工车间常见的一种机床。

主轴箱可沿摇臂左右移动，摇臂还可以沿外柱上下移动，以适应加工不同高度和大小的工件。较小的工件可安装在工作台上进行加工，而较大的工件可直接放在摇臂钻床机床底座或地面上进行加工。摇臂钻床广泛应用于单件和中小批量生产中，加工体积和重量较大的工件的孔。摇臂钻床加工范围广，可用来钻削大型工件的各种螺钉孔、螺纹底孔和油孔等。

二、摇臂钻床的组成

摇臂钻床主要由底座、内立柱、外立柱、摇臂、主轴箱及工作台等部分组成。摇臂钻床结构说明图内立柱固定在底座的一端，在它的外面套有外立柱，外立柱可绕内立柱回转 360°。摇臂的一端为套筒，它套装在外立柱上做上下移动。由于丝杆与外立柱连成一体，而升降螺母固定在摇臂上，因此摇臂不能绕外立柱转动，只能与外立柱一起绕内立柱回转。主轴箱是一个复合部件，由主传动电动机、主轴和主轴传动机构、进给和变速机构、机床的操作机构等部分组成。主轴箱安装在摇臂的水平导轨上，可以通过手轮操作，使其在水平导轨上沿摇臂移动。摇臂钻床的外形如图 5—1—3 所示。

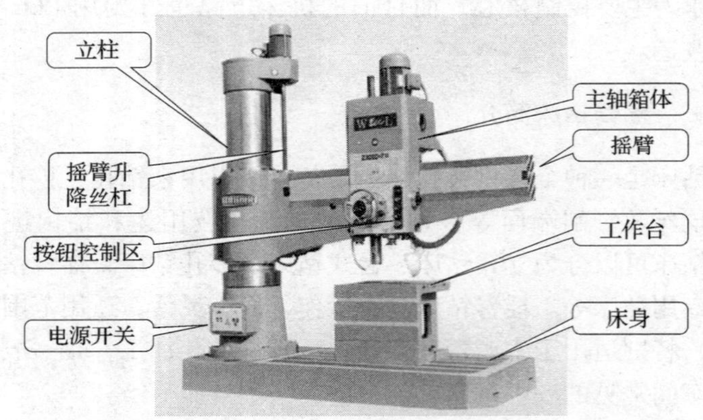

图 5—1—3　摇臂钻床的外形图

三、功能分析

通过对摇臂钻床工作过程的分析可知，摇臂钻床的摇臂升降是由电动机控制实现的，钻床的主轴由电动机带动。而摇臂的旋转、主轴箱的左右移动等动作是依靠手动实现的。除此之外，还需要冷却泵电动机和液压泵电动机。因此摇臂钻床需要有 4 台电动机，分别是主轴电动机、摇臂升降电动机、冷却泵和液压泵电动机。其中升降电动机和液压泵电动机需要正反转，即实现摇臂的上升和下降，夹具的夹紧和松开。主轴电动机只需要一个方向旋转。

四、电路分析

整个电路的总控制环节可以采用断路器，电动机采用三相异步电动机，这些电动机都采用直接启动方式。电动机的正反转由交流接触器进行电动机电源的换相实现。用两个热继电器分别实现主轴电动机和液压泵电动机的过载保护。使用五个熔断器实现主电路和控制电路的短路保护。控制按钮需要四个，分别用于升降电动机正、反转的启动，主轴电动机的启动和停止。控制器采用一个三菱 FX_{2N} 系列可编程序控制器。根据以上分析，需要的元器件见表 5—1—2。

表 5—1—2　　　　元器件清单

序号	符号	元器件名称	单位	数量
1	KH	热继电器	个	2
2	FU1	主电源熔断器	个	6
3	FU2	控制电路熔断器	个	2
4	KM	交流接触器	个	5
5	M	三相异步电动机	台	4
6	QF	主电源断路器	个	2
7	SB1	按钮	个	6
8	SQ	行程开关	个	5
9	SA	转换开关	个	1
10	PLC	可编程序控制器	个	1

五、电路设计与绘制

1. 主电路设计与绘制

根据功能分析，主电路需要两个交流接触器来分别控制正反转。根据电动机的工作原理可知，只要把通入三相异步电动机的三相电的相序调换其中两相，就可以改变电动机的转向。所以在主电路设计中要保证两个接触器分别动作，能使得其中两相序对调。具体的主电路如图 5—1—4 所示。

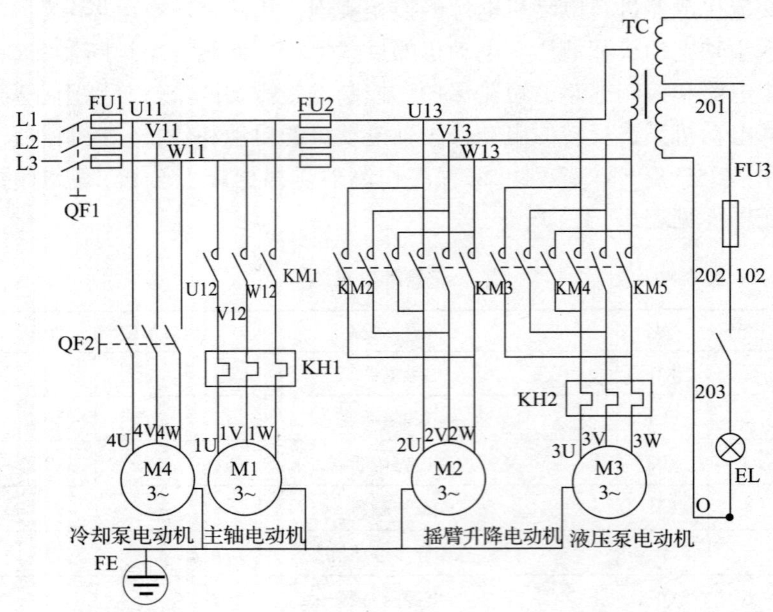

图 5—1—4　主电路

2. 确定 PLC 的输入/输出点数，列出输入/输出地址分配表

（1）确定输入点数

根据控制要求，输入端共有 14 个输入信号，即输入点数为 14，需 PLC 的 14 个输入端子。

（2）确定输出点数

由功能分析可知，输出端只需要 6 个输出端子。

根据输入/输出点数，可以选择对应的 PLC 的型号为 FX_{2N} - 48MR。其 I/O 通道地址分配表见表 5—1—3。

表 5—1—3　　　　I/O 通道地址分配表

输入			输出		
元件代号	作用	输入继电器	元件代号	作用	输出继电器
SB1	主轴启动	X000	KM1	主轴控制	Y000
SB2	主轴停止	X001	KM2	摇臂上升控制	Y001
SB3（常开）	摇臂上升	X002	KM3	摇臂下降控制	Y002
SB4（常开）	摇臂下降	X003	KM4	液压电动机正转控制	Y003
SB3（常闭）	摇臂下降联锁	X004	KM5	液压电动机反转控制	Y004
SB4（常闭）	摇臂上升联锁	X005	YV	电磁阀控制	Y005
SB5	主轴箱放松	X006			
SB6	主轴箱夹紧	X007			
SB5 - SB6（常闭）	电磁阀联锁	X010			
SQ1	上限位开关	X011			
SQ2	下限位开关	X012			
SQ3	摇臂松开行程开关	X013			
SQ4	摇臂夹紧行程开关	X014			
SQ5	主轴箱夹紧开关	X015			

3. 控制电路的设计（I/O 接线图）

PLC 接线图如图 5—1—5 所示。

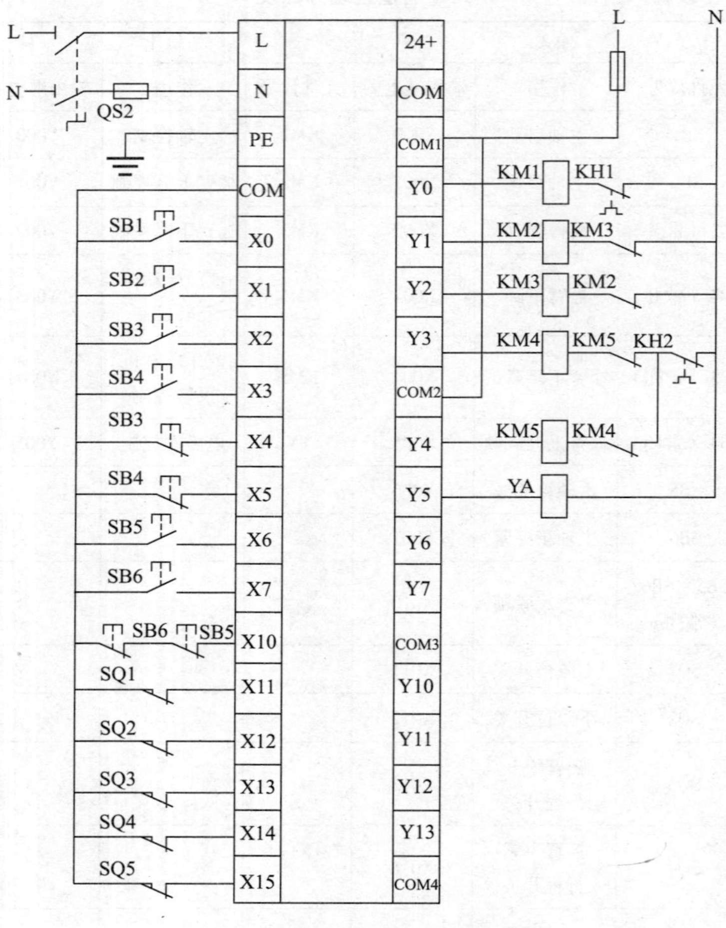

图 5—1—5　PLC 接线图

六、安装电路

1. 清点工具和仪表

根据具体内容确定所使用的工具，见表 5—1—4。

表 5—1—4 工具、仪表选用

序号	工具或仪表名称	型号或规格	数量	作用
1	一字旋具	100 mm	1	电路连接与元器件安装
2	一字旋具	150 mm	1	电路连接与元器件安装
3	十字旋具	100 mm	1	电路连接与元器件安装
4	十字旋具	150 mm	1	电路连接与元器件安装
5	尖嘴钳	150 mm	1	
6	斜口钳	选择	1	
7	剥线钳	选择	1	
8	电笔	选择	1	
9	万用表	选择	1	

2. 选用元器件及导线

根据对控制要求的分析，确定需要的元器件有 PLC、交流接触器、断路器、熔断器等，具体元器件见表 5—1—5。

表 5—1—5 元器件选用

序号	名称	型号或规格	单位	数量	备注
1	可编程序控制器	FX2N－48MR	台	1	
2	计算机	自定	台	1	
3	绘图根据	自定	套	1	
4	绘图纸	B4	张	4	
5	三相异步电动机	Y112M－4，0.75 KW，380 V，△联结；或自定	台	1	
6	空气断路器	三相制	个	1	
7	交流接触器	CJ10－10，线圈电压 220 V	个	5	
8	热继电器	JR16－20/3，整定电流 8.8 A	个	2	
9	电磁阀	自定	个	1	
10	熔断器	RL6－60/5A	个	6	

续表

序号	名称	型号或规格	单位	数量	备注
11	熔断器	RL6－60/1A	个	2	
12	三联按钮	LA10－3H 或 LA4－3H	个	2	
13	指示灯	ND16－22DS/4	个	1	
14	行程开关	LA－19	个	5	
15	组合开关	HZ2－25/3	个	1	
16	转换开关		个	1	
17	控制变压器	BK－50	台	1	

3. 安装元器件

将选好的元器件安装固定在配电盘上。

4. 布线

按照电路原理图和布线工艺进行布线。

5. 自检

线路连接完成后，必须按要求进行检查，确认电路没有错误后才能通电。线路检查包括两部分，具体操作如下。

（1）对照电路原理图检查线路是否有错接、漏接、短路或掉线等情况。

（2）检测步骤

1）检查熔断器。将熔断器的熔芯取出，检查熔体是否完好。使用万用表检测熔断器是否导通，如果熔断器损坏则需要更换新的熔断器。

2）检测电源输入电路。在不通电的情况下，使用万用表检测电源电路是否有断路或短路情况，短路情况有三相电源的相线之间短路、相线与中性线之间短路。如果有错误，则需要把错误排除才能够通电。

3）检查电动机换相连接。检查电动机正反转控制的换相连接是否正确，正确的接线方法是三根相线中任意两根相线交换。

4）检查 PLC 输入/输出电路。根据电路原理图确认输入/输出端子的连接是否正确，同时确认 PLC 的输入端的公共线（COM）和输出端的公共线（COM_x）连接正确。还需要确认的是 PLC 输出控制端与热继电器连接的正确性。

5）检查交流接触器。在交流接触器的控制线圈没有连接之前，使用万用表测量控制线圈的阻值，如果阻值显示无穷大表示线圈已经断路，如果阻值显示为 0 表示线圈内部短路。人为按下交流接触器的主触头，使用万用表确认主触头是否导通，辅助常闭触点是否断开，而辅助常开触点是否导通。

6）检查热继电器。使用万用表检查热继电器的常闭触点在不拨动推杆前是导通的，而推动推杆后触点是断开的；按下复位按钮，触点又是导通的。然后再用万用表检查热继电器的热元件是否导通。

七、程序设计

钻床的功能可分解成各个功能模块，在采用梯形图编程方式进行编程时，应采用由简单到复杂、层层递进的方式。

1．主轴电动机的启动和停止控制

根据控制原理图，主轴电动机的启动由 SB1 按钮控制，停止由 SB2 按钮控制，使用的都是按钮的常开触点。在程序中需要设计自锁功能，自锁的功能由 PLC 内部的输出软元件（Y000）实现。具体程序如图 5—1—6 所示。

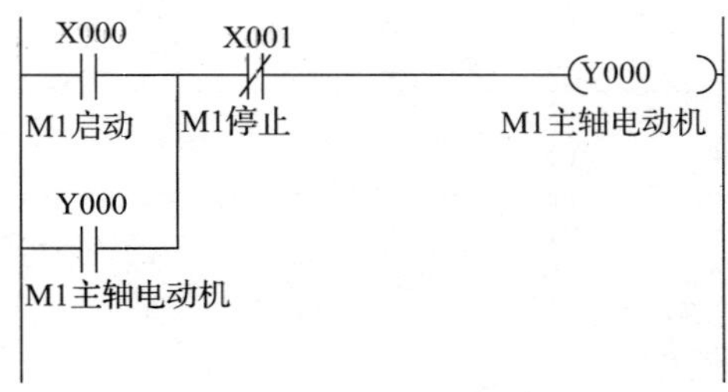

图 5—1—6　主轴电动机启停控制程序

2. 摇臂上升控制

操作摇臂上升时按下摇臂上升控制按钮 SB3。由于摇臂松开行程开关是使用常开触点，因此按下 SB3 后液压电动机 M3 正转，液压油注入摇臂装置的油缸，使摇臂松开。待摇臂完全松开后，摇臂行程开关 SQ3 动作，SQ3 的常闭触点断开使接触器 KM4（液压泵正转）断电释放，液压泵电动机 M3 停止运转。摇臂夹紧行程开关 SQ4 使用常闭触点，因此电磁阀（YA）动作。当摇臂完全松开后，摇臂上升控制交流接触器 KM2 动作，摇臂升降电动机带动摇臂上升。当上升到位时，上升限位开关 SQ1 动作，KM2 断电。具体程序如图 5—1—7 所示。

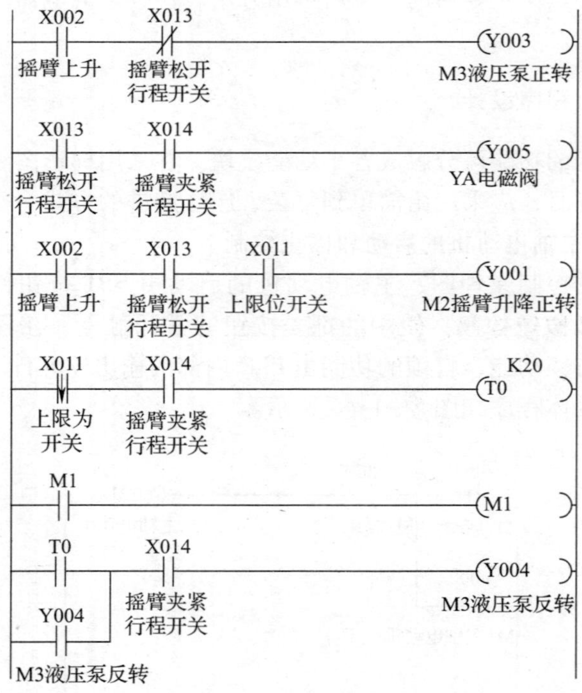

图 5—1—7　摇臂上升控制程序

3. 摇臂下降控制

摇臂下降控制时，按下摇臂下降控制按钮 SB4 启动摇臂下降，其余过程与摇臂上升相似。具体程序如图 5—1—8 所示。

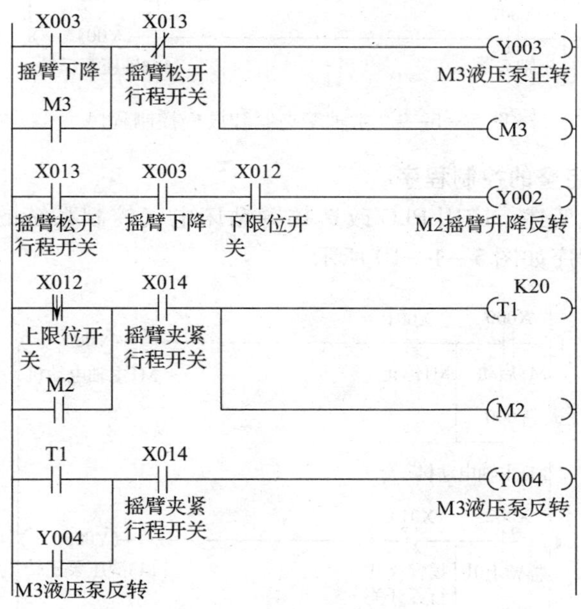

图 5—1—8　摇臂下降控制程序

4. 主轴箱夹紧与放松控制

按下立柱和主轴箱松开按钮 SB5，接触器 KM4 得电吸合，液压电动机 M3 正向转动，由于电磁阀 YA 没有得电，处于释放状态，所以液压油经 2 位 6 通阀分配至立柱和主轴箱松开油缸，立柱和主轴箱夹紧装置松开。

按下立柱和主轴箱夹紧按钮 SB6，接触器 KM5 得电吸合，液压电动机 M3 反向转动，液压油分配至立柱和主轴箱松开油缸，立柱和主轴箱夹紧装置夹紧。具体程序如图 5—1—9 所示。

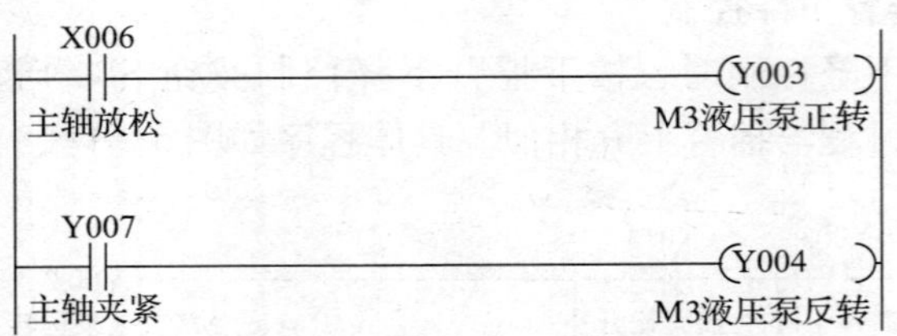

图 5—1—9　主轴箱夹紧和放松控制程序

5. 完整的控制程序

综上所述，应用 PLC 改造摇臂钻床电气控制系统的完整的梯形图程序如图 5—1—10 所示。

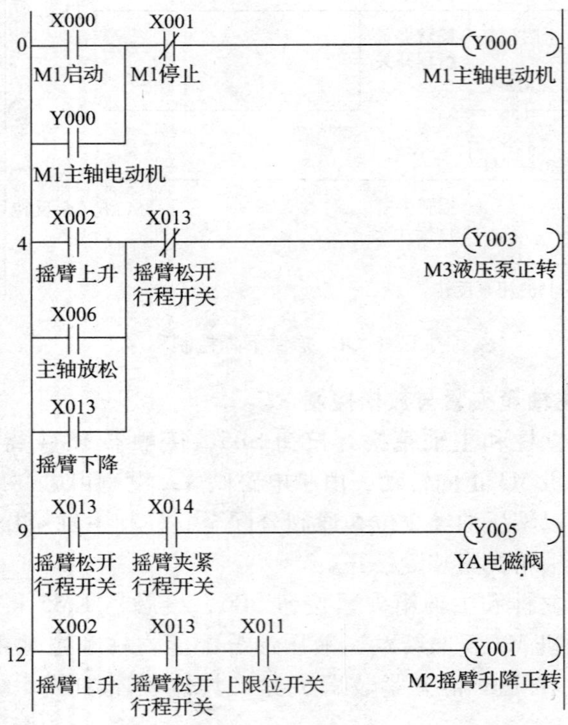

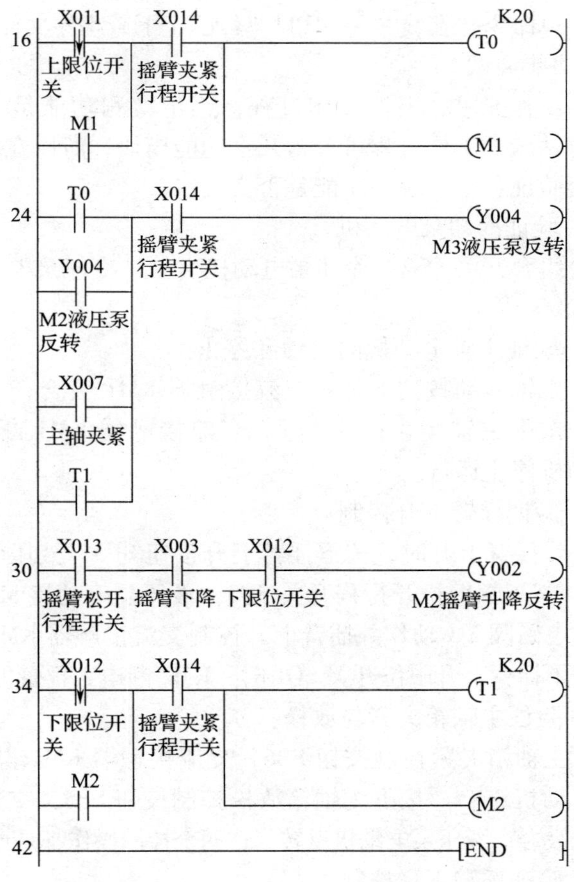

图 5—1—10　完整的梯形图程序

八、系统调试

调试的步骤是先把梯形图程序下载到 PLC 中，验证程序实现的功能是否正确。调试的过程分为两步：程序下载和功能验证。

1. 程序下载

用菜单命令“在线”→“PLC 写入”，下载程序文件到 PLC。

2. 功能调试

按照工作要求，模拟工作过程，逐步检测功能是否达到要求。摇臂钻床的工作过程可分为几个功能模块，所以在验证的过程中需要验证各个模块的功能是否实现。

（1）验证冷却泵电动机

闭合组合开关 QS2，冷却泵电动机启动，冷却泵电动机控制电路正确。

（2）验证主轴电动机的启动和停止

按下主轴启动按钮 SB1，交流接触器 KM1 吸合，主轴电动机启动。按下主轴停止按钮 SB2，交流接触器 KM1 断电释放，主轴电动机停止运行。

（3）验证摇臂上升控制

在操作摇臂上升时，按下摇臂上升按钮 SB3，液压泵电动机 M3 正转，按下摇臂松开行程开关 SQ3，液压泵电动机 M3 停止运行，同时电磁阀 YA 动作。摇臂上升控制交流接触器 KM2 得电吸合。当按下摇臂上升限位开关 SQ1 时，KM2 断电，摇臂停止上升。

（4）验证主轴箱夹紧与放松

按下主轴箱夹紧控制按钮 SB6，交流接触器 KM4 得电吸合，液压泵电动机正转。按下主轴箱放松控制按钮 SB5，交流接触器 KM5 得电吸合，液压泵电动机反转。这两个控制操作都是点动控制。

（5）验证摇臂下降控制

在操作摇臂上升时，按下摇臂下降按钮 SB4，液压泵电动机 M3 正转，按下摇臂松开行程开关 SQ3，液压泵电动机 M3 停止运行，同时电磁阀 YA 动作。摇臂下降控制交流接触器 KM3 得电吸合。当按下摇臂下降限位开关 SQ2 时，KM3 断电，摇臂停止下降。

（6）验证照明

闭合转换开关 SB，照明灯亮。

任务2 应用PLC设计双面钻孔组合机床电气控制系统

教学重点和难点

1. 教学重点

PLC 控制系统设计的基本原则和主要内容，PLC 控制系统的设计及调试步骤。

2. 教学难点

PLC 控制系统的设计及调试步骤。

教学流程

本工作任务的教学参考流程如图 5—2—1 所示。

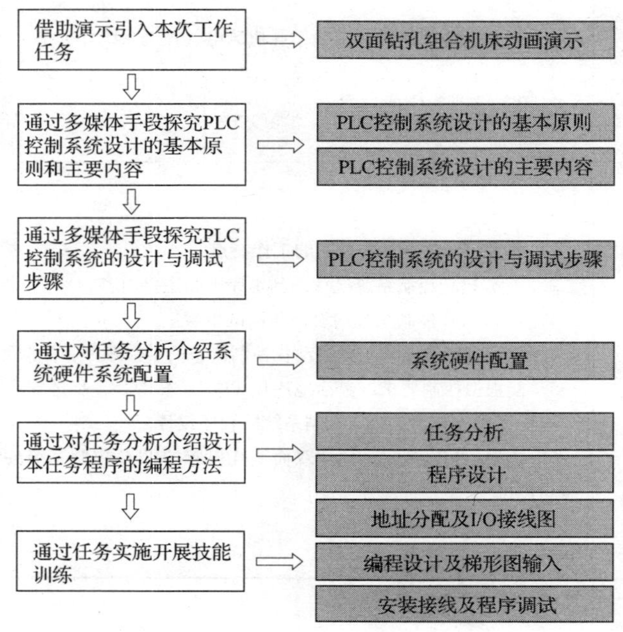

图 5—2—1 本工作任务的教学参考流程

【新课引入】

首先通过提问等方式，带领学生复习 PLC 改造常用机床的原则及工艺流程等相关知识，为后面的教学内容做好铺垫。

然后下发工作任务书，参见表 5—2—1，描述本任务学习目标。在下发工作任务书后，通过播放双面钻孔机床电气控制线路工作过程的多媒体课件或操作双面钻孔机床实物，进行本次工作任务描述，并让学生通过观察熟悉本工作任务的控制要求。

表 5—2—1　应用 PLC 设计双面钻孔机床电气控制系统任务书

<table>
<tr><td>典型工作任务名称</td><td colspan="3">应用 PLC 设计双面钻孔机床电气控制系统任务书</td></tr>
<tr><td>学习环境</td><td>PLC 实训教室或
机加工实训教室</td><td>学习方法</td><td>以工作过程为导向</td></tr>
<tr><td>学习目的</td><td colspan="3">1. 熟悉双面钻孔机床控制的工作特点
2. 了解 PLC 控制系统设计的基本原则和主要内容
3. 掌握 PLC 控制系统的设计和调试步骤
4. 能理解较复杂的工业自动化控制设备的动作顺序和控制要求
5. 能根据控制要求，灵活地应用 PLC 基本指令、步进顺序控制指令等，完成双面钻孔机床控制系统的程序设计
6. 能根据控制要求，完成双面钻孔机床的 PLC 控制系统的线路安装与调试</td></tr>
</table>

续表

<table>
<tr><td>典型工作
任务名称</td><td colspan="3">应用 PLC 设计双面钻孔机床电气控制系统任务书</td></tr>
<tr><td>学习环境</td><td>PLC 实训教室或
机加工实训教室</td><td>学习方法</td><td>以工作过程为导向</td></tr>
<tr><td>工作任务
内容</td><td colspan="3">如下图所示为双面钻孔机床
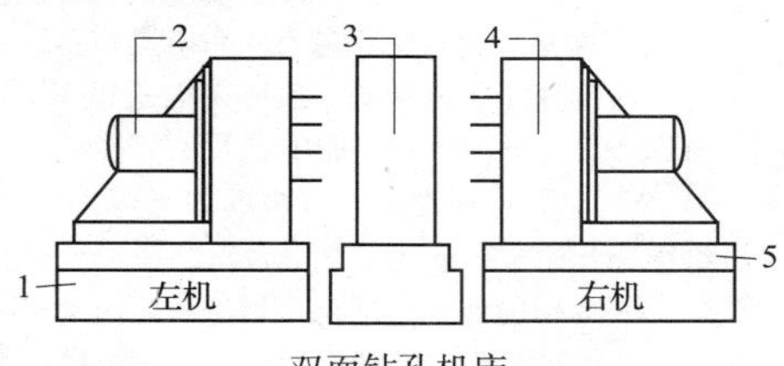

双面钻孔机床
机床的工作循环图如下图所示。机床工作时，工件装入定位夹紧装置，按下启动按钮 SB4，工件开始定位和夹紧，然后左、右两面的动力滑台同时进行快速进给、工进和快退的加工循环，与此同时，刀具电动机也启动工作，切削液泵在工进过程中提供切削液。加工结束后，动力滑台退回到原位，夹紧装置松开并拔出定位销，一次加工的工作循环结束
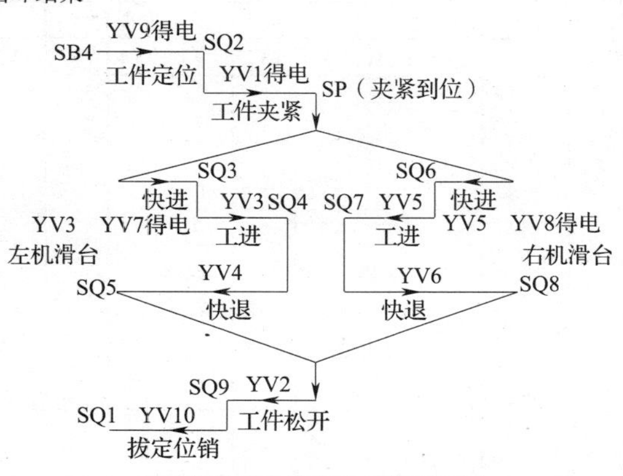

双面钻孔组合机床的工作循环图
本任务要求应用 PLC 设计双面钻孔组合机床控制系统，并完成安装和调试</td></tr>
</table>

续表

<table>
<tr><td>典型工作任务名称</td><td colspan="3">应用 PLC 设计双面钻孔机床电气控制系统任务书</td></tr>
<tr><td>学习环境</td><td>PLC 实训教室或
机加工实训教室</td><td>学习方法</td><td>以工作过程为导向</td></tr>
<tr><td>工作任务内容</td><td colspan="3">
控制要求如下：
（1）双面钻孔组合机床共有 4 台电动机：
1）M1 为液压泵电动机　液压泵电动机 M1 应先启动，使系统正常供油后，其他电动机的控制电路及液压系统的控制电路才能通电工作
2）M2、M3 分别为左、右机的刀具电动机。刀具电动机应在滑台进给循环开始时启动运转，滑台退回原位后停止运转
3）M4 为切削液泵电动机。切削液泵电动机可以手动控制启动和停止，也可以在滑台工进时自动启动，在工进结束后自动停止
（2）双面钻孔组合机床动力滑台和工件定位、夹紧装置由液压系统驱动。电磁阀线圈 YV9 和 YV10 控制定位销液压缸活塞运动方向；YV1 和 YV2 控制夹紧液压缸活塞运动方向；YV3、YV4 和 YV7 为左机滑台油路中电磁阀换向线圈；YV5、YV6 和 YV8 为右机滑台油路中电磁阀换向线圈。电磁阀线圈动作状态见下表
电磁阀线圈动作状态（“+”为电磁阀线圈通电）
<table>
<tr><td rowspan="2"></td><td colspan="2">定位</td><td colspan="2">夹紧</td><td colspan="3">左机滑台</td><td colspan="3">右机滑台</td><td rowspan="2">转换指令</td></tr>
<tr><td>YV9</td><td>YV10</td><td>YV1</td><td>YV2</td><td>YV3</td><td>YV4</td><td>YV7</td><td>YV5</td><td>YV6</td><td>YV8</td></tr>
<tr><td>工件定位</td><td>+</td><td></td><td></td><td></td><td></td><td></td><td></td><td></td><td></td><td></td><td>SB4</td></tr>
<tr><td>工件夹紧</td><td></td><td></td><td>+</td><td></td><td></td><td></td><td></td><td></td><td></td><td></td><td>SQ2</td></tr>
<tr><td>滑台快进</td><td></td><td></td><td>+</td><td></td><td>+</td><td></td><td>+</td><td>+</td><td></td><td>+</td><td>SP</td></tr>
<tr><td>滑台工进</td><td></td><td></td><td>+</td><td></td><td>+</td><td></td><td></td><td>+</td><td></td><td></td><td>SQ3
SQ6</td></tr>
<tr><td>滑台快退</td><td></td><td></td><td>+</td><td></td><td></td><td>+</td><td></td><td></td><td>+</td><td></td><td>SQ4
SQ7</td></tr>
<tr><td>松开工件</td><td></td><td></td><td></td><td>+</td><td></td><td></td><td></td><td></td><td></td><td></td><td>SQ5
SQ8</td></tr>
<tr><td>拔定位销</td><td></td><td>+</td><td></td><td></td><td></td><td></td><td></td><td></td><td></td><td></td><td>SQ9</td></tr>
<tr><td>停止</td><td></td><td></td><td></td><td></td><td></td><td></td><td></td><td></td><td></td><td></td><td>SQ1</td></tr>
</table>
</td></tr>
</table>

续表

<table>
<tr><td>典型工作任务名称</td><td colspan="3">应用 PLC 设计双面钻孔机床电气控制系统任务书</td></tr>
<tr><td>学习环境</td><td>PLC 实训教室或
机加工实训教室</td><td>学习方法</td><td>以工作过程为导向</td></tr>
<tr><td>工作任务内容</td><td colspan="3">（3）要求组合机床能分别在自动和手动两种工作方式下运行
（4）具有短路、过载保护等必要的保护措施</td></tr>
<tr><td>任务实施步骤（或技术要点）</td><td colspan="3">步骤 1：现场观摩双面钻孔组合机床
步骤 2：熟悉双面钻孔组合机床控制工作原理，编制 PLC 程序设计及线路安装计划
步骤 3：准备电工工具、仪表以及辅助器材
步骤 4：检查并选择本任务所需的元器件及所需规格的导线
步骤 5：绘制图样（I/O 地址分配表、I/O 接线图、梯形图、平面布置图）
步骤 6：根据 I/O 地址分配表、梯形图，利用编程软件在计算机上进行编程设计，再按图样安装和调试电路
步骤 7：编制技术文件，进行检查评估</td></tr>
</table>

【相关知识讲授】

一、PLC 控制系统设计的基本原则和主要内容

在介绍 PLC 控制系统设计的基本原则和主要内容时，建议先介绍 PLC 控制系统设计的基本原则，然后重点结合 PLC 控制系统设计的主要内容，使学生熟练掌握 PLC 控制系统设计的基本原则和主要内容。

二、PLC 控制系统的设计与调试步骤

在介绍 PLC 控制系统的设计与调试步骤时，建议重点围绕教材图 5—2—3 的 PLC 控制系统的设计与调试过程开展教学，通过对流程图的分析，使学生熟练掌握 PLC 控制系统的设计与调试步骤。

【任务实施】

任务实施的教学流程如图 5—2—2 所示。学生实施任务

过程中，教师要做好巡回指导。在巡回指导过程中，指导学生按照安全文明操作规程规范操作，对个别掌握不好的学生要单独进行指导，随时纠正错误。对普遍存在的问题要采用集中指导的方法，老师再重新示范演示，使学生进一步理解。

图 5—2—2　任务实施的教学流程

1. 控制系统硬件设计

控制系统硬件设计环节的基本操作步骤和教学流程可参见课题二任务 1，在此不再赘述。需要说明的是在进行硬件设计时，可以引导学生根据 PLC 控制系统设计的基本原则和主要内容及双面钻孔组合机床的电气控制要求，由学生自行设计，教师进行完善。设计中注意输入器件和输出器件的选择，以及绘图中的文字符号和图形符号的准确性。

2. 控制系统软件设计

学生设计梯形图时，可以引导学生了解双面钻孔组合机床的控制要求，然后画出梯形图，在编程计算机和 PLC 实训台上进行设计及仿真调试运行。操作过程中，每位学生结合工作任务独立完成，并结组互相检查对错。另外，教师要注意指导和提醒学生将梯形图输入完毕后，要进行程序保存。

3. 系统调试

完成控制系统设计和安装后，即可进行通电调试，以验证系统功能是否符合控制要求。建议引导学生按照教材内容进行系统调试，并将调试情况填写在教材表5—2—4中。在本任务的实施过程中，要注意以下几个方面：

（1）选择机型基本原则是满足控制系统的功能要求，要注意留有余量，为日后的系统修改及工艺变更提供方便。

（2）在改造中注意外围设备与所选PLC输出类型相匹配。

（3）注意梯形图程序的联锁保护要与接触器、继电器触点的联锁保护相结合，以达到更有效、更稳妥的保护。例如，在PLC程序中，已经对电动机正反转控制进行联锁保护，但实际交流接触器触点熔焊，不能断开，此时电动机换向势必造成电源短路。如果增加正、反转接触器的互锁，则可避免电源短路。

（4）为保证安全，重大的安全保护部分不接入PLC，而直接作操作硬件处理。例如，急停按钮、紧急限位开关等，不接入PLC输入端，直接接入PLC输出端，对负载电路进行保护。

（5）应最大限度地保证控制系统工作安全可靠。

4. 任务检查

在整个任务实施过程中，为了保证学生能很好地完成任务，让学生将任务实施的过程检查结果填入任务检查单（参见表2—1—7）中。

5. 交流与评价

建议由教师按照教材表2—1—6对学生的任务完成情况进行评价。也可以根据具体情况先由学生进行自我评价和小组互评，然后由教师互评，并将结果填入教学效果评价表（参见表2—1—8）中。

6. 总结与反思

参考课题二任务1相关内容。

附录　习题册参考答案

课题一　可编程序控制器基础知识

任务1　初识可编程序控制器

一、填空题

1．数字运算　顺序控制　数字　模拟

2．逻辑控制　顺序控制

3．机型　容量　I/O 模块

4．I/O 点数　存储容量

5．继电器输出　晶体管输出　晶闸管输出

二、判断题

1．×　2．×　3．√　4．√　5．×　6．√　7．√　8．√　9．√　10．×　11．×　12．×

三、选择题

1．D　2．D　3．B　4．C　5．C　6．A　7．C　8．A　9．A　10．D

四、简答题

1．答：PLC 是一种数字运算操作的电子系统，专为在工业环境下应用而设计。它可采用可编程的存储器，用来在其内部存储执行逻辑运算、顺序控制、定时、计数和算术运算等操作指令，并通过数字式或模拟式的输入和输出，控制各种类型的机械或生产过程。

2. 答：PLC 的主要技术指标主要包括硬件指标和软件指标两个方面。其中硬件指标主要包括环境温度、环境湿度、抗振、抗冲击力、抗噪声干扰、耐压、接地要求和使用环境等。而软件指标主要包括编程语言、用户存储器容量和类型、I/O 总数、指令数、软元件的种类和点数、扫描速度等。

3. 答：PLC 主要有以下特点：

（1）高可靠性

（2）灵活性

（3）便于改进和修正

（4）触点利用率提高

（5）丰富的 I/O 接口

（6）模拟调试

（7）对现场进行微观监视

（8）快速动作

（9）梯形图及布尔代数并用

（10）体积小、质量轻、功耗低

（11）编程简单、使用方便

4. 答：系统采用 PLC 控制的一般条件如下：

（1）系统的控制要求复杂，所需的 I/O 点数较多。如使用继电器控制，则需要大量的中间继电器、时间继电器等器件。

（2）系统对可靠性的要求特别高，继电器控制不能达到要求。

（3）系统加工产品种类和工艺流程经常变化，因此，需要经常修改系统参数，改变控制电路结构，使控制系统功能有扩充的可能。

（4）由一台 PLC 控制多台设备的系统。

（5）需要与其他设备实现通信或联网的系统。

5．答：选择 PLC 机型的基本原则是在能够满足控制要求及保证运行可靠、维护方便的前提下，力争最佳的性价比。选择时主要应考虑以下几个方面：

（1）合理的结构形式

（2）正确的安装方式

（3）相应的功能要求

（4）响应速度的要求

（5）系统可靠性的要求

（6）机型尽量统一

6．答：PLC 容量的选择主要包括 I/O 点数和用户程序存储容量两方面的参数选择。由于 PLC 平均 I/O 点的价格还比较高，因此，在 I/O 点数的选择时，应该在满足控制要求和留有一定备用量的前提下力争少使用 I/O 点数。一般情况下 I/O 点数是根据被控对象的输入、输出信号的实际个数，再加上 10% ~15% 的备用量来确定的。在不同机型的 PLC 中，输入与输出点数的比例不同，在选择时应保证输入、输出点都够用，且节余还不能很多。因此，往往选择较少点数的主机加扩展模块，可以比直接选择较多点数的主机更经济。用户程序存储容量是指 PLC 用于存储用户程序的存储器容量，其大小由用户程序的长短决定。用户程序存储容量一般可按公式：存储容量 = 开关量 I/O 点总数 × 10 + 模拟量通道数 100，进行估算，再按实际需要留适当的余量（20% ~30%）来选择。

7．答：常用开关量输入模块的信号类型有三种：直流输入、交流输入和交流/直流输入，在进行选择时应根据现场的输入信号和周围环境来考虑。直流输入模块具有延迟时间短，可以直接与接近开关、光电开关等电子输入设备连接的特点；交流输入模块具有接触可靠，适用于有油雾、粉尘的恶劣环境的特点。

开关量输出模块的输出方式有继电器输出、晶闸管输出和晶体管输出。继电器输出具有价格便宜，既可驱动交流负载又可驱动直流负载，适用的电压范围较宽和导通压降小，承受瞬时过电压和过电流的能力较强等优点。但由于它属于有触点元件，所以其动作速度较慢、使用寿命较短、可靠性较差，所以只适用于不频繁通断的场合。对于驱动感性负载，其触点的动作频率不得超过 1 Hz。双向晶闸管输出或晶体管输出适用于频繁通断的负载，它们属于无触点元件。双向晶闸管输出只能用于交流负载，而晶体管输出只能用于直流负载。

五、技能题

答：由控制要求分析可知，此设备所需的 I/O 点数为 18 个，主要的输入、输出信号都是开关量信号，无其他特殊控制功能要求，因此可选择性价比较高的 FX_{2N} -32MR 的 PLC。

任务 2　可编程序控制器硬件安装及接线

一、填空题

1. 中央处理器（CPU）　存储器　输入单元　输出单元　通信接口　CPU　输入单元与输出单元　通信接口
2. 系统监控程序　用户程序
3. 梯形图　指令表　顺序功能图（SFC）
4. 继电—接触器控制电路　控制逻辑
5. 整体　模块
6. 直流　交流　交/直流
7. 汇点　分组
8. 继电器　晶体管　双向晶闸管
9. 分组　分隔
10. 软件　硬件

11．运行（RUN）　停止（STOP）

12．扫描周期　1～100 ms

13．输入采样阶段　程序执行阶段　输出刷新阶段

14．输入状态指示　输出状态指示　运行状态指示

二、判断题

1．√　2．×　3．×　4．×　5．√　6．√　7．√

8．√　9．√　10．√　11．×　12．×　13．×　14．×

15．√　16．×　17．×　18．×　19．×　20．×

21．√　22．√　23．√　24．×　25．√

三、选择题

1．B　2．A　3．A　4．D　5．A　6．D　7．D　8．B

9．A　10．C　11．C　12．C　13．C　14．D　15．C

16．B　17．B　18．C　19．D　20．D　21．D　22．C

23．C　24．C　25．B　26．D　27．C　28．C　29．C

30．B

四、简答题

1．答：PLC 常见的输入设备有开关、按钮及各种传感器。常见的输出设备有继电器、接触器、电磁阀线圈等。

2．答：在 PLC 输入/输出电路中，设立光电耦合器主要是使 PLC 得 I/O 接口具有光电隔离和滤波功能，以提高 PLC 的抗干扰能力。

3．答：可编程序控制器采用的是循环扫描工作方式，采用集中采样、集中输出。其工作过程可分为三个阶段：输入采样阶段、程序执行阶段和输出刷新阶段。在输入采样阶段以扫描方式顺序读入所有输入端子的状态，即接通/断开（ON 或 OFF），并将其状态输入映像寄存器。接着转入程序执行阶段，在程序执行

期间，即使输入状态发生变化，输入映像寄存器内容也不会变化，输入状态的变化只能在下一个扫描周期的输入采样阶段才被读入刷新。在程序执行阶段，PLC 对程序按顺序进行扫描。如果程序用梯形图表示，则总是按先上后下、由左向右的顺序进行扫描。每扫描一条指令时，所需的输入状态或其他元素的状态分别由输入映像寄存器和元素映像寄存器中读出，然后进行逻辑运算，并将运算结果写入到元素映像寄存器中。也就是说程序执行过程中，元素映像寄存器内元素的状态可以被后面将要执行到的程序所应用，它所寄存的内容也会随程序执行的进程而变化。在输出刷新阶段，PLC 将元素映像寄存器中所有输出继电器的状态即接通/断开，转存到输出锁存电路，再驱动被控对象（负载）。

4. 答：梯形图其实就是从继电—接触器控制电路图变化过来的，因此梯形图形式上与继电—接触器控制电路图很相似，读图方法和习惯也相同。梯形图是用图形符号在图中的相互关系来表示控制逻辑的编程语言，并且梯形图通过连线，将许多功能强大的 PLC 指令的图形符号连在一起，以表达所调用的 PLC 指令及其前后顺序关系，是目前最常用的一种可编程控制器程序设计语言。PLC 的梯形图使用的内部等效继电器，定时/计数器等都是由软件来实现的，使用方便，修改灵活，是原继电—接触器控制线路硬接线所无法比拟的。

5. 答：继电器和接触器的触点数较少，一般只有 4 ~ 8 对，而 PLC 内部的“软继电器”可供编程的触点数有无限对，如输入端是 PLC 接收外部开关信号的端口，与内部输入继电器之间是采用光电绝缘电子继电器连接的，有无数个常开、常闭触点，可以无限次使用；输出端是 PLC 向外部负载发送信号的端口，与内部输出继电器（如继电器、双向晶闸管、晶体管）连接，输出继电器也有无数个常开、常闭触点，可以无限次使用。

6. 答：PLC 控制系统与继电—接触器逻辑控制系统进行比

较，两种控制系统的不同点主要表现在以下几个方面：

（1）组成的器件不同。继电—接触器逻辑控制系统是由许多硬件继电器和接触器组成的，而 PLC 则是由许多“软继电器”组成。

（2）触点的数量不同。继电器和接触器的触点数较少，一般只有 4 ~ 8 对，而 PLC 内部的“软继电器”可供编程的触点数有无限对。

（3）控制方式不同。继电—接触器逻辑控制系统是通过元件之间的硬件接线来实现控制功能的。而 PLC 控制系统与继电—接触器逻辑控制系统有着本质的区别，它是通过软件编程来实现控制功能的，即它通过输入端子接收外部输入信号，接内部输入继电器；输出继电器的触点接到 PLC 的输出端子上，由事先编好的程序（梯形图）驱动，通过输出继电器触点的通断，实现对负载的功能控制。

（4）工作方式不同。在继电—接触器逻辑控制系统中，当电源接通时，线路中各继电器都处于受制约状态。在 PLC 中，各“软继电器”都处于周期性循环扫描接通中，每个“软继电器”受制约接通的时间是短暂的。

任务 3　编程软件的安装及使用

一、填空题

1. 梯形图　指令表　顺序功能图　Windows
2. 网络监控　上传、下载　CPU 模块
3. 菜单栏　快捷工具栏　编辑窗口　管理窗口
4. 工程名称　文件路径　编辑模式　程序步数　PLC 类型
5. 标准　工程数据切换　梯形图符号　程序　SFC 符号
6. 工程参数　数据设定　管理　修改

二、判断题

1. √ 2. √ 3. √ 4. √

三、简答题

答：GX－Developer Ver. 8 编程软件的功能十分强大，集成了项目管理、程序键入、编译链接、模拟仿真和程序调试等功能，其主要功能如下：

（1）在 GX－Developer Ver. 8 编程软件中，可通过线路符号，列表语言及 SFC 符号来创建 PLC 程序，编辑注释数据及设置寄存器数据。

（2）创建程序 PLC 程序以及将其存储为文件，用打印机打印。

（3）该程序可在串行系统中与 PLC 进行通信、文件传送、操作监控以及各种测试功能。

（4）该程序可脱离 PLC 进行仿真调试。

课题二　基本控制指令应用

任务 1　河沙自动装载装置控制系统设计与装调

一、填空题

1. PLC 外部开关　输入映像寄存器
2. 外部信号　程序　线圈
3. X　八进制数　X000～X267（184 点）
4. PLC 内部信号　外部负载（用户输出设备）
5. PLC 内部程序的指令　硬触点
6. Y　八进制数　Y000～Y267（184 点）

7．母线　相线　零线

8．上边　左边

9．LD：取指令，常开触点逻辑运算开始　ANI：与非指令，串联一常闭触点　OUT：输出指令，驱动线圈的输出　OR：或指令，并联一常开触点　END：结束指令

10．辅助继电器　状态继电器　定时器　计数器

11．水平支路　垂直支路

12．置位指令 SET　复位指令 RST

二、判断题

1．×　2．×　3．×　4．×　5．√　6．×　7．√　8．√

三、选择题

1．C　2．B　3．A　4．A　5．A　6．A　7．B　8．A　9．A　10．B

四、简答题

1．答：梯形图的特点如下：

（1）梯形图中，所有触点都应按从上到下，从左到右的顺序排列，并且触点只允许画在左水平方向（主控触点除外）。每个继电器线圈为一个逻辑行，即一层阶梯。每个逻辑行开始于左母线，然后是触点的连接，最后终止于继电器线圈。左母线与线圈之间一定要有触点，而线圈与右母线之间不能存在任何触点。

（2）在梯形图中，每个继电器均为存储器中的一位，称为“软继电器”。当存储器状态为“1”时，表示该继电器得电，其常开触点闭合或常闭触点断开。

（3）在梯形图中，两端的母线并非实际电源的两端，而是概念电流，概念电流只能从左向右流动。

（4）在梯形图中，某个继电器线圈编号只能出现一次，而继电器触点可以无限次使用，如果同一继电器线圈重复使用两次，PLC 将视其为语法错误。

（5）在梯形图中，每个继电器线圈为一个逻辑执行结果，并立刻被后面逻辑操作使用。

（6）在梯形图中，不能出现输入继电器线圈，而只能出现触点，其他软继电器在梯形图中，既可以出现线圈，也可以出现触点。

2. 答：梯形图的编程设计原则如下：

（1）触点不能接在线圈的右边，线圈也不能直接与左母线连接，必须通过触点来连接。

（2）在每一个逻辑行上，当几条支路并联时，串联触点多的应安排在上；几条支路串联时，并联触点多的应安排在左边，这样可以减少编程指令。

（3）梯形图的触点应画在水平支路上，而不应画在垂直支路上。

（4）遇到不可编程的梯形图时，可根据信号单向自左至右，自上而下流动的原则对原梯形图进行重新编排，以便于正确应用 PLC 基本编程指令进行编程。

（5）双线圈输出不可用。如果在同一程序中同一元件的线圈重复出现两次或两次以上，则称为双线圈输出，这时前面的输出无效，后面的输出有效。一般不应出现双线圈输出。

3. 答：当有些线圈在运算过程中要一直保持置位时，要用到自保持置位指令 SET 和复位指令 RST。SET、RST 指令的功能如下：

（1）当控制触点接通时，SET 使作用的元件置位，RST 使作用的元件复位。

（2）对同一软元件，可以多次使用 SET、RST 指令，使用顺序也可随意。但最后执行的指令有效。

（3）对计数器 C、数据寄存器 D 和变址寄存器 V、Z 的寄存内容清零，可以用 RST 指令。对积算定时器的当前值或触点复位，也可用 RST 指令。

五、技能题

解：1. I/O 地址分配表见附表 2—1—1。

附表 2—1—1　　　I/O 通道地址分配表

输入			输出		
元件代号	作用	输入继电器	元件代号	作用	输出继电器
SB1	甲地启动	X000	KM	正转控制	Y000
SB2	乙地启动	X001			
SB3	甲地停止	X002			
SB4	乙地停止	X003			

2. PLC 接线图如附图 2—1—1 所示。

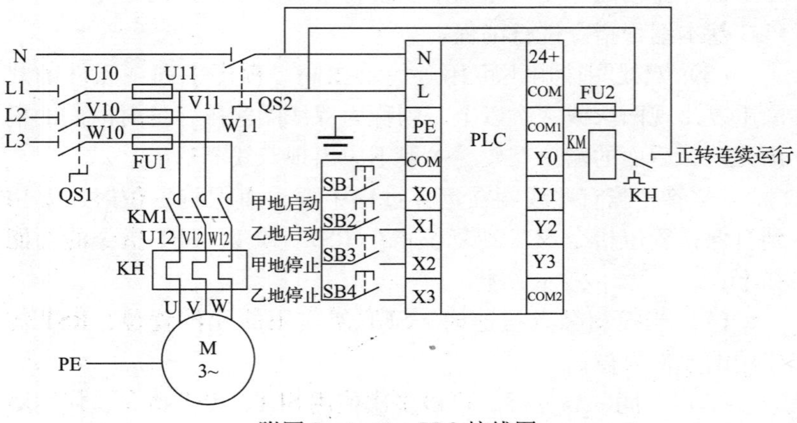

附图 2—1—1　PLC 接线图

3．梯形图如附图 2—1—2 所示。

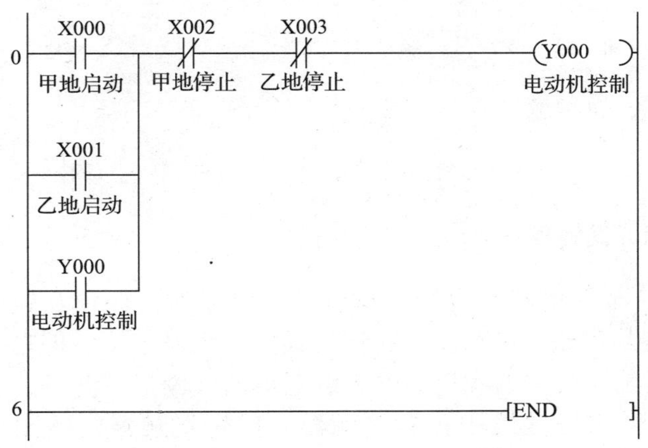

附图 2—1—2　梯形图程序

任务 2　卷扬机控制系统设计与装调

一、填空题

1．ORB：电路块或，电路块的并联　ANB：电路块与，电路块的串联　MPS：进栈，存储 MPS 指令的逻辑结果　MRD：读栈，读出 MPS 指令存储的逻辑结果　MPP：出栈，读出并清除 MPS 指令存储的逻辑结果

2．ORB　7

3．ANB　7

4．操作元件

5．11

6．功能添加法

二、判断题

1. × 2. × 3. × 4. √

三、选择题

1. C 2. D 3. D 4. A 5. A 6. B 7. C 8. D

四、简答题

1. 答：用PLC改造正反转控制线路时，保证互锁控制主要方法是程序互锁和硬件互锁。其中：程序互锁，即在梯形图中正转输出继电器和反转输出继电器的线圈进行互锁。硬件互锁，即在实际接线中正转接触器和反转接触器的线圈进行互锁。

2. 答：所谓“功能添加法”就是首先设计一个基本控制环节程序，然后每增加一种功能都必须建立在原控制程序的性能保持不变的基础上，这种设计方法就称为“功能添加法”。该方法不仅适用于PLC控制系统的程序设计，而且还是继电—接触器控制设计的一种有效而重要的设计手段。功能添加法控制程序设计的步骤：

（1）根据控制对象，设计基本控制环节的程序；

（2）根据控制要求采用功能添加法进行设计，逐一在基本控制环节程序中添加功能，完善控制程序。

采用功能添加法进行设计时，关键是找到设计的基本控制环节程序，然后在基本控制环节程序中不断地添加所需的功能，但前提条件是必须保证添加功能后程序的基本控制环节程序功能保持不变。如实例中无论怎样添加功能，始终保证电动机正反转的控制功能不变。

五、编程题

1.

梯形图	语句表
0 X000 X001 X002 (Y000) X003 X004 Y000 X005 X006 X007	0 LD X000 1 LDI X001 2 ANI X002 3 LD X003 4 LDI X004 5 ANI Y000 6 LDI X005 7 AND X006 8 ANI X007 9 ORB 10 ANB 11 ORB 12 ANB 13 OUT Y000 14 END
0 X000 (Y001) X002 (Y002) (Y003) X004 (Y004) (Y005)	0 LD X000 1 OUT Y001 2 MPS 3 AND X002 4 OUT Y002 5 MPP 6 OUT Y003 7 MPS 8 AND X004 9 OUT Y004 10 MPP 11 OUT Y005 12 END
0 X000 X001 X002 (Y000) X003 (Y001) X003 X004 (Y002) X005 X006 X007 (Y003)	0 LD X000 1 MPS 2 AND X001 3 MPS 4 AND X002 5 OUT Y000 6 MPP 7 AND X003 8 OUT Y001 9 MRD 10 LD X003 11 ANI X004 12 LDI X005 13 AND X006 14 ORB 15 ANB 16 OUT Y002 17 MPP 18 AND X007 19 OUT Y003 20 END

2.

语句表	梯形图
0. LD X000 1. OR X001 2. LD X002 3. AND X003 4. LD X004 5. ANI X005 6. ORB 7. OR X006 8. ANB 9. ORI X007 10. OUT Y000 11. END	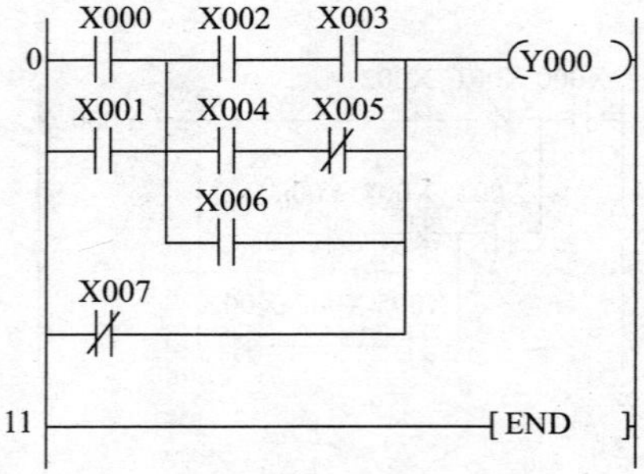 0 X000 X002 X003 (Y000) X001 X004 X005 X006 X007 11 [END]
0. LD X000 1. MPS 2. ANI X001 3. OUT Y001 4. MRD 5. AND X002 6. OUT Y002 7. MPP 8. OUT Y003 9. MPS 10. AND X004 11. OUT Y004 12. MPP 13. OUT Y005 14. END	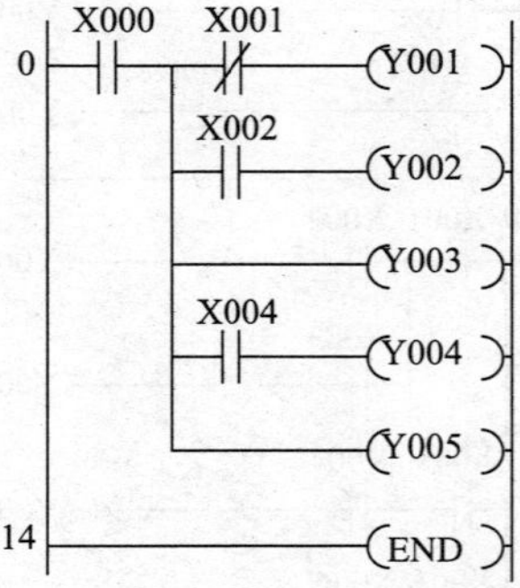 0 X000 X001 (Y001) X002 (Y002) (Y003) X004 (Y004) (Y005) 14 (END)

续表

语句表	梯形图
0. LD X000 1. OR X001 2. ANI X002 3. MPS 4. ANI X003 5. ANI Y001 6. OUT Y000 7. MRD 8. LD X004 9. AND X005 10. ORI Y000 11. ANB 12. ANI X007 13. OUT Y001 14. MPP 15. ANI Y001 16. LDI X010 17. OR X012 18. ANB 19. OUT Y002 20. END	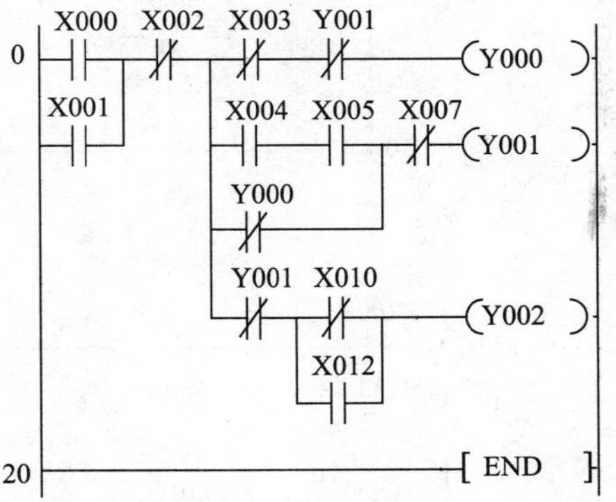 0 X000 X002 X003 Y001 (Y000) X001 X004 X005 X007 (Y001) Y000 Y001 X010 (Y002) X012 20 [END]

3．解：（1）启动时电动机 M1 先启动，M2 才能启动；停止时 M1，M2 同时停止的参考梯形图程序如附图 2—2—1 所示。

（2）启动时，电动机 M1 和 M2 同时启动；停止时，只有在电动机 M2 停止后，电动机 M1 才能停止参考梯形图程序如附图 2—2—2 所示。

4．解：用置位/复位指令设计 PLC 控制梯形图参考程序如附图 2—2—3 所示。

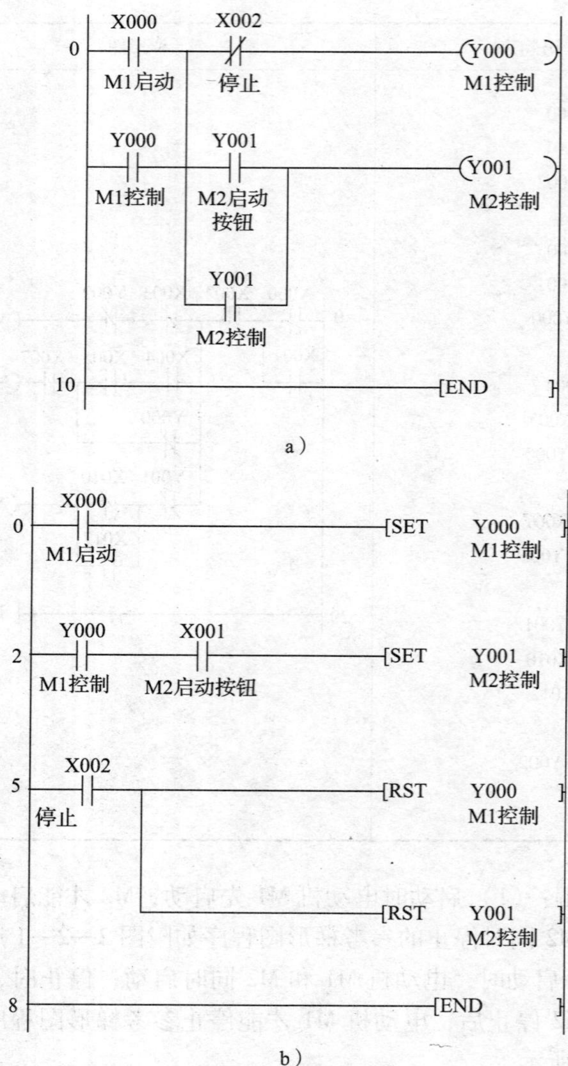

附图 2—2—1 参考梯形图程序

a）用基本指令编程 b）用置位、复位指令编程

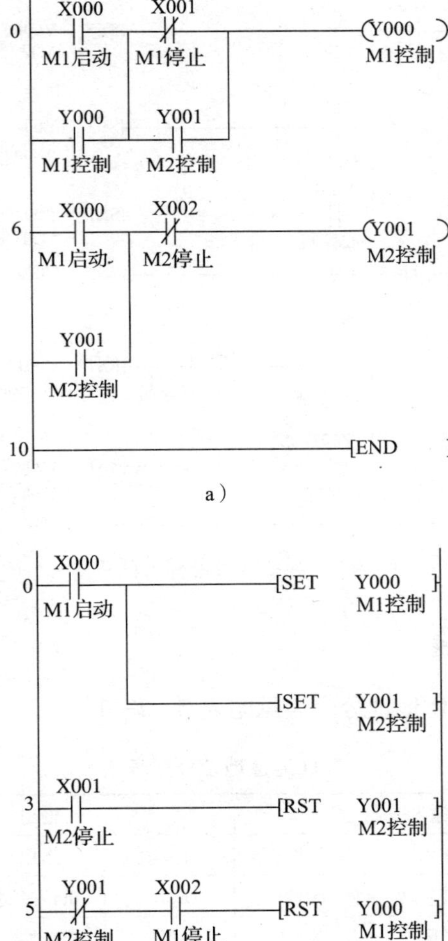

附图 2—2—2　参考梯形图程序

a）用基本指令编程　b）用置位、复位指令编程

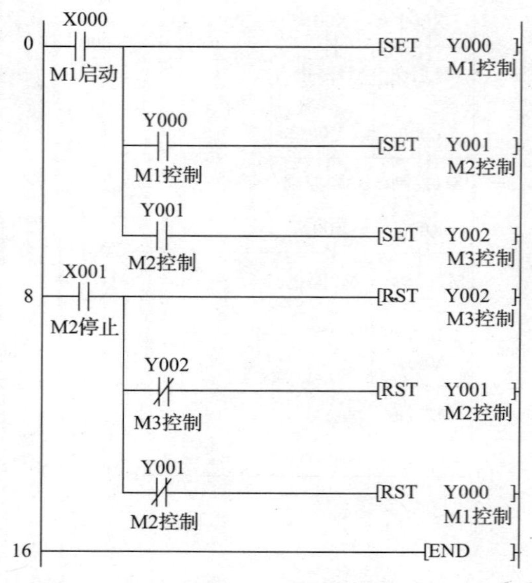

附图 2—2—3　参考梯形图程序

六、技能题

解：1. I/O 地址分配表见附表 2—2—1。

附表 2—2—1　　　　I/O 通道地址分配表

输入			输出		
元件代号	作用	输入继电器	元件代号	作用	输出继电器
SB3	正转启动	X000	KM1	正转控制	Y000
SQ2	前进限位	X001	KM2	反转控制	Y001
SB2	反转启动	X002			
SQ1	后退限位	X003			
SB1	停止	X004			

2. PLC 接线图如附图 2—2—4 所示。

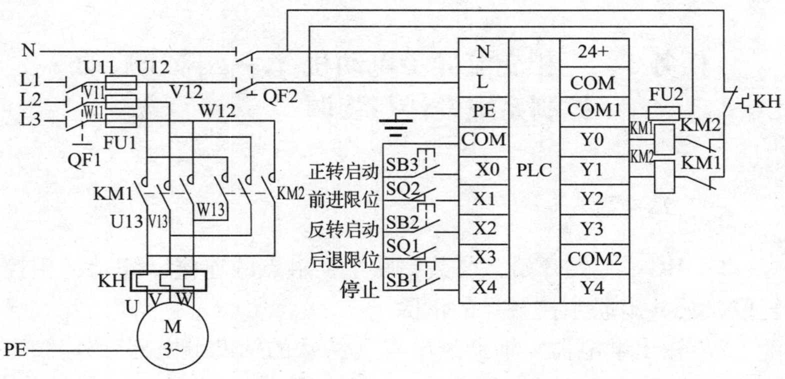

附图 2—2—4　PLC 接线图

3．梯形图如附图 2—2—5 所示。

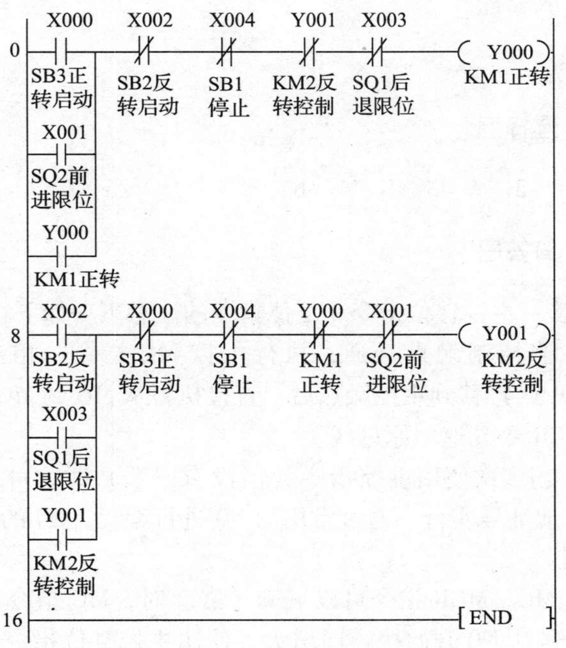

附图 2—2—5　梯形图

任务3　三相交流异步电动机Y－△降压启动控制系统设计与装调

一、填空题

1. MC：主控开始，公共串联主控触点的连接　MCR：主控复位，公共串联主控触点的清除

2. 输出继电器　辅助继电器（特殊的辅助继电器除外）

3. N0　N7　N7　N0　大　小　MCR　LD　LDI

4. 时间　1　10　100

二、判断题

1. ×　2. ×　3. ×　4. ×

三、选择题

1. A　2. A　3. B　4. B

四、简答题

1. 答：主控移位指令和复位指令的注意事项如下：

（1）当控制触点接通，执行主控 MC 指令，相对于母线（LD、LDI 点）移到主控触点后，直接执行从 MC 到 MCR 之间的指令。MCR 令其返回原母线。

（2）当多次使用主控指令（但没有嵌套）时，可以通过改变 Y、M 地址号实行，通过常用的 N0 进行编程。N0 的使用次数没有限制。

（3）MC、MCR 指令可以嵌套。嵌套时，MC 指令的嵌套级 N 的地址号从 N0 开始按顺序增大。使用主控复位指令 MCR 时，嵌套级地址号顺次减小。

（4）MC 指令里的继电器 M（或 Y）不能重复使用，如果重复使用会出现双重线圈的输出。MC 和 MCR 在程序中是成对出现的。

（5）在一个 MC 指令区内若再使用 MC 指令称为嵌套。嵌套级数最多为 8 级，编号按 N0→N1→N2→N3→N4→N5→N6→N7 顺序增大，每级的返回用对应的 MCR 指令，从编号大的嵌套级开始复位。

2. 答：通过对梯形图分析可知，当 X000 闭合时，定时器 T0 线圈得电，开始延时，延时时间 $\triangle t = 100\ \text{ms} \times 100 = 10\ \text{s}$ 后，定时器 T0 常开触点闭合，驱动 Y000 线圈得电。X000 断开后，T0 线圈失电，T0 常开触点断开，Y000 线圈失电。

3. 答：通用定时器的工作原理如附图 2—3—1 所示，当输入 X000 接通时，定时器 T0 从 0 开始对 100 ms 时钟脉冲进行累计计数，当 T0 当前值与设定值 K1000 相等时，定时器 T0 的常开触点接通，Y000 接通，经过的时间为 $1\ 000 \times 0.1\ \text{s} = 100\ \text{s}$。当 X000 断开时，定时器 T0 复位，当前值变为 0，其常开触点断开，Y000 也随之断开。若外部电源断电或输入电路断开，定时器也复位。

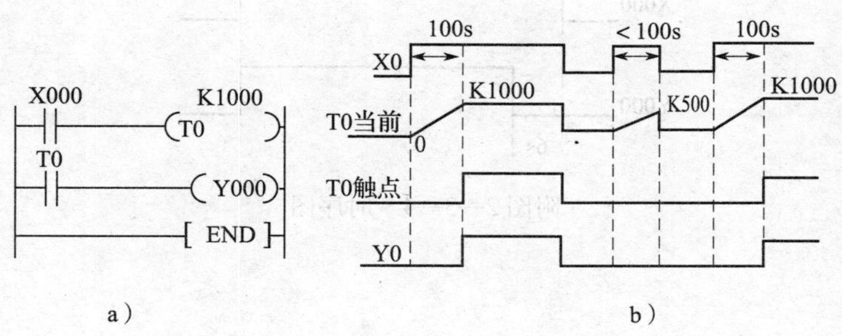

附图 2—3—1　通用定时器的工作原理

a）梯形图　b）时序图

4．答：定时器 T200 的状态位和输出信号 Y000 的时序图如附图 2—3—2 所示。

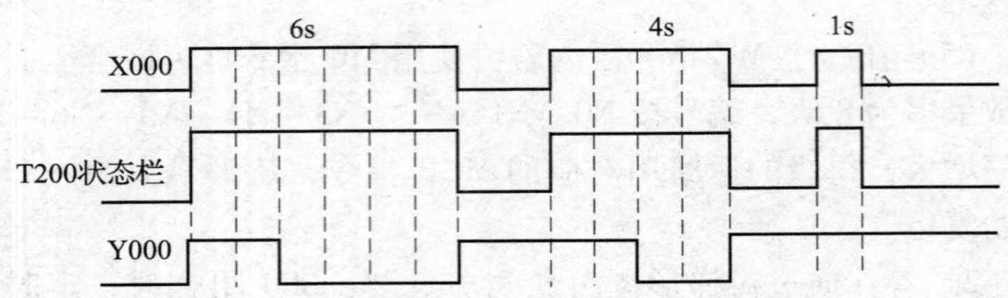

附图 2—3—2　定时器 T200 的状态位和输出信号 Y000 的时序图

5．解：时序图如附图 2—3—3 所示。

附图 2—3—3　时序图

6．解：时序图如附图 2—3—4 所示。

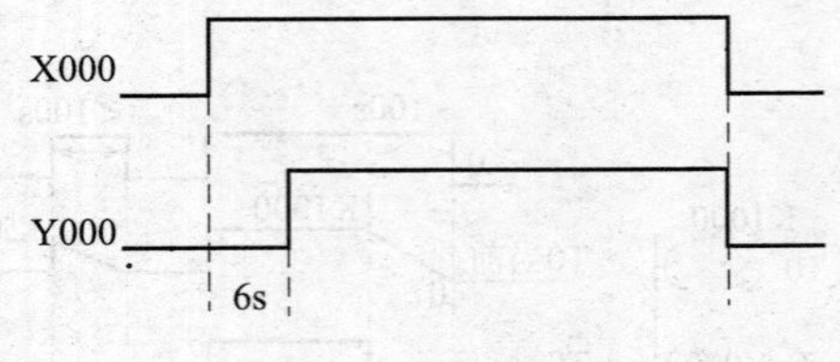

附图 2—3—4　时序图

五、编程题

1.

梯形图	指令语句表
0 X001 X002 X003 Y000 X004 X005 Y001 K20 T0 X000 X006 X007	0 LD X001 1 LDI X002 2 ANI X003 3 LDI X004 4 LDI X005 5 ANI Y001 6 LD X000 7 ANI X006 8 ANI X007 9 ORB 10 ANB 11 ORB 12 ANB 13 OUT Y000 14 OUT T0 K20 17 END
0 X000 T0 Y010 Y000 M0 X004 X001 X006 K100 T0 X002 X007 Y010 Y000 M0	0 LD X000 1 ANI T0 2 ANI Y010 3 OUT Y000 4 LDI M0 5 ORI X002 6 ANI X004 7 ANI X001 8 AND X006 9 OR Y000 10 OUT T0 K100 13 MPS 14 ANI X007 15 OUT Y010 16 MPP 17 OUT M0 18 END

2.

指令语句表	梯形图
0 LD X001 1 ANI X000 2 MPS 3 ANI X002 4 MPS 5 AND X004 6 OUT Y021 7 MPP 8 AND X006 9 RST Y003 10 MRD 11 AND X005 12 OUT M6 13 MPP 14 ANI X004 15 OUT T0 K30 18 END	0 X001 X000 X002 X004 Y021 X006 [RST Y003] X005 M6 X004 K30 T0 18 [END]
0 LDI X000 1 AND X001 2 AND X002 3 AND X003 4 LD X004 5 ANI X005 6 ANI X006 7 ANI X007 8 ORB 9 OUT Y000 10 LD X000 11 ANI T12 12 OUT T255 K150 15 END	0 X000 X001 X002 X003 Y001 X004 X005 X006 X007 10 X000 T12 K150 T255 15 [END]

3．解：参考梯形图程序如附图 2—3—5 所示。

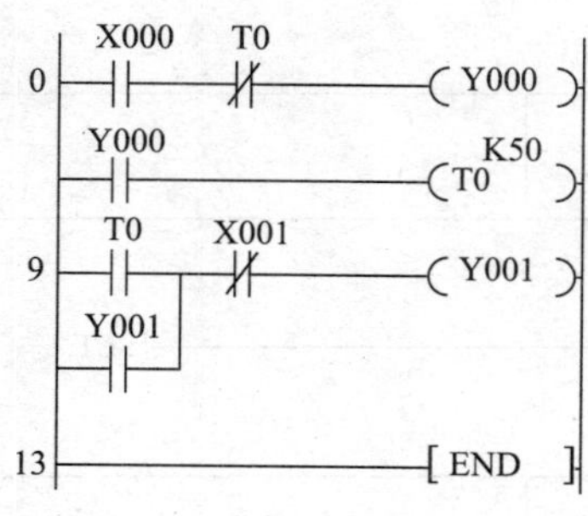

附图 2—3—5　梯形图程序

4．解：参考梯形图程序如附图 2—3—6 所示。

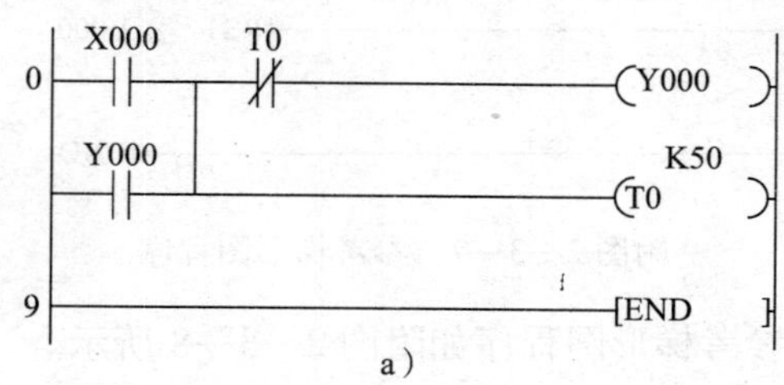

a）

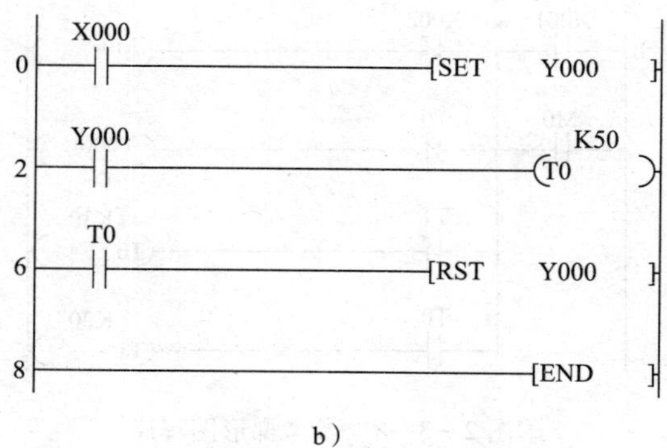

b）

附图 2—3—6　参考梯形图程序

a）用启—保—停电路　b）用置位/复位指令编程

5．解：参考梯形图程序如附图 2—3—7 所示。

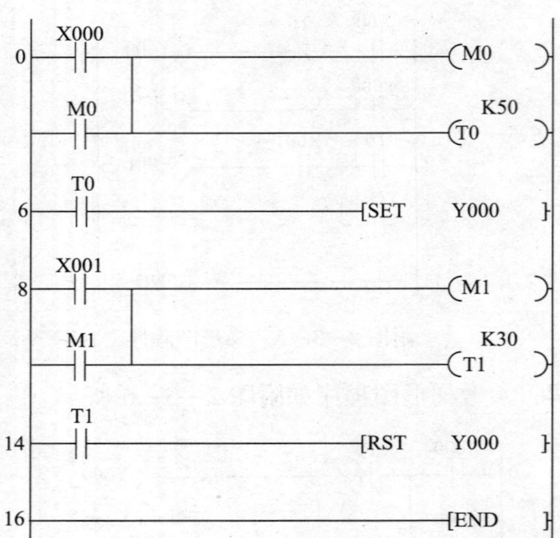

附图 2—3—7　参考梯形图程序

6．解：参考梯形图程序如附图 2—3—8 所示。

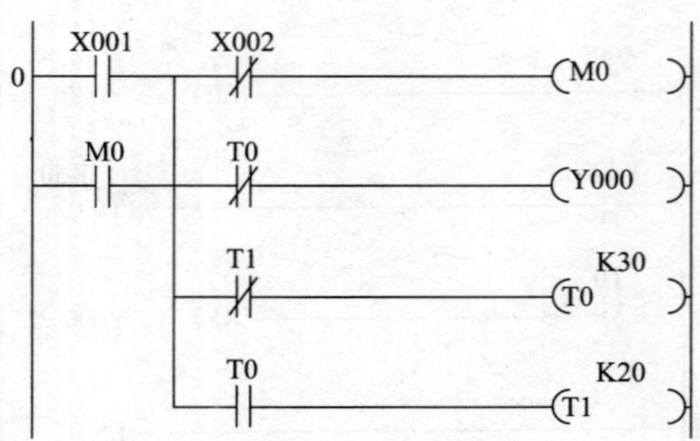

附图 2—3—8　参考梯形图程序

7．解：参考梯形图程序如附图 2—3—9 所示。

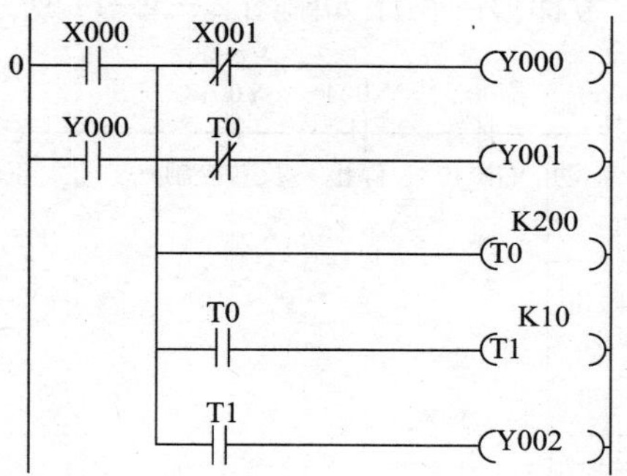

附图 2—3—9　参考梯形图程序

8．解：参考梯形图程序如附图 2—3—10 所示。

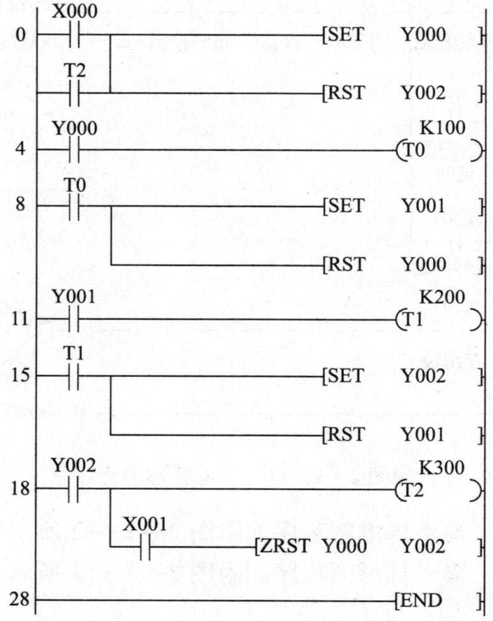

附图 2—3—10　参考梯形图程序

9. 解：参考梯形图程序如附图 2—3—11 所示。

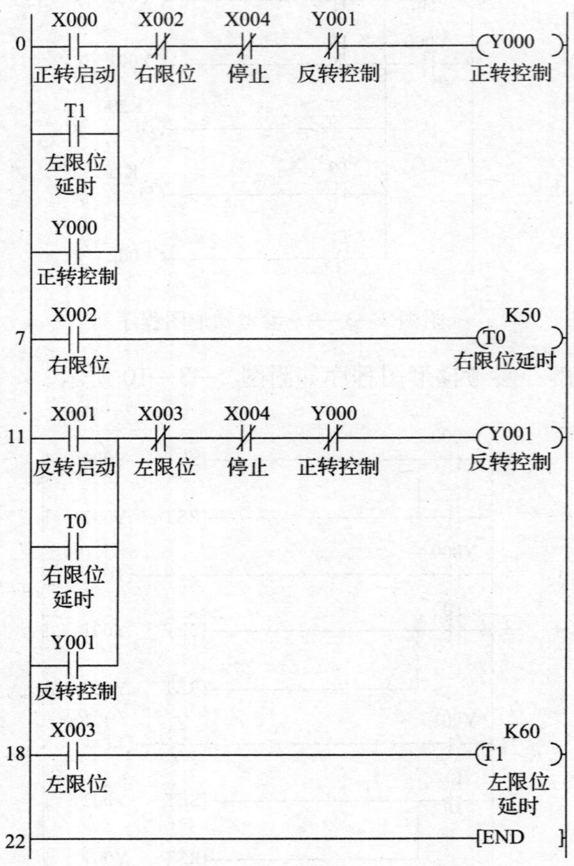

附图 2—3—11　参考梯形图程序

10. 解：参考梯形图程序如附图 2—3—12 所示。

11. 解：参考梯形图程序如附图 2—3—13 所示。

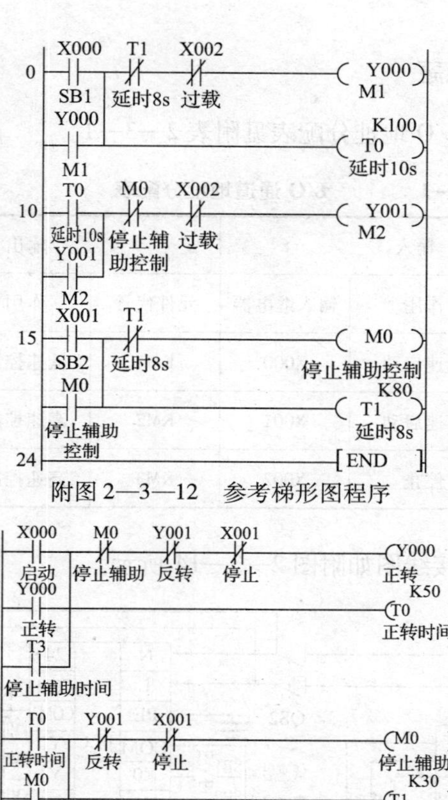

附图 2—3—12 参考梯形图程序

附图 2—3—13 参考梯形图程序

六、技能题

解：1. I/O 地址分配表见附表 2—3—1。

附表 2—3—1　　　　I/O 通道地址分配表

输入			输出		
元件代号	作用	输入继电器	元件代号	作用	输出继电器
SB1	低速启动	X000	KM1	低速控制	Y000
SB2	高速启动	X001	KM2	高速控制	Y001
SB3	停止	X002	KM3	高速控制	Y002

2. PLC 接线图如附图 2—3—14 所示。

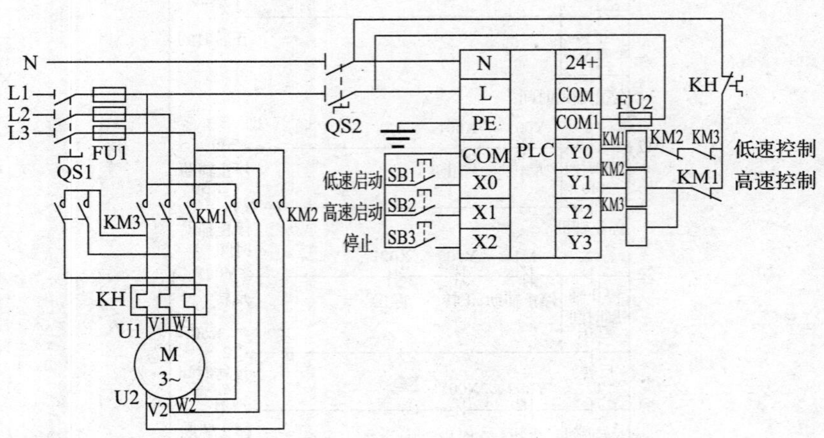

附图 2—3—14　PLC 接线图

3. 梯形图如附图 2—3—15 所示。

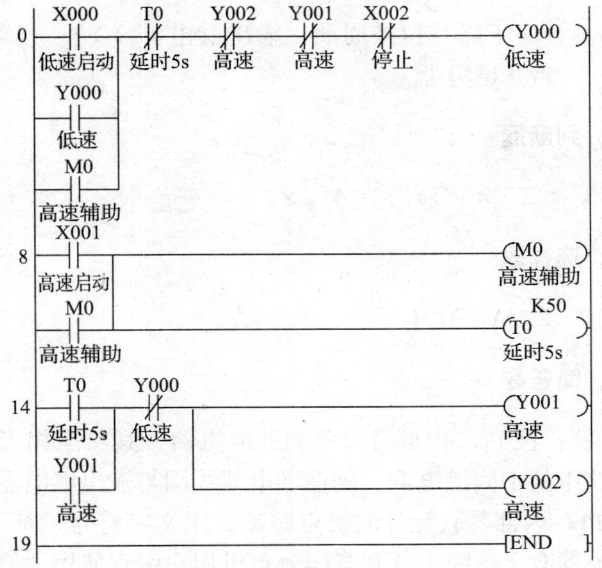

附图 2—3—15　梯形图

任务 4　抢答器控制系统设计与装调

一、填空题

1. M　十　普通（通用型）辅助继电器　断电（失电）保持型辅助继电器　特殊辅助继电器

2. 设定值寄存器　当前值计数器　映象寄存器

3. PLS：上升沿脉冲，上升沿微分输出　PLF：下降沿脉冲，下降沿微分输出　LDP：取脉冲，上升沿检测运算开始　LDF：取脉冲，下降沿检测运算开始　ORP：或脉冲，上升沿检测并联连接　ORF：或脉冲，下降沿检测并联连接　ANDP：与脉冲，上升沿检测串联连接　ANDF：与脉冲，下降沿检测串联

连接

4. 上升　下降　扫描周期　输出继电器（Y）　辅助继电器（M）　特殊继电器

二、判断题

1. √　2. ×　3. ×　4. ×

三、选择题

1. D　2. A　3. C

四、简答题

1. 答：在 PLC 内部有很多辅助继电器，其功能相当于继电控制系统中的中间继电器。辅助继电器线圈与输出继电器线圈一样，由 PLC 内部各软元件的触点驱动，用文字符号“M”表示。辅助继电器有无数对常开和常闭触点供用户编程使用，使用次数不受限制。但是，这些触点不能直接驱动外部负载，外部负载只能由输出继电器驱动。

辅助继电器（M）以十进制进行编号，按功能来分，一般分为普通（通用型）辅助继电器、断电（失电）保持型辅助继电器和特殊辅助继电器

2. 答：脉冲输出指令有 PLS（上升沿脉冲）和 PLF（下降沿脉冲）两条指令。其中，PLS（上升沿脉冲）指令的功能是上升沿微分输出；PLF（下降沿脉冲）指令的功能是下降沿微分输出。而脉冲检测指令（LDP、LDF、ANDP、ANDF、ORP、ORF）的功能分别是：LDP（取脉冲），检测到上升沿运算开始；LDF（取脉冲），检测到下降沿运算开始。ANDP（与脉冲），上升沿检测串联连接；ANDF（与脉冲），下降沿检测串联连接。ORP（或脉冲），上升沿检测并联连接；ORF（或脉冲），下降沿检测并联连接。

两种指令在使用时的区别如下：

（1）使用 PLS 指令时，仅在驱动输入 ON 后，软元件 Y、M 动作一个扫描周期。

（2）使用 PLF 指令时，仅在驱动输入 OFF 后，软元件 Y、M 动作一个扫描周期。

（3）脉冲检测指令只适用于 FX1S、FS1N、FX2N 和 FX2NC 机型。LDP、ANDP、ORP 使指定的位软元件上升沿时接通一个扫描周期，而 LDF、ANDF、ORF 使指定的位软元件下降沿时接通一个扫描周期。

五、编程题

1.

指令语句表	梯形图
0 LD X000 1 PLF M0 2 LD M0 3 ANI Y001 4 LD Y001 5 ANI M0 6 ORB 7 OUT Y001 8 LD X000 9 OUT Y000 10 END	0 X000 [PLF M0] 3 M0 Y001 (Y001) Y001 M0 9 X000 (Y000) 11 [END]

2. 解：参考的梯形图程序如附图 2—4—1 所示。

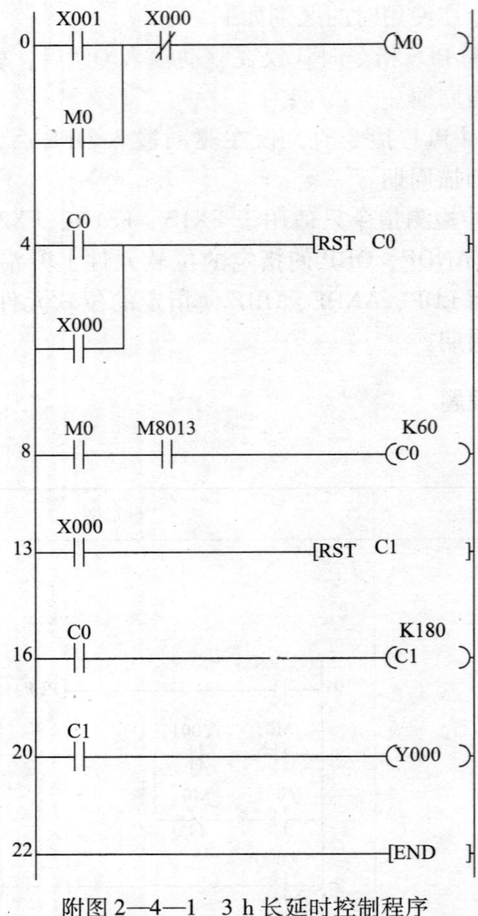

附图 2—4—1　3 h 长延时控制程序

六、技能题

解：1. 地址分配表见附表 2—4—1。

附表 2—4—1　　　　I/O 通道地址分配表

输入			输出		
元件代号	作用	输入继电器	元件代号	作用	输出继电器
SA	总电源开关	X000	HL6	电源指示灯	Y000
SB1	第 1 分台按钮	X001	HL1	第 1 分台台灯	Y001
SB2	第 2 分台按钮	X002	HL2	第 2 分台台灯	Y002
SB3	第 3 分台按钮	X003	HL3	第 3 分台台灯	Y003
SB4	第 4 分台按钮	X004	HL4	第 4 分台台灯	Y004
SB5	第 5 分台按钮	X005	HL5	第 5 分台台灯	Y005
SB6	抢答开始/复位按钮	X006	HL7	撤销抢答指示灯	Y006

2. PLC 接线图如附图 2—4—2 所示。

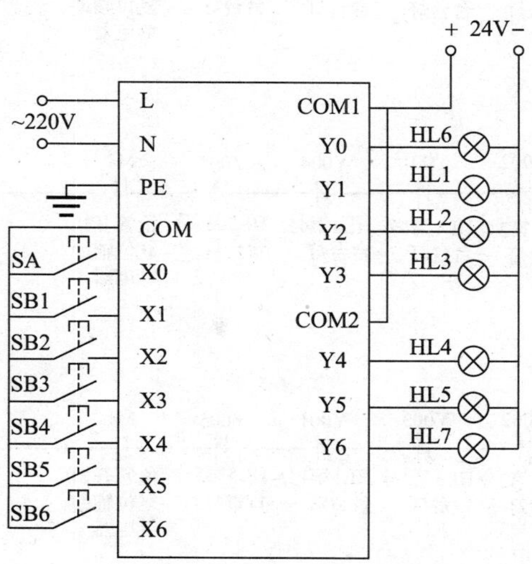

附图 2—4—2　五路抢答器 PLC 接线图

3. 梯形图程序如附图 2—4—3 所示。

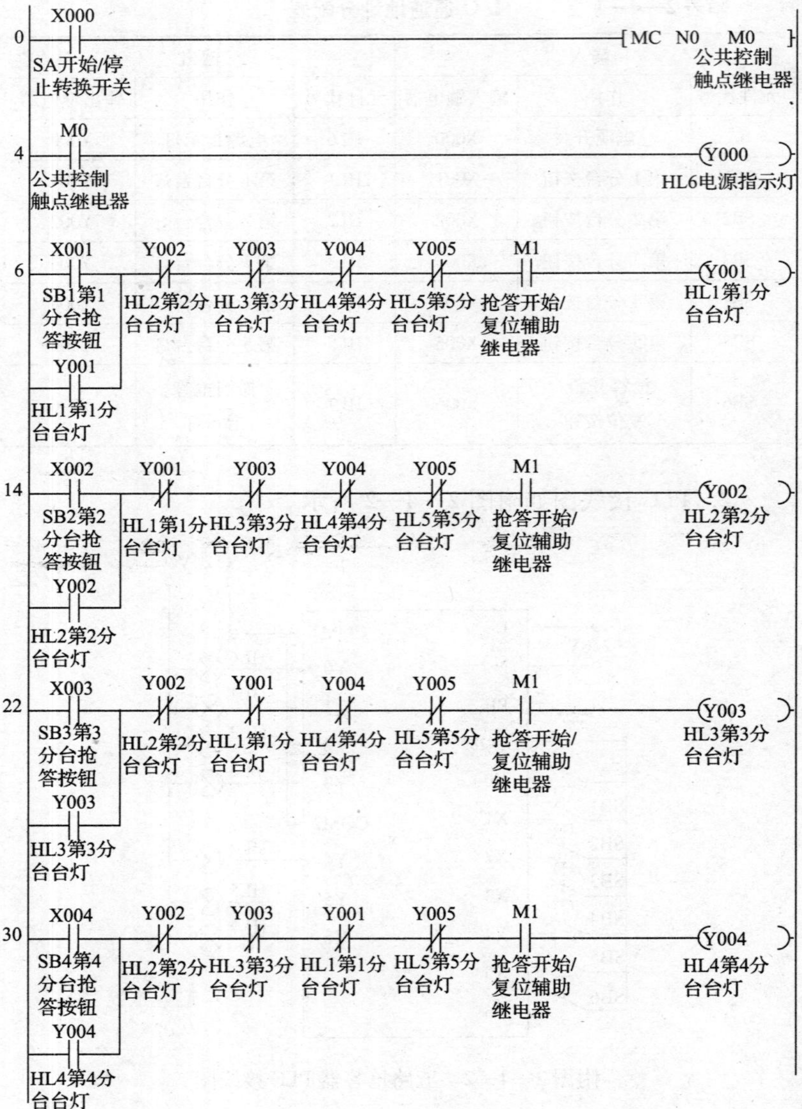
0
X000
SA开始/停止转换开关
[MC N0 M0]
公共控制触点继电器
4
M0
公共控制触点继电器
Y000
HL6电源指示灯
6
X001
SB1第1分台抢答按钮
Y002
HL2第2分台台灯
Y003
HL3第3分台台灯
Y004
HL4第4分台台灯
Y005
HL5第5分台台灯
M1
抢答开始/复位辅助继电器
Y001
HL1第1分台台灯
Y001
HL1第1分台台灯
14
X002
SB2第2分台抢答按钮
Y001
HL1第1分台台灯
Y003
HL3第3分台台灯
Y004
HL4第4分台台灯
Y005
HL5第5分台台灯
M1
抢答开始/复位辅助继电器
Y002
HL2第2分台台灯
Y002
HL2第2分台台灯
22
X003
SB3第3分台抢答按钮
Y002
HL2第2分台台灯
Y001
HL1第1分台台灯
Y004
HL4第4分台台灯
Y005
HL5第5分台台灯
M1
抢答开始/复位辅助继电器
Y003
HL3第3分台台灯
Y003
HL3第3分台台灯
30
X004
SB4第4分台抢答按钮
Y002
HL2第2分台台灯
Y003
HL3第3分台台灯
Y001
HL1第1分台台灯
Y005
HL5第5分台台灯
M1
抢答开始/复位辅助继电器
Y004
HL4第4分台台灯
Y004
HL4第4分台台灯

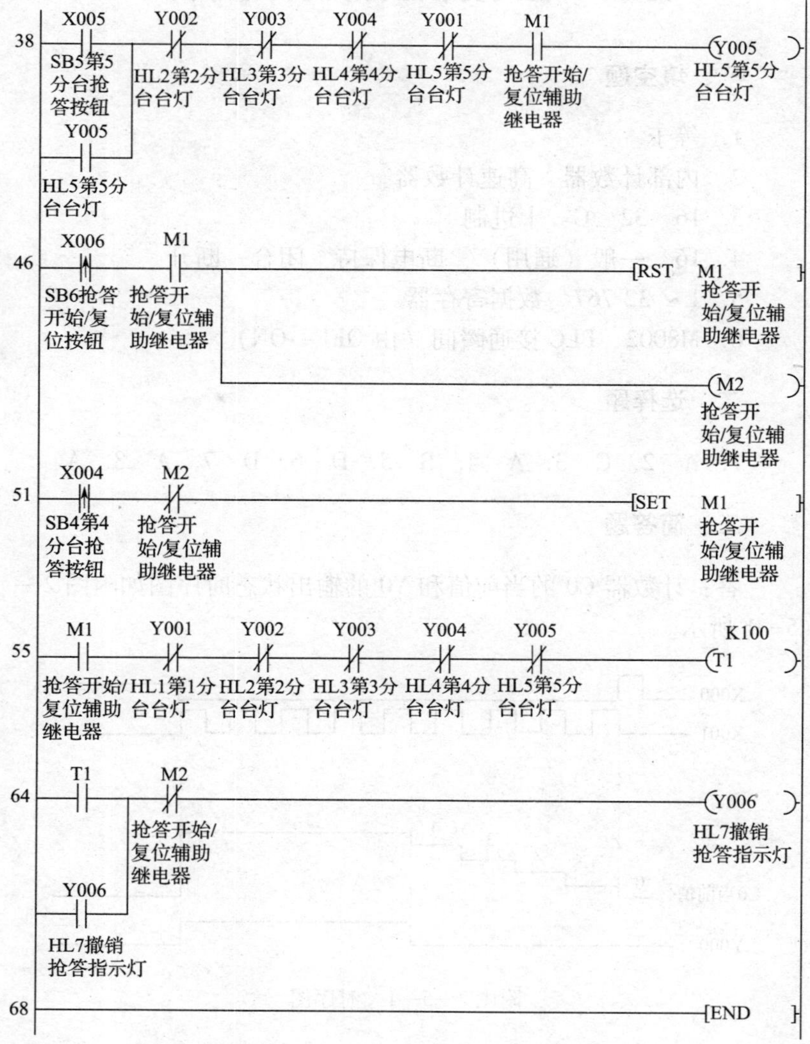

附图 2—4—3　五路抢答器控制程序

任务5　花式喷泉控制系统设计与装调

一、填空题

1. 等于
2. 内部计数器　高速计数器
3. 16　32　C　十进制
4. 16　一般（通用）　断电保持　闭合　断开
5. 1 ~ 32 767　数据寄存器
6. M8002　PLC 接通瞬间（由 OFF→ON）

二、选择题

1. A　2. C　3. A　4. B　5. D　6. D　7. A　8. A

三、简答题

答：计数器 C0 的当前值和 Y0 的输出状态时序图如附图 2—5—1 所示。

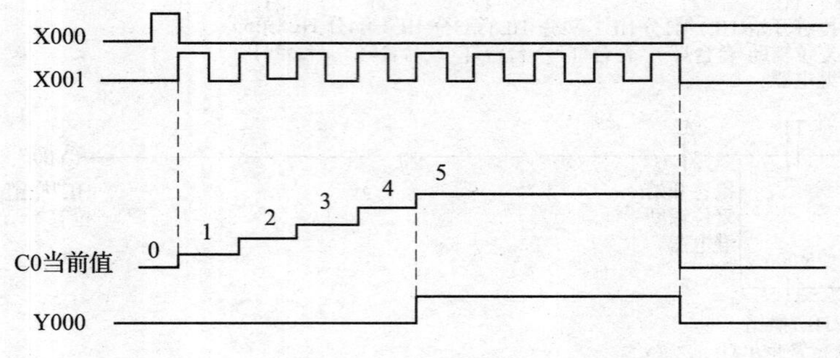

附图 2—5—1　时序图

四、编程题

1.

指令语句表	梯形图
0 LD X000 1 ANI T0 2 OUT T0 K1000 3 LD T0 4 OUT C0 K360 5 LD Y000 6 RST C0 7 LD C0 8 OR Y000 9 OUT Y000 10 END	0 X000 T0 K1000 (T0) 5 T0 K360 (C0) 9 Y000 [RST C0] 12 C0 Y000 (Y000) 15 [END]

2. 解：参考梯形图程序如附图 2—5—2 所示。

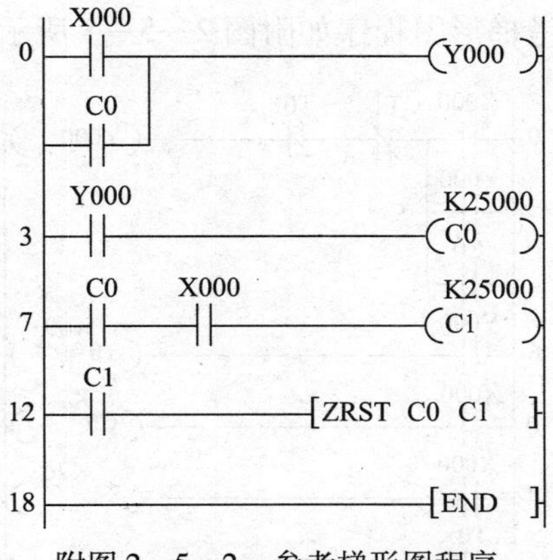

附图 2—5—2　参考梯形图程序

3. 解：参考梯形图程序如附图 2—5—3 所示。

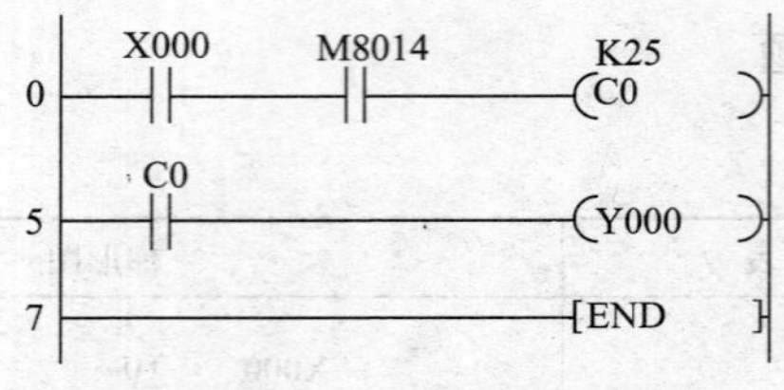

附图 2—5—3　参考梯形图程序

4．解：参考梯形图程序如附图 2—5—4 所示。

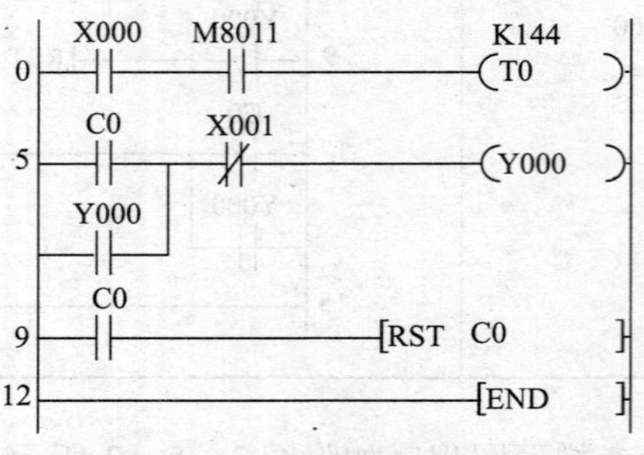

附图 2—5—4　参考梯形图程序

5．解：参考梯形图程序如附图 2—5—5 所示。

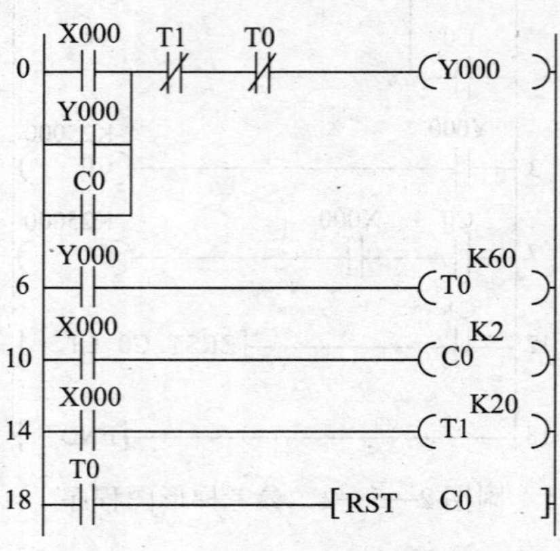

附图 2—5—5　参考梯形图程序

6．解：参考梯形图程序如附图 2—5—6 所示。

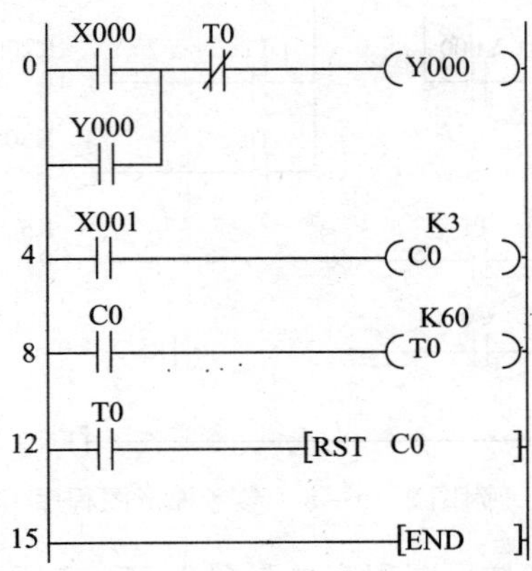

附图 2—5—6　参考梯形图程序

7．解：参考梯形图程序如附图 2—5—7 所示。

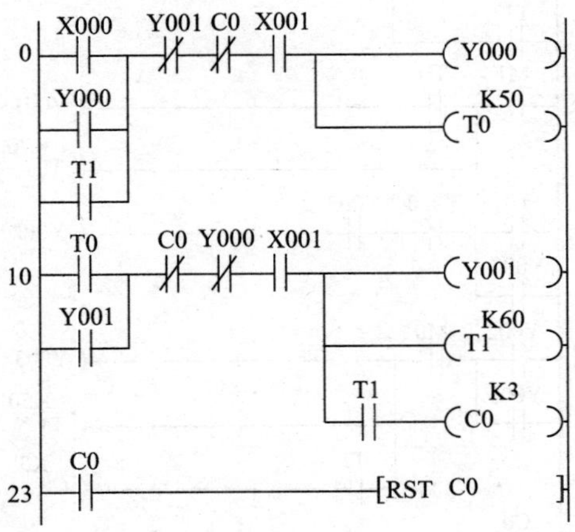

附图 2—5—7　参考梯形图程序

8．解：参考梯形图程序如附图 2—5—8 所示。

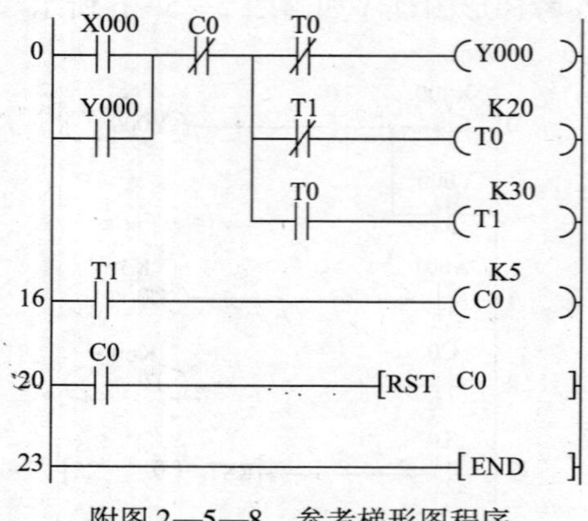

附图 2—5—8　参考梯形图程序

9．解：参考梯形图程序如附图 2—5—9 所示。

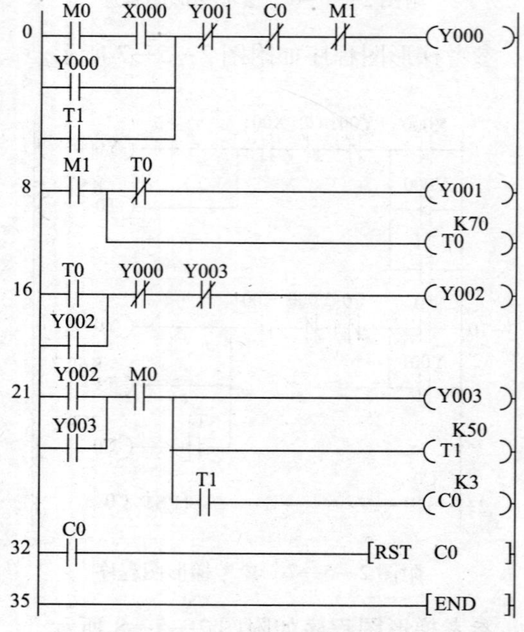

附图 2—5—9　参考梯形图程序

10．解：参考梯形图程序如附图 2—5—10 所示。

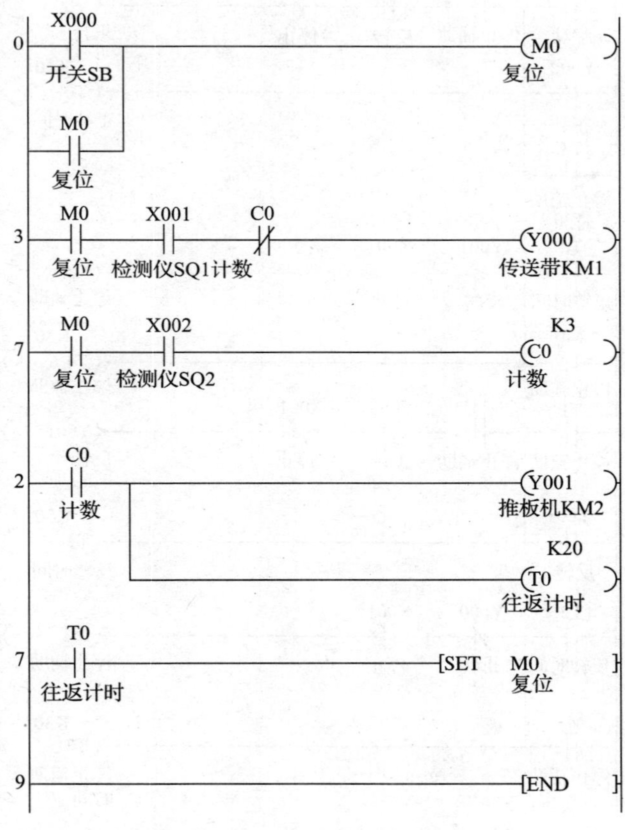

附图 2—5—10　参考梯形图程序

11．解：参考梯形图程序如附图 2—5—11 所示。

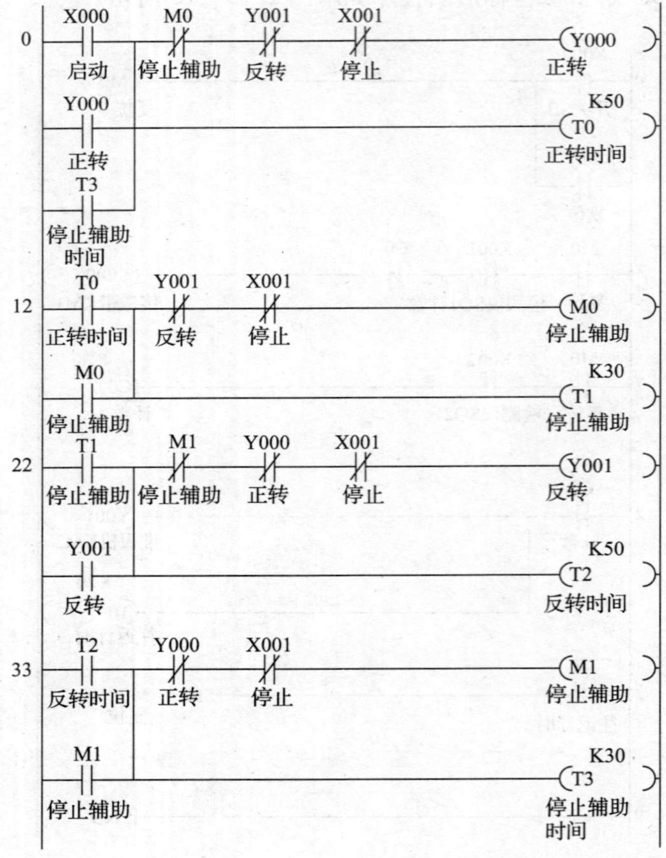

附图 2—5—11　参考梯形图程序

五、技能题

解：1. 根据任务控制要求，可确定 PLC 需要 3 个输入点，3 个输出点，其 I/O 通道分配表见附表 2—5—1。

附表 2—5—1　　I/O 通道地址分配表

输入			输出		
元件代号	作用	输入继电器	元件代号	作用	输出继电器
SB1	停止按钮	X000	KM1	正转控制	Y000
SB2	正转启动	X001	KM2	反转控制	Y001
SB3	反转启动	X002	KM3	能耗制动控制	Y002

2. PLC 接线图如附图 2—5—12 所示。

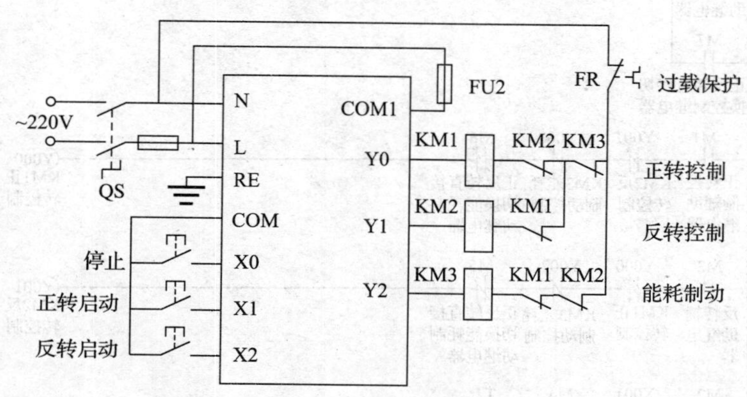

附图 2—5—12　PLC 接线图

3. 梯形图程序如附图 2—5—13 所示。

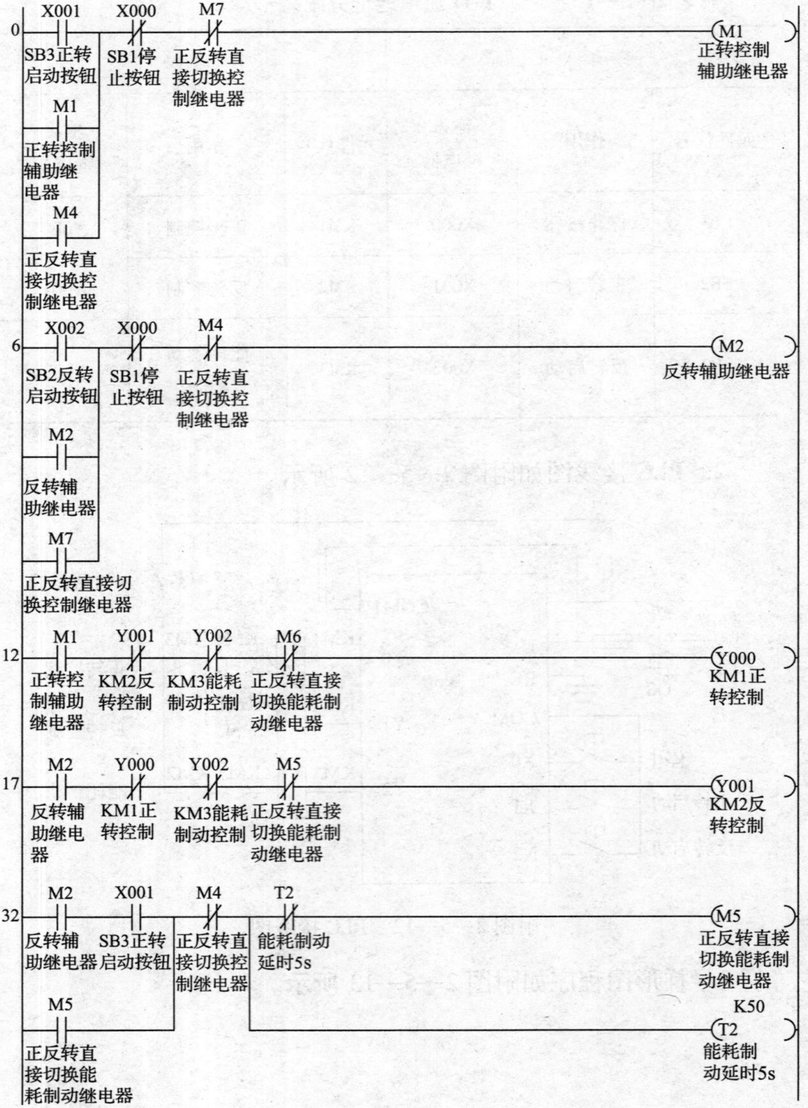
0
X001
SB3正转启动按钮
X000
SB1停止按钮
M7
正反转直接切换控制继电器
M1
正转控制辅助继电器
M1
正转控制辅助继电器
M4
正反转直接切换控制继电器
6
X002
SB2反转启动按钮
X000
SB1停止按钮
M4
正反转直接切换控制继电器
M2
反转辅助继电器
M2
反转辅助继电器
M7
正反转直接切换控制继电器
12
M1
正转控制辅助继电器
Y001
KM2反转控制
Y002
KM3能耗制动控制
M6
正反转直接切换能耗制动继电器
Y000
KM1正转控制
17
M2
反转辅助继电器
Y000
KM1正转控制
Y002
KM3能耗制动控制
M5
正反转直接切换能耗制动继电器
Y001
KM2反转控制
32
M2
反转辅助继电器
X001
SB3正转启动按钮
M4
正反转直接切换控制继电器
T2
能耗制动延时5s
M5
正反转直接切换能耗制动继电器
M5
正反转直接切换能耗制动继电器
K50
T2
能耗制动延时5s

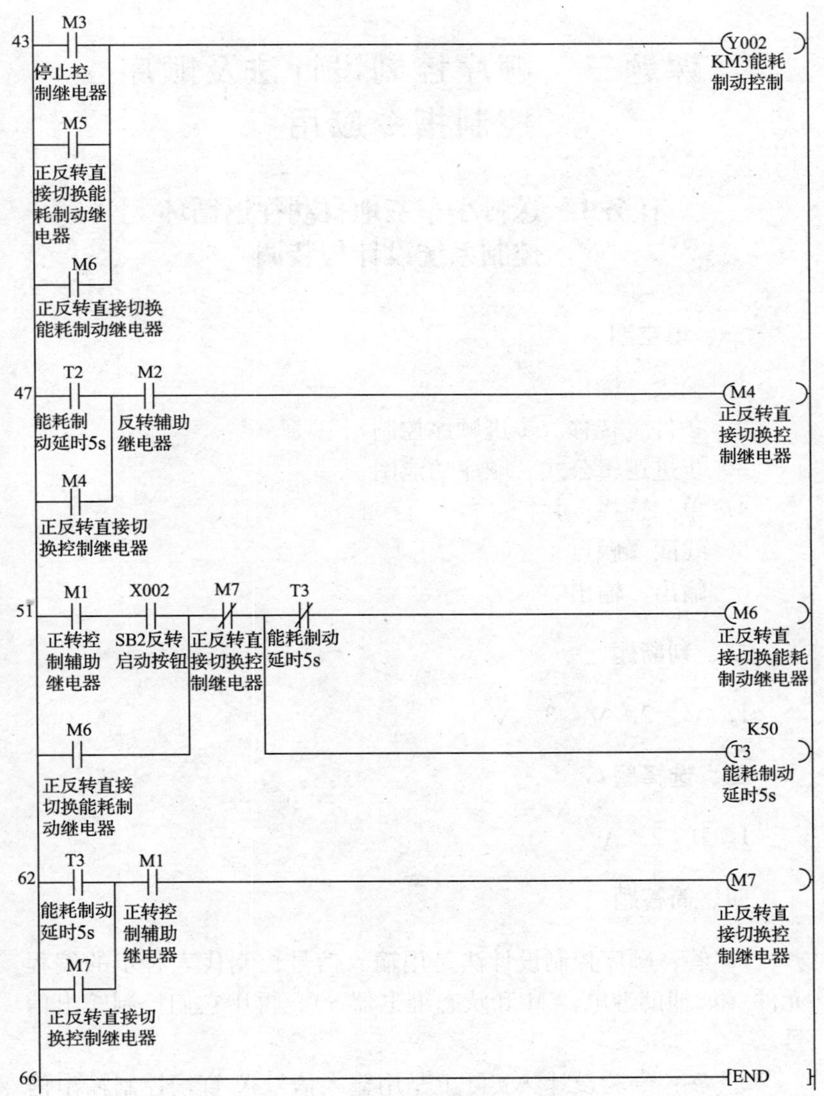

附图 2—5—13　参考梯形图程序

课题三　顺序控制设计法及顺序控制指令应用

任务1　送料小车三地自动往返循环控制系统设计与装调

一、填空题

1. 输入　输出
2. 条件　转移　步进顺序控制
3. 步进逻辑公式　顺序功能图
4. 单　选择　并行
5. 线圈　触点
6. 输出　输出

二、判断题

1. √　2. √　3. √

三、选择题

1. D　2. A

四、简答题

1. 答：顺序控制设计法是用输入信号控制代表各步的编程元件（如辅助继电器 M 和状态继电器 S），再用它们控制输出信号。

2. 答：经验设计法实际上是用输入信号 X 直接控制输出信号 Y，如果无法直接控制或为了解决联锁和互锁功能，只好被动地增加一些辅助元件和辅助触点。而顺序控制设计法实际上是用输入信号 X 控制代表各步的编程元件（例如辅助继电器 M 和状态继电器 S），再用它们控制输出信号 Y。

3. 答：步进逻辑公式设计法——就是通过步进逻辑公式，列出每个程序步的逻辑代数式后，再利用“启—保—停”电路，通过 PLC 的基本指令，画出每个程序步的梯形图的方法。

步进逻辑公式法的步骤如下：

（1）分步。对工作过程（工艺）进行分步。

（2）根据步进逻辑公式书写逻辑代数方程式。

（3）将逻辑代数方程式转换成梯形图。

五、分析题

1.

逻辑代数方程式	对应的梯形图
$M_1 = (X003 \times M_4 + X001 + M_1)\overline{M_2} \times \overline{X000}$	0 X003 M4 M2 X000 (M1) X001 M1 7 [END]
$M_2 = (X004 \times M_1 + X002 + M_2)\overline{M_3} \times \overline{X000}$	0 X004 M1 M3 X000 (M2) X002 M2 7 [END]

2.

逻辑代数方程式	对应的梯形图
$M_0 = (M_2 \times \overline{X001} + M_0)\overline{M_1}$	M2 X001 M1 M0 M0
$Y001 = (T_2 + Y001)\overline{Y000} \times \overline{X000}$	T2 Y000 X000 Y001 Y001

六、技能题

解：1. 根据任务控制要求，可确定 PLC 需要 7 个输入点，2 个输出点，其 I/O 通道分配表见附表 3—1—1。

附表 3—1—1　　I/O 通道地址分配表

输入			输出		
元件代号	作用	输入继电器	元件代号	作用	输出继电器
SB1	停止按钮	X000	KM1	正转向右控制	Y000
SB2	正转启动	X001	KM2	反转向左控制	Y001
SQ1	A 点限位	X002			

续表

输入			输出		
元件代号	作用	输入继电器	元件代号	作用	输出继电器
SQ2	B 点限位	X003			
SQ3	C 点限位	X004			
SQ4	D 点限位	X005			
KH	过载保护	X006			

2．PLC 接线图如附图 3—1—1 所示。

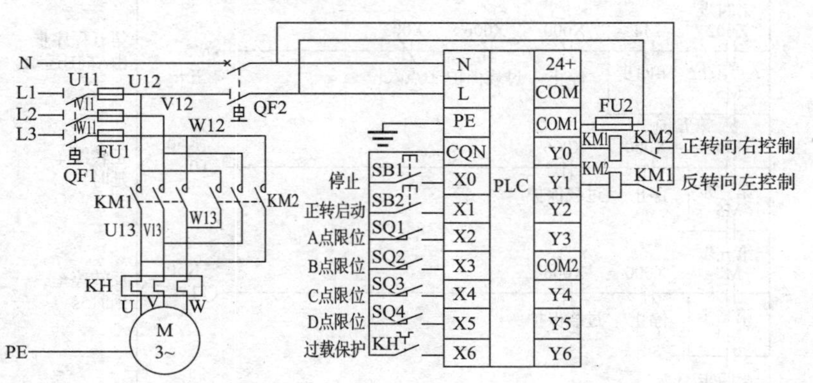

附图 3—1—1　PLC 接线图

3．梯形图程序参见如附图 3—1—2 所示。

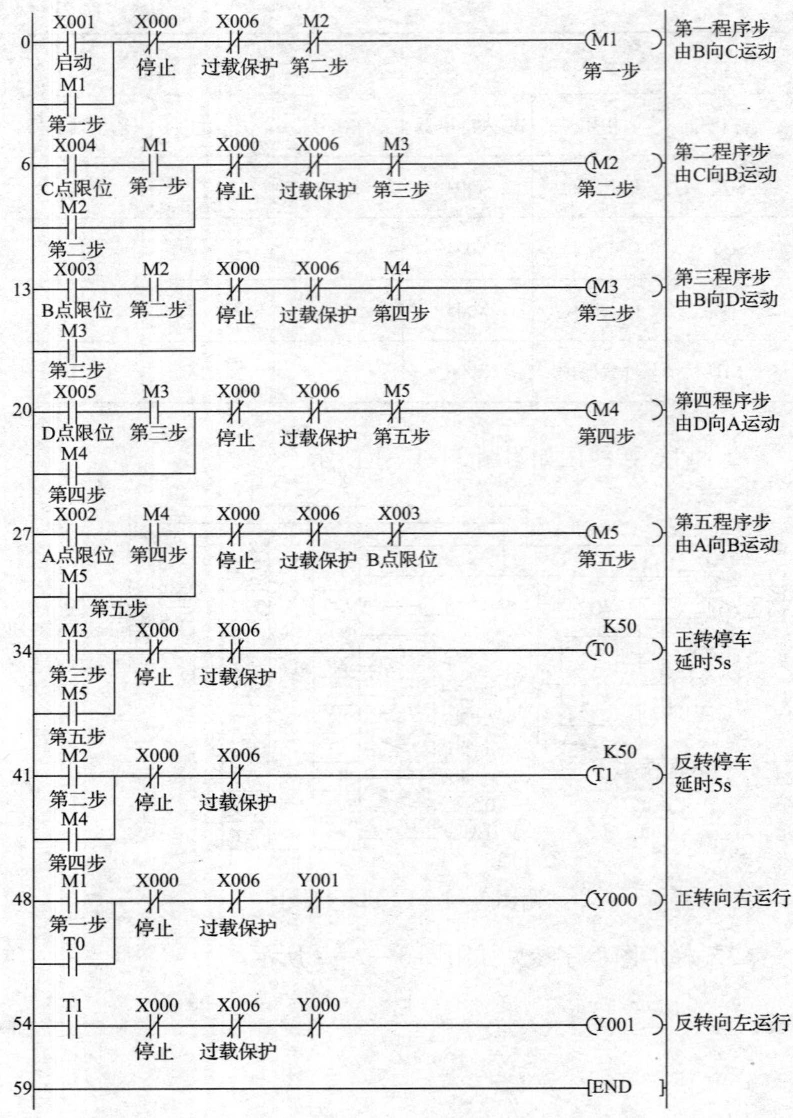

附图 3—1—2 参考梯形图程序

任务2　液体自动混合装置控制系统设计与装调

一、填空题

1．状态继电器（S）　STL

2．S0～S9　S20～S499

3．与母线直接连接，表示步进顺控开始　步进顺控结束，用于顺序功能图结束返回主程序

4．LD　LDI

5．步　有向连线　转换　转换条件　动作（或命令）

6．该转换所有的前级步都是活动步　相应的转换条件得到满足

7．使用启—保—停电路的编程方法　使用置位复位指令的编程方法　使用步进顺控指令的编程方法

二、判断题

1．√　2．√　3．√　4．√　5．√　6．×　7．×
8．√　9．√　10．×　11．×　12．√　13．√
14．√

三、选择题

1．D　2．B　3．B

四、简答题

1．答：在使用状态继电器时，需要注意以下几个方面：

（1）状态继电器的编号必须在指定的类别范围内使用。

（2）状态继电器与辅助继电器一样有无数的常开和常闭触点，在 PLC 内部可自由使用。

（3）不使用步进顺控指令时，状态继电器可与辅助继电器一样使用。

（4）供报警用的状态继电器可用于外部故障诊断的输出。

（5）通用状态继电器和断电保持状态继电器的地址编号分配可通过改变参数来设置。

（6）对断电保持型的状态继电器在重复使用时要用 RST 指令复位。对报警用的状态继电器 S900 ~ S999，要联合使用特殊辅助继电器 M8048、M8049 及应用指令 ANS 及 ANR。

2．答：顺序功能图主要由步、有向连线、转换、转换条件和动作（或命令）五大要素组成。根据步与步之间转换的不同情况，顺序功能图有三种不同的基本结构形式：单序列结构、选择序列结构和并行序列结构。

3．答：通过顺序功能图使用置位复位指令进行编程的方法也称为以转换为中心的编程方法。

在使用置位、复位指令的编程方法中，将该转换的所有前级步对应的辅助继电器的常开触点与转换对应的触点或电路串联，作为使所有后续步对应的辅助继电器置位（使用置位指令 SET）和使所有前级步对应的辅助继电器复位（使用复位指令 RST）的条件。在任何情况下，代表步的辅助继电器的控制电路都可以用这一原则来设计，每一个转换对应一个这样的控制置位和复位电路块，有多少个转换就有多少个这样的电路块。

使用置位、复位指令编程方法时，不能将输出继电器 Y、定时器 T、计数器 C 的线圈直接与 SET 指令和 RST 指令并联，应根据顺序功能图，用代表步的辅助继电器 M 的常开触点或它们的并联电路来驱动输出继电器 Y 等的线圈。

4．答：在顺序功能图中使用步进顺控指令时应注意以下几个方面：

（1）每一个状态继电器具有三种功能，即对负载的驱动处理、指定转换条件和指定转换目标。

（2）STL 触点与左母线连接，与 STL 相连的起始触点要使用 LD 或 LDI 指令。使用 STL 指令后，相当于母线右移至 STL 触点的右侧，形成子母线，一直到出现下一条 STL 指令或者出现 RET 指令为止。RET 指令使右移后的子母线返回原来的母线，表示顺控结束。使用 STL 指令使新的状态置位，前一状态自动复位。步进触点指令只有常开触点。

每一状态的转换条件由指令 LD 或 LDI 指令引入，当转换条件有效时，该状态由置位指令激活，并由步进指令进入该状态，接着列出该状态下的所有基本顺控指令及转换条件下，在 STL 指令后出现 RET 指令表明步进顺控过程结束。

（3）STL 触点可以直接驱动或通过别的触点驱动 Y、M、S、T 等元件的线圈和应用指令。

（4）由于 CPU 只执行活动步对应的电路块，所以使用 STL 指令时允许双线圈输出，即不同的 STL 触点可以分别驱动同一编程元件的一个线圈。但是，同一元件的线圈不能在同时为活动步的 STL 区内出现，在有并行序列的顺序功能图中，应特别注意这一问题。

（5）在步进顺控程序中使用定时器时，不同状态内可以重复使用同一编号的定时器，但相邻状态不可以使用。

五、编程题

1. 解：参考的梯形图程序如附图 3—2—1 所示。

2. 解：参考的梯形图程序及指令表如附图 3—2—2 所示。

3. 解：参考的状态流程图和梯形图控制程序如附图 3—2—3 所示。

4. 解：参考的梯形图程序如附图 3—2—4 所示。

5. 解：参考的梯形图程序如附图 3—2—5 所示。

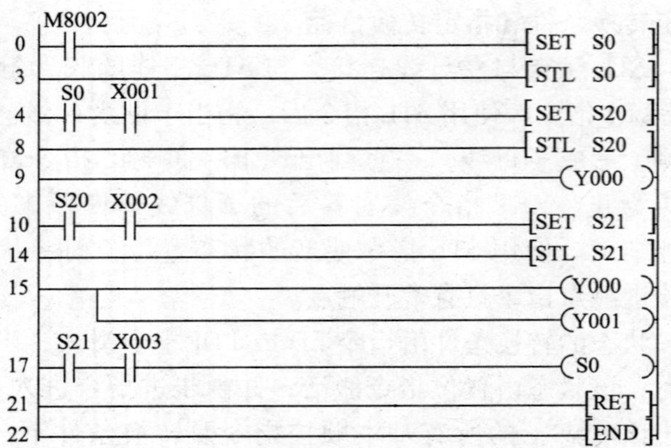

附图 3—2—1　参考的梯形图程序

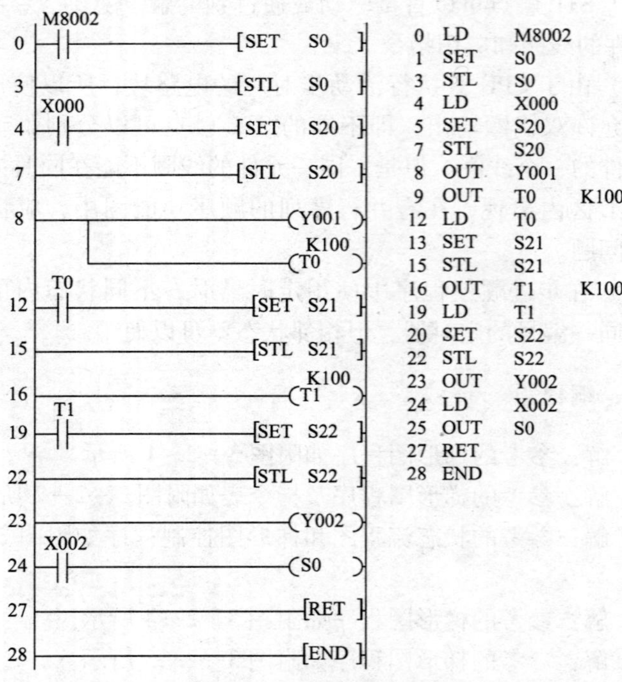

附图 3—2—2　参考的梯形图程序及指令表

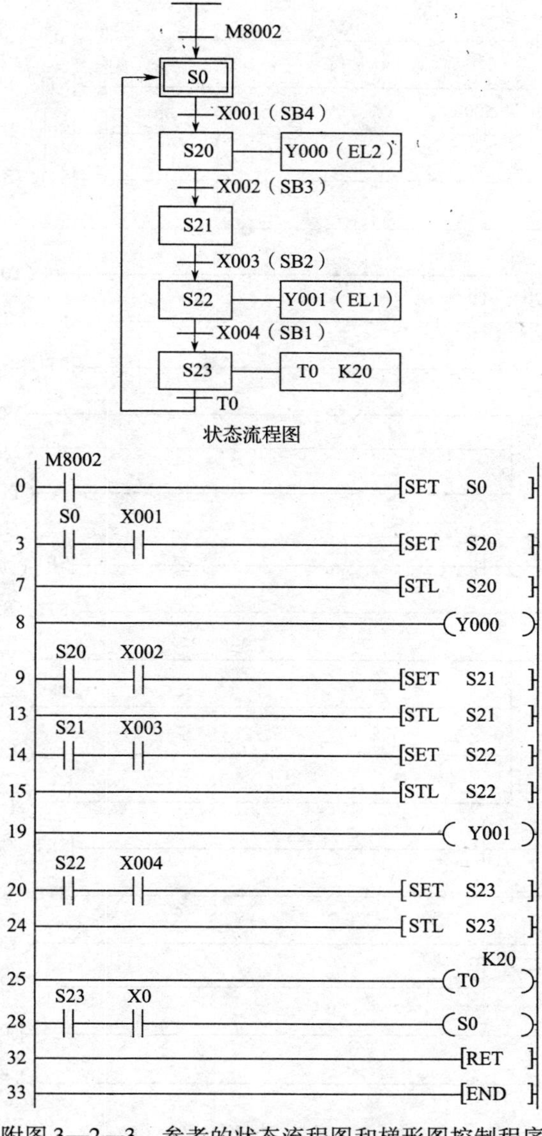

附图 3—2—3　参考的状态流程图和梯形图控制程序

附图 3—2—4 参考梯形图程序

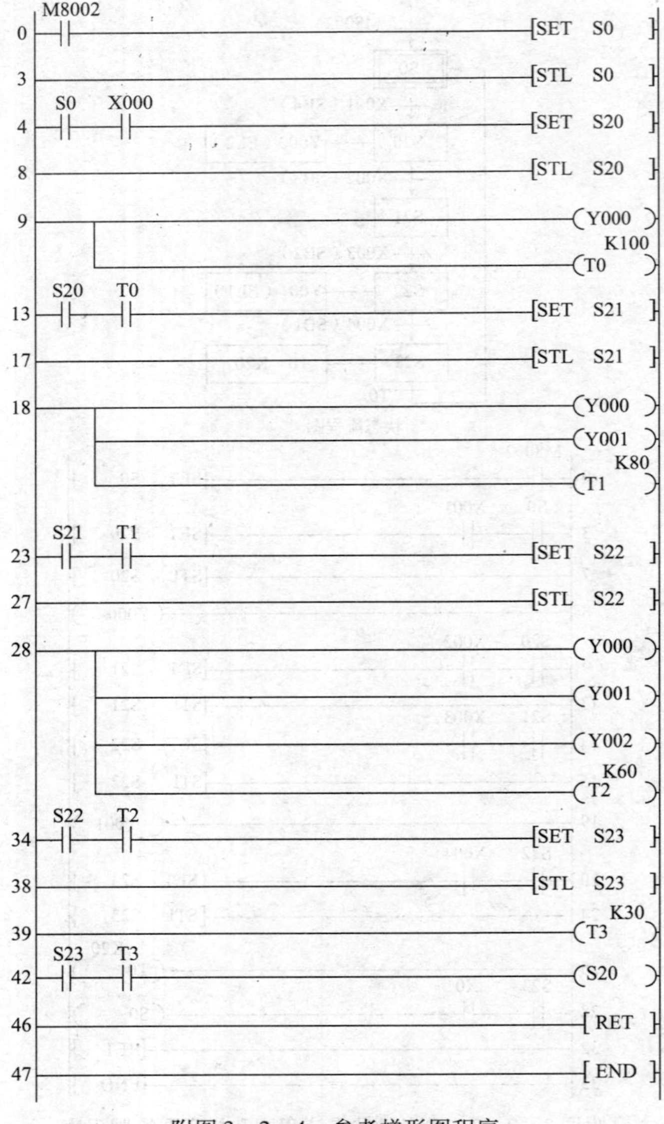

附图 3—2—4 参考梯形图程序

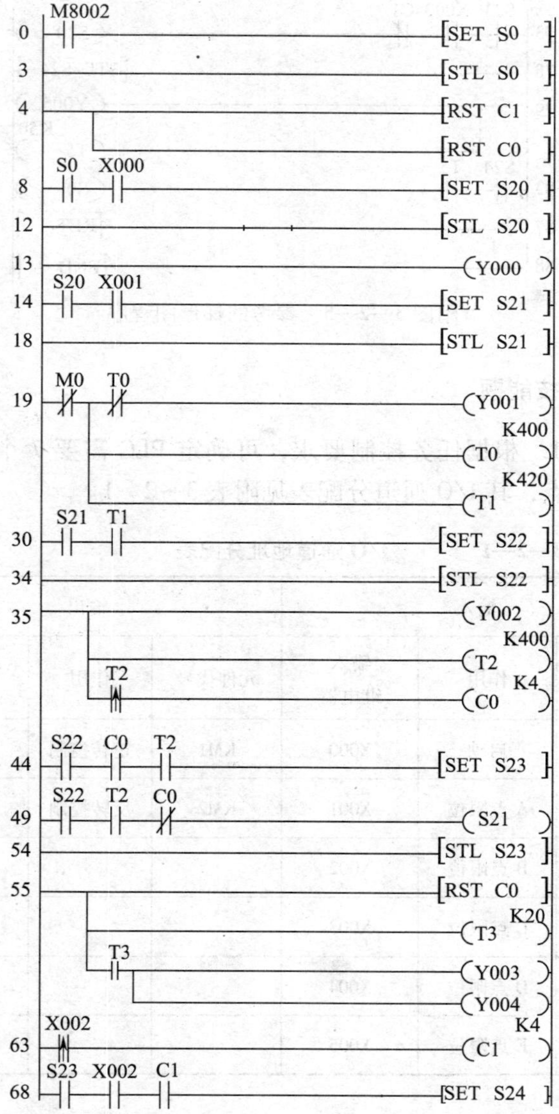
M8002
0
SET S0
3
STL S0
4
RST C1
RST C0
S0
X000
8
SET S20
12
STL S20
13
Y000
S20
X001
14
SET S21
18
STL S21
M0
T0
19
Y001
K400
T0
K420
T1
S21
T1
30
SET S22
34
STL S22
35
Y002
K400
T2
T2
K4
C0
S22
C0
T2
44
SET S23
S22
T2
C0
49
S21
54
STL S23
55
RST C0
K20
T3
T3
Y003
Y004
X002
K4
63
C1
S23
X002
C1
68
SET S24

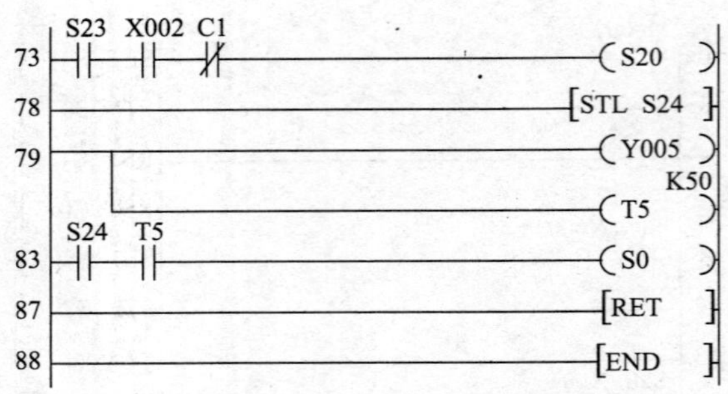

附图 3—2—5　参考的梯形图程序

六、技能题

解：1．根据任务控制要求，可确定 PLC 需要 7 个输入点，2 个输出点，其 I/O 通道分配表见附表 3—2—1。

附表 3—2—1　　　I/O 通道地址分配表

输入			输出		
元件代号	作用	输入继电器	元件代号	作用	输出继电器
SB1	启动	X000	KM1	正转控制	Y000
SQ1	A 点限位	X001	KM2	反转控制	Y001
SQ2	B 点限位	X002			
SQ3	C 点限位	X003			
SQ4	D 点限位	X004			
SQ5	E 点限位	X005			

2．参考的状态流程图和梯形图程序如附图 3—2—6 所示。

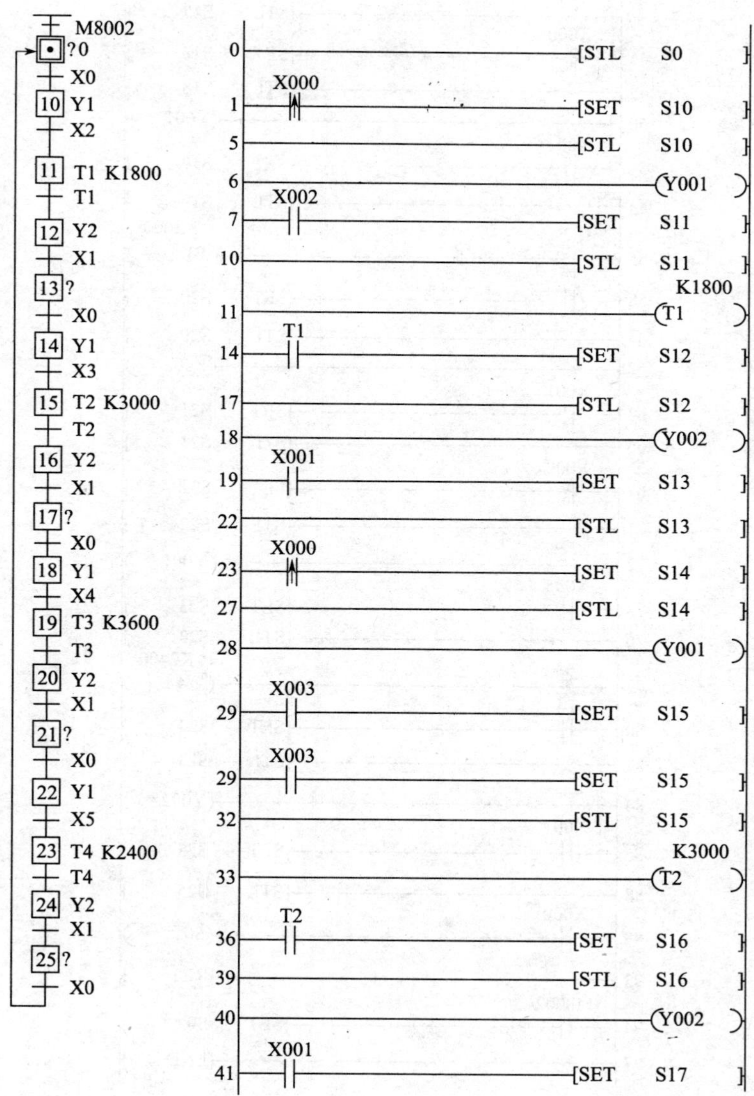

M8002
?0
X0
10 Y1
X2
11 T1 K1800
T1
12 Y2
X1
13 ?
X0
14 Y1
X3
15 T2 K3000
T2
16 Y2
X1
17 ?
X0
18 Y1
X4
19 T3 K3600
T3
20 Y2
X1
21 ?
X0
22 Y1
X5
23 T4 K2400
T4
24 Y2
X1
25 ?
X0
0 [STL S0]
1 X000 [SET S10]
5 [STL S10]
6 (Y001)
7 X002 [SET S11]
10 [STL S11]
K1800
11 (T1)
14 T1 [SET S12]
17 [STL S12]
18 (Y002)
19 X001 [SET S13]
22 [STL S13]
23 X000 [SET S14]
27 [STL S14]
28 (Y001)
29 X003 [SET S15]
29 X003 [SET S15]
32 [STL S15]
K3000
33 (T2)
36 T2 [SET S16]
39 [STL S16]
40 (Y002)
41 X001 [SET S17]

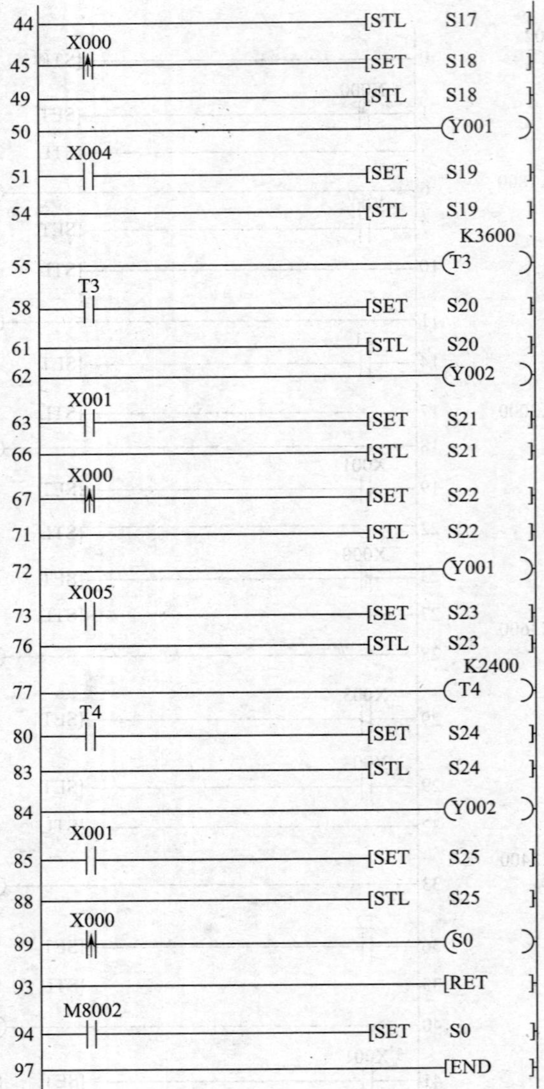

附图 3—2—6　参考的状态流程图及梯形图

任务3　自动门控制系统设计与装调

一、填空题

1. 空状态

2. MPS　MRD　MPP　ANB　ORB

3. 1　8　8

二、判断题

1. ×　2. √　3. ×

三、选择题

1. A　D　2. D　3. C　4. B　5. C

四、简答题

1. 答：选择性序列结构状态流程图的特点如下：

(1) 选择性分支流程的各分支状态的转移由各自条件选择执行，不能进行两个或两个以上的分支状态同时转移。

(2) 选择性分支流程在分支时是先分支后条件。

(3) 选择性分支流程在汇合时是先条件后汇合。

(4) FX 系列的分支电路，可允许最多 8 列，每列最多允许 250 个状态。

2. 答：顺序过程进行到某步，若该步后面有多个转移方向，而当该步结束后，只有一个转换条件被满足以决定转移的去向，即允许选择其中的一个分支执行，这种顺序控制过程的结构就是选择序列结构。

选择序列有开始和结束之分。选择序列的开始称为分支，各分支画在水平单线之下，各分支中表示转换的短画线只能画在水平线之下的分支上。选择序列结束称为合并，选择序列的合并是指几个选择分支合并到一个公共序列上，各分支也都有各自的转换条件。各分支画在水平线之上，各分支中表示转换的短画线只能画在水平线之上的分支上。

五、编程题

1．解：参考的梯形图程序如附图 3—3—1 所示。

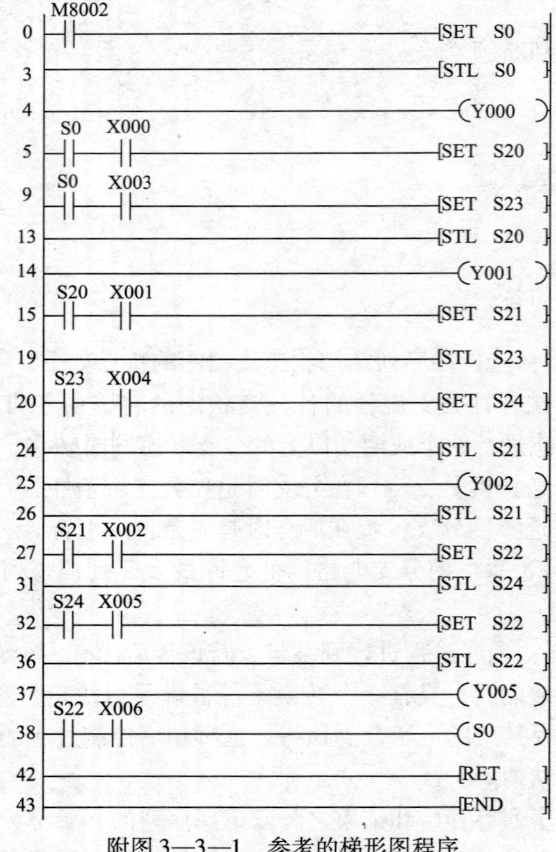

附图 3—3—1　参考的梯形图程序

2. 解：简化后的 SFC 如附图 3—3—2 所示。将其转换成的步进梯形图和指令表如附图 3—3—3 所示。

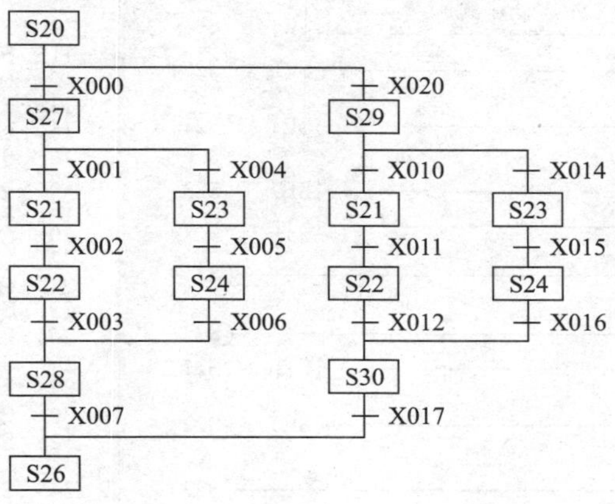

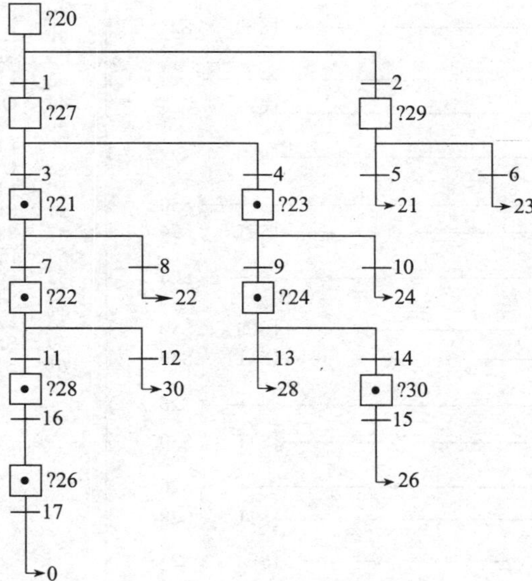

附图 3—3—2　简化后的 SFC 图

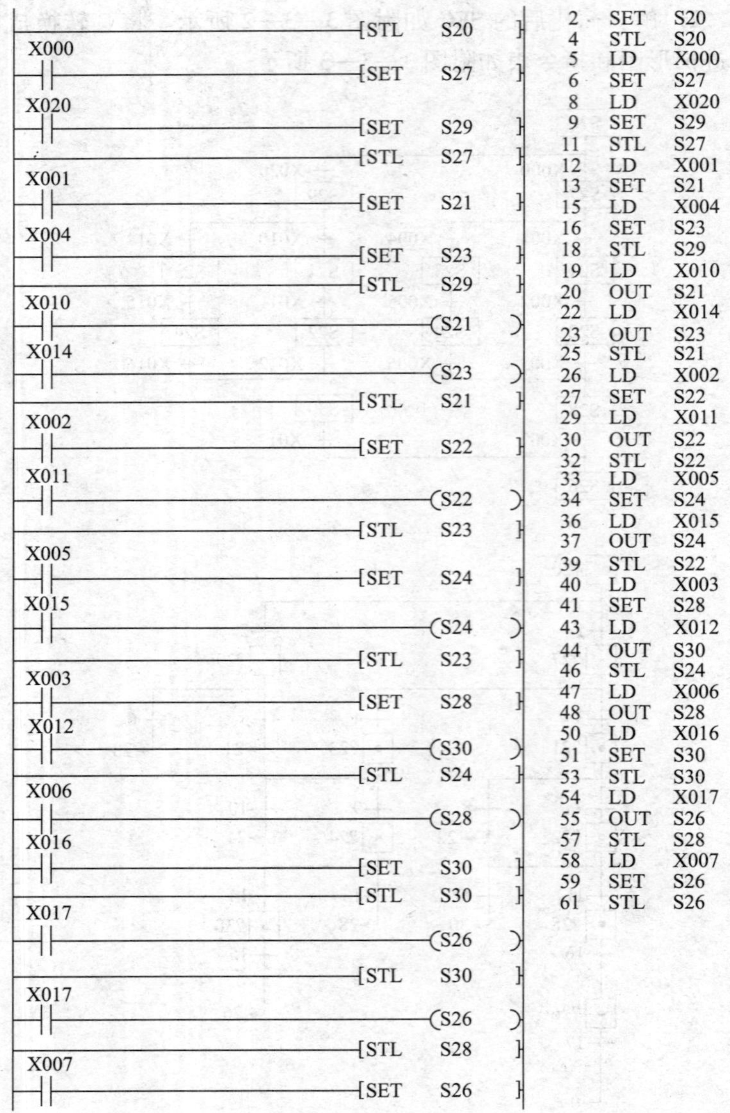

2	SET	S20
4	STL	S20
5	LD	X000
6	SET	S27
8	LD	X020
9	SET	S29
11	STL	S27
12	LD	X001
13	SET	S21
15	LD	X004
16	SET	S23
18	STL	S29
19	LD	X010
20	OUT	S21
22	LD	X014
23	OUT	S23
25	STL	S21
26	LD	X002
27	SET	S22
29	LD	X011
30	OUT	S22
32	STL	S22
33	LD	X005
34	SET	S24
36	LD	X015
37	OUT	S24
39	STL	S22
40	LD	X003
41	SET	S28
43	LD	X012
44	OUT	S30
46	STL	S24
47	LD	X006
48	OUT	S28
50	LD	X016
51	SET	S30
53	STL	S30
54	LD	X017
55	OUT	S26
57	STL	S28
58	LD	X007
59	SET	S26
61	STL	S26

附图 3—3—3　转换成的梯形图及指令表

3．解：梯形图程序如附图 3—3—4 所示。

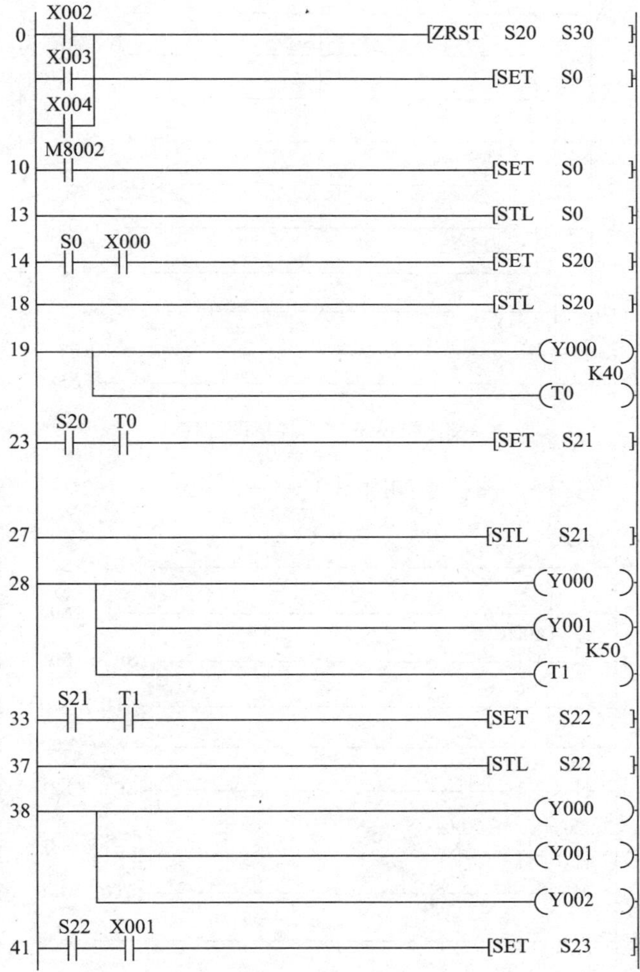

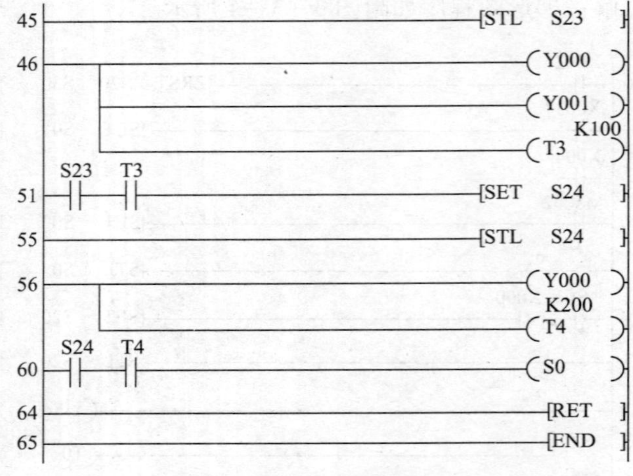

附图 3—3—4　梯形图程序

4. 解：梯形图程序如附图 3—3—5 所示。

```
        M8002
0       ─┤├──────────────────────────[SET   S0 ]
3       ─────────────────────────────[STL   S0 ]
        S0    X000
4       ─┤├───┤├─────────────────────[SET   S0 ]
8       ─────────────────────────────[STL   S20]
9       ─────────────────────────────( Y001 )
        S20   X000  X002
10      ─┤├───┤├────┤├───────────────[SET   S21]
        S20   X000  X002
15      ─┤├───┤├────┤/├──────────────[SET   S26]
20      ─────────────────────────────[STL   S21]
21      ──┬──────────────────────────( Y000 )
          └──────────────────────────( Y002 )
```

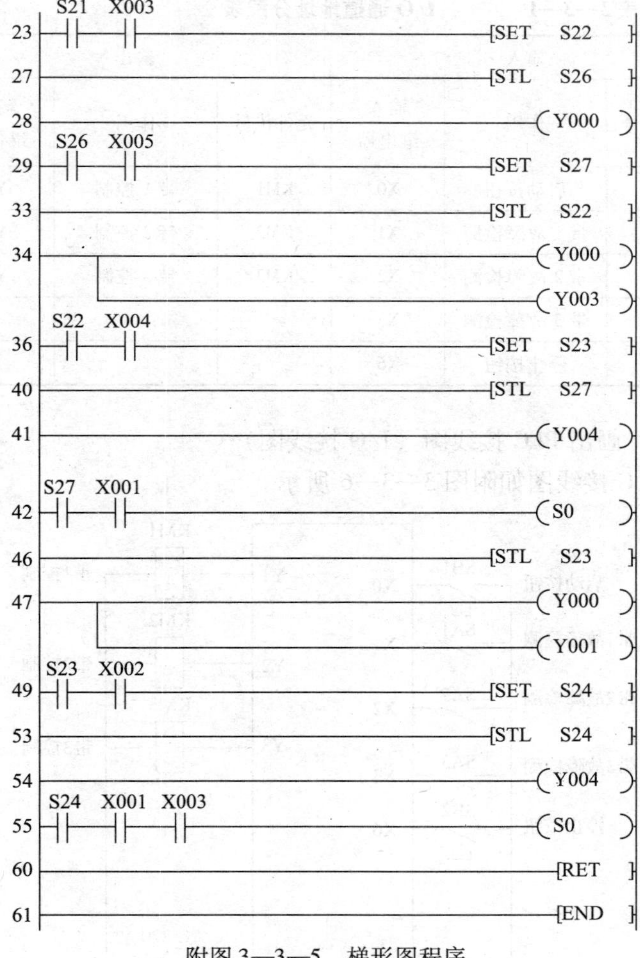

附图 3—3—5　梯形图程序

六、技能题

1. 根据控制要求，可确定 PLC 需要 5 个输入点、3 个输出点，其 I/O 通道分配表见附表 3—3—1。

附表 3—3—1　　I/O 通道地址分配表

输入			输出		
元件代号	作用	输入继电器	元件代号	作用	输出继电器
SB1	启动按钮	X0	KM1	带 1 控制	Y1
SA1	带 1 故障检测	X1	KM2	带 2 控制	Y2
SA2	带 2 故障检测	X2	KM3	带 3 控制	Y3
SA3	带 3 故障检测	X3			
SB2	停止按钮	X6			

2．画出 PLC 接线图（I/O 接线图）

PLC 接线图如附图 3—3—6 所示。

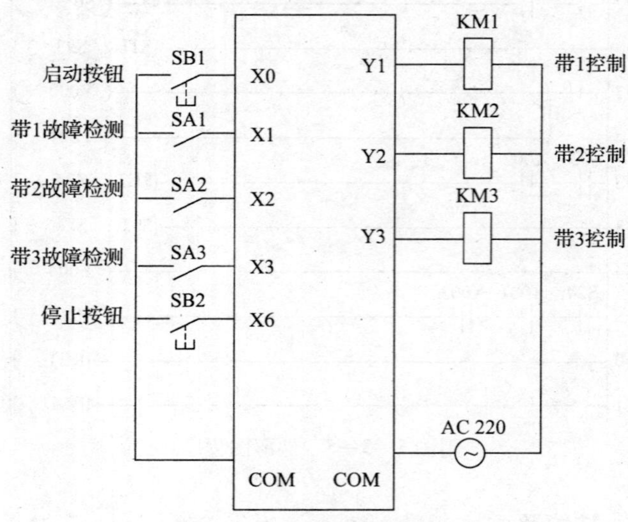

附图 3—3—6　PLC 接线图

3．程序设计

根据 I/O 通道地址分配表及控制要求，画出状态流程图，并写出指令语句表，再转换成对应的梯形图。

（1）状态流程图

采用单序列结构和选择序列分支的编程方法，可画出状态流程图，如附图 3—3—7 所示。

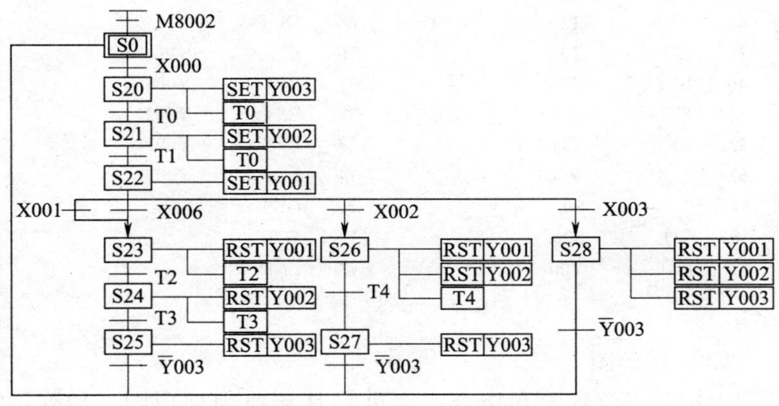

附图 3—3—7　状态流程图

（2）指令表

根据附图 3—3—7 所示的状态流程图，运用选择序列分支的指令编写方法编写出的指令语句，如附图 3—3—8 所示。

0	LD	M8002		17	OUT	T1	K50
1	SET	S0		20	LD	T1	
3	STL	S0		21	SET	S22	
4	LD	X000		23	STL	S22	
5	SET	S20		24	SET	Y001	
7	STL	S20		25	LD	X001	
8	SET	Y003		26	OR	X006	
9	OUT	T0	K50	27	SET	S23	
12	LD	T0		29	LD	X002	
13	SET	S21		30	SET	S26	
15	STL	S21		32	LD	X003	
16	SET	Y002		33	SET	S28	

35	STL	S23		58	RST	Y002	
36	RST	Y001		59	OUT	T4	K50
37	OUT	T2	K50	62	LD	T4	
40	LD	T2		63	SET	S27	
41	SET	S24		65	STL	S27	
43	STL	S24		66	RST	Y003	
44	RST	Y002		67	LDI	Y003	
45	OUT	T3	K50	68	OUT	S0	
48	LD	T3		70	STL	S28	
49	SET	S25		71	RST	Y001	
51	STL	S25		72	RST	Y002	
52	RST	Y003		73	RST	Y003	
53	LDI	Y003		74	LDI	Y003	
54	OUT	S0		75	OUT	S0	
56	STL	S26		77	SET		
57	RST	Y001		78	END		

附图 3—3—8　指令表

（3）梯形图

根据状态流程图和指令表，可将其转换为梯形图，如附图 3—3—9 所示。

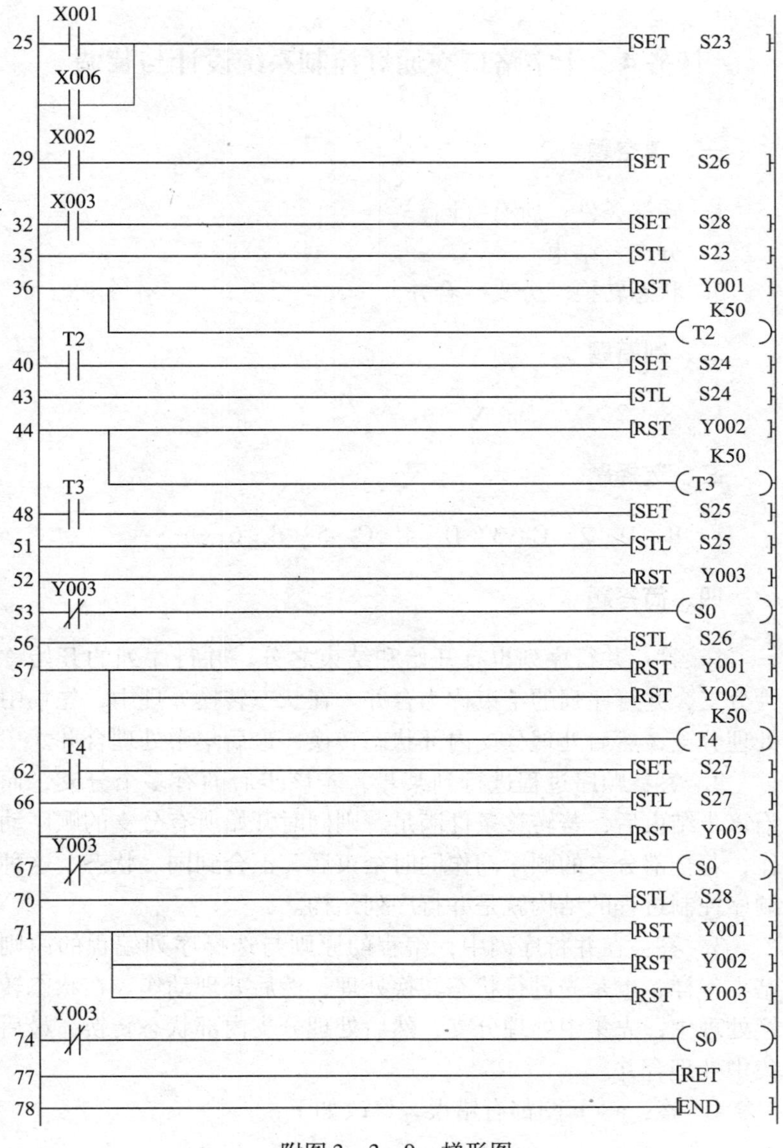

25 X001 X006 SET S23
29 X002 SET S26
32 X003 SET S28
35 STL S23
36 RST Y001
K50 T2
40 T2 SET S24
43 STL S24
44 RST Y002
K50 T3
48 T3 SET S25
51 STL S25
52 RST Y003
53 Y003 S0
56 STL S26
57 RST Y001
RST Y002
K50 T4
62 T4 SET S27
66 STL S27
RST Y003
67 Y003 S0
70 STL S28
71 RST Y001
RST Y002
RST Y003
74 Y003 S0
77 RET
78 END

附图 3—3—9 梯形图

任务4　十字路口交通灯控制系统设计与装调

一、填空题

1. 转移条件　所有　同一
2. 分支　结束
3. 状态转换　分支　合并

二、判断题

1. ×　2. √　3. √　4. √

三、选择题

1. B　D　2. C　3. D　4. C　5. B　6. A

四、简答题

1. 答：并行序列也有开始和结束之分。并行序列的开始称为分支，并行序列的结束称为合并。在状态转换处理中，先集中处理分支，然后处理分支内部状态转换，最后集中处理合并。

2. 答：顺序过程进行到某步，若该步后面有多个分支，而当该步结束后，若转移条件满足，则同时开始所有分支的顺序动作，若全部分支的顺序动作同时结束后，汇合到同一状态，这种顺序控制过程的结构就是并行序列结构。

3. 答：在并行序列中，编程的原则与选择序列编程的原则基本一样，也是先进行状态转换处理，然后处理动作。在状态转换处理中，先集中处理分支，然后处理分支内部状态转换，最后集中处理合并。

4. 答：a、b 图都有错误，修改如下：

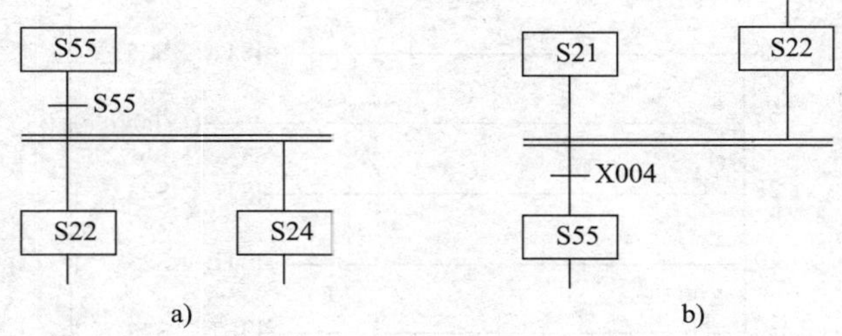

五、编程题

1. 解：对应的梯形图如附图 3—4—1 所示。

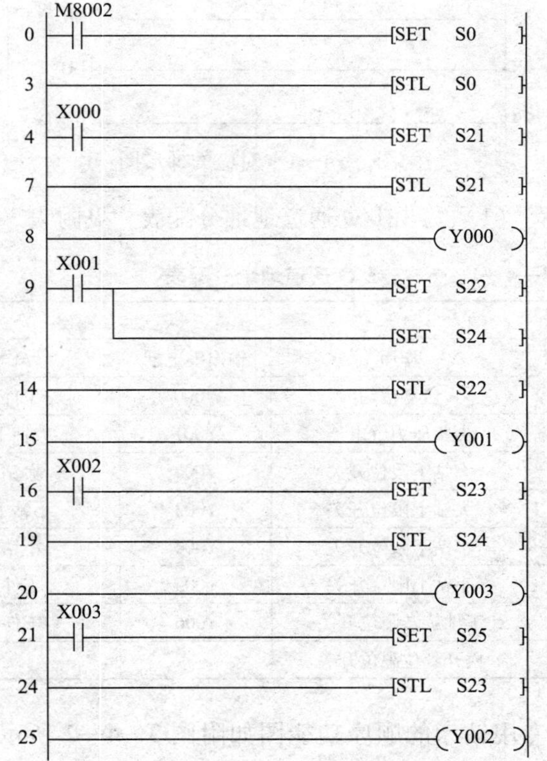

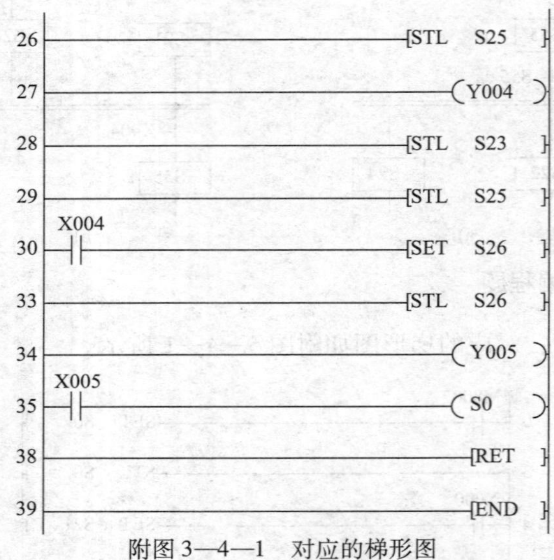

附图 3—4—1　对应的梯形图

2. 解：(1) 写出 I/O 通道地址分配表，见附表 3—4—1。

附表 3—4—1　　　　I/O 通道地址分配表

输入		输出	
输入继电器	作用	输出继电器	作用
X000	启动按钮	Y000	工件夹紧
X001	夹紧压力继电器	Y001	大钻下进给
X002	大钻下限位开关	Y002	大钻退回
X003	大钻上限位开关	Y003	小钻下进给
X004	小钻下限位开关	Y004	小钻退回
X005	小钻上限位开关	Y005	工件旋转
X006	工件旋转限位开关	Y006	工件松开
X007	松开到位限位开关		

(2) 专用钻床的顺序功能图如附图 3—4—2 所示。其对应的梯形图如附图 3—4—3 所示。

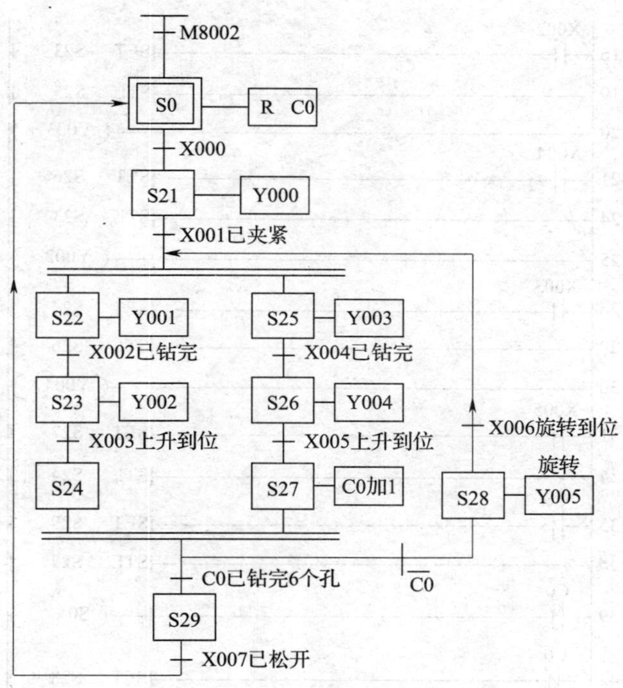

附图 3—4—2 专用钻床的顺序功能图

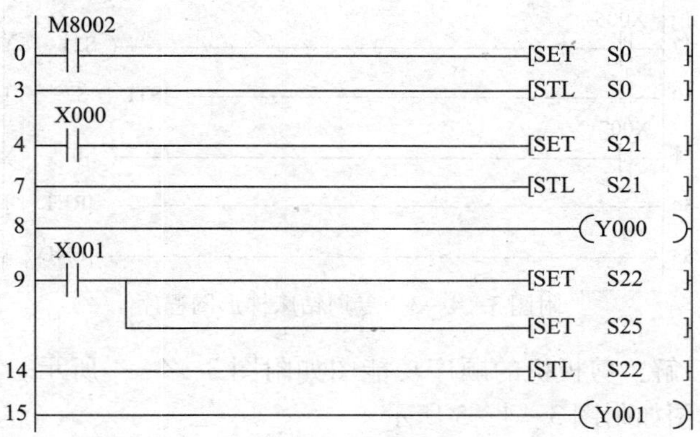

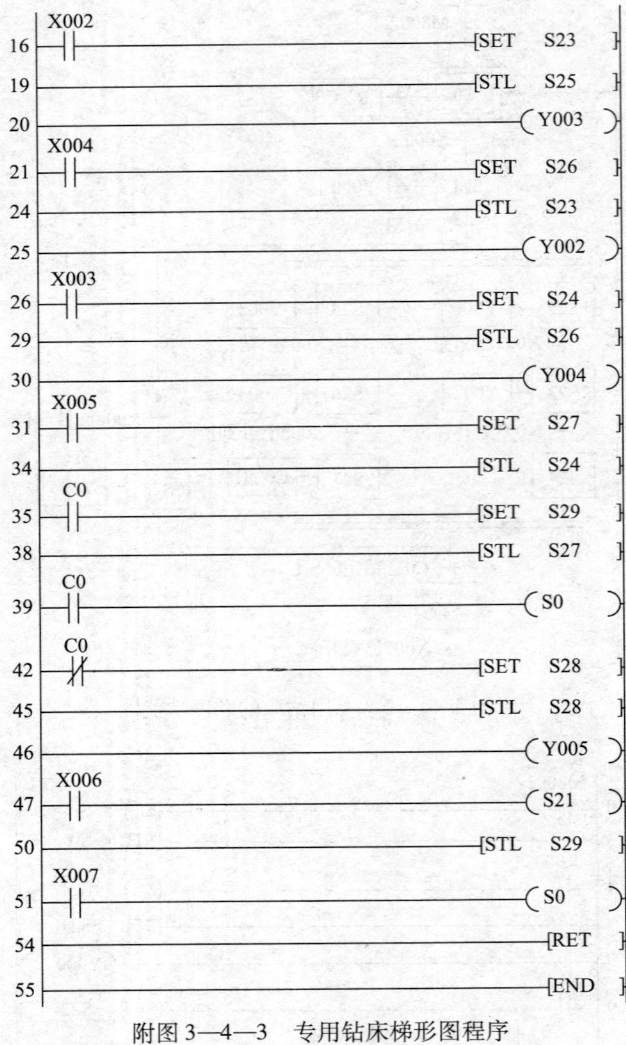

附图 3—4—3　专用钻床梯形图程序

3．解：剪板机的顺序功能图如附图 3—4—4 所示。其对应的梯形图如附图 3—4—5 所示。

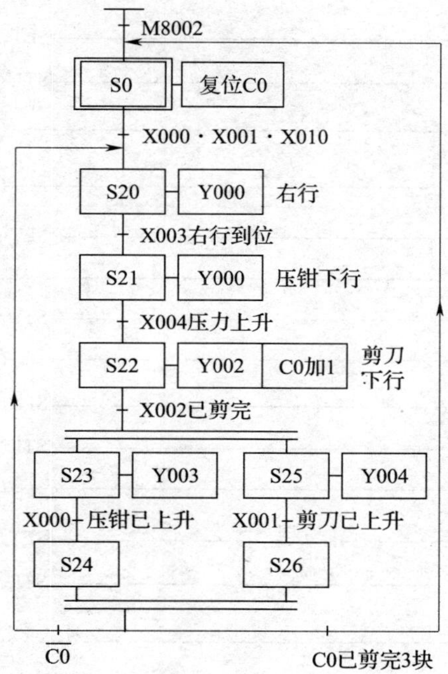

附图 3—4—4　剪板机的顺序功能图

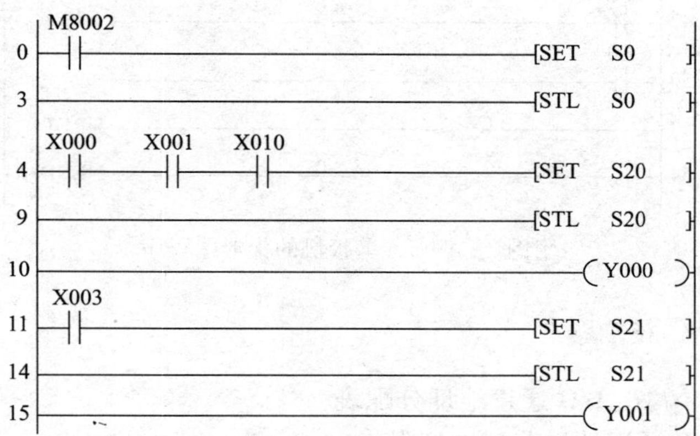

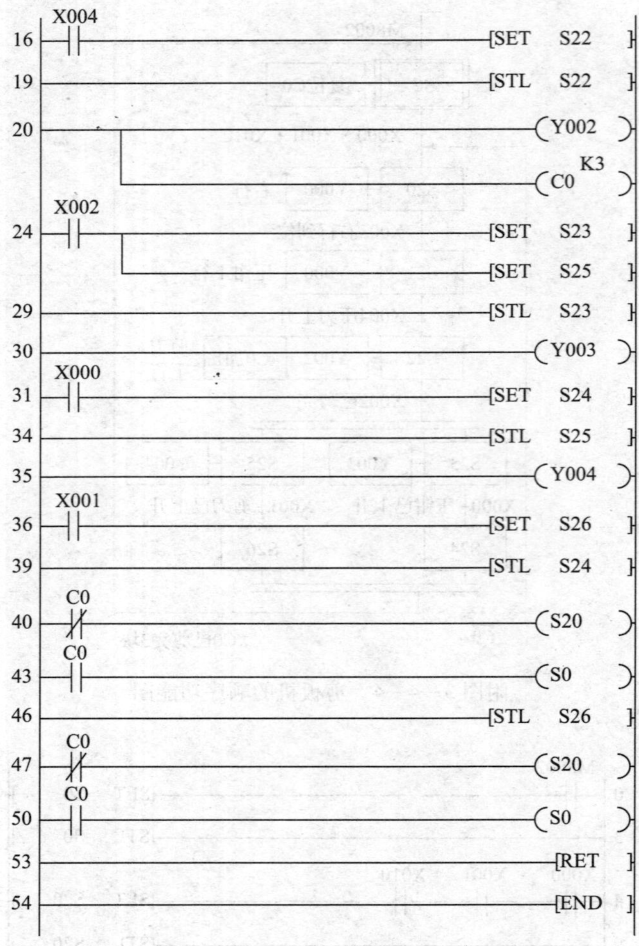

附图 3—4—5　剪板机的梯形图程序

六、技能题

1．写出 I/O 通道地址分配表

I/O 通道地址分配表见附表 3—4—2。

附表 3—4—2　　　　　　**I/O 通道地址分配表**

输入			输出		
元件代号	作用	输入继电器	元件代号	作用	输出继电器
SB1	启动按钮	X0	HL1	主干道红灯	Y1
SB2	启动按钮	X1	HL2	主干道黄灯	Y2
			HL3	主干道绿灯	Y3
			HL4	人行道红灯	Y4
			HL5	人行道绿灯	Y5

2．画出 PLC 接线图（I/O 接线图）

PLC 接线图如附图 3—4—6 所示。

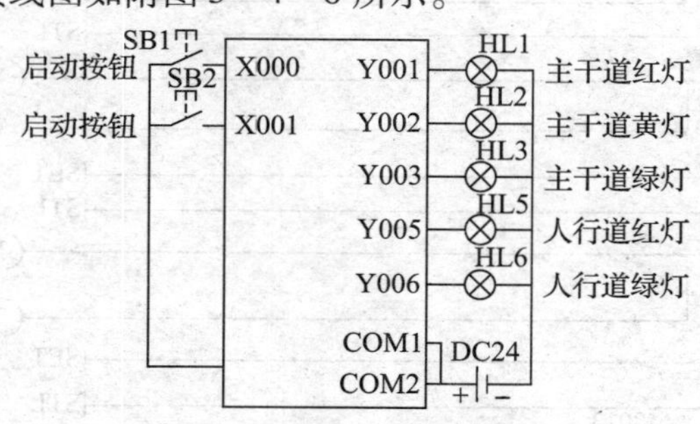

附图 3—4—6　PLC 接线图

3．画出并行序列结构状态流程图

并行序列结构状态流程图如附图 3—4—7 所示。

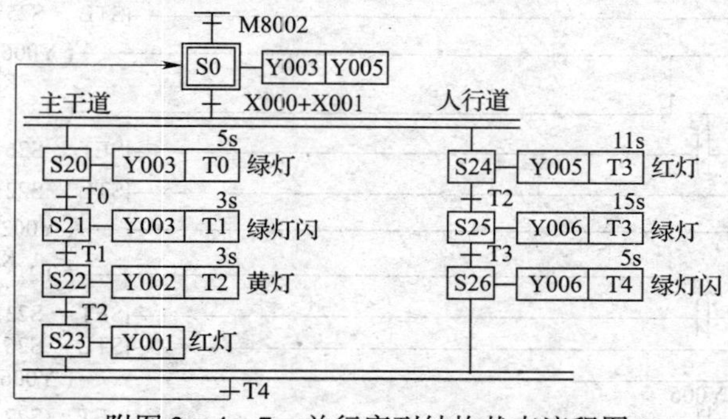

附图 3—4—7　并行序列结构状态流程图

4．梯形图

按钮式人行道交通灯控制梯形图如附图 3—4—8 所示。

```
0   M8002            [SET   S0 ]
3   X000             (M0)
    X001
6                    [STL   S0 ]
7                    (Y003)
                     (Y005)
9   M0               [SET   S20]
                     [SET   S24]
14                   [STL   S20]
15                   (Y003)
                     (T0   K50)
19  T0               [SET   S21]
22                   [STL   S24]
23                   (Y005)
                     (T2   K110)
27  T2               [SET   S25]
30                   [STL   S21]
31       M8013       (Y003)
                     (T1   K30)
38  T1               [SET   S22]
41                   [STL   S25]
42                   (Y006)
                     (T3   K150)
46  T3               [SET   S26]
49                   [STL   S22]
50                   (Y002)
                     (T2   K30)
54  T2               [SET   S23]
57                   [STL   S26]
58                   (Y006)
59  Y006             [SET   S27]
```

附图 3—4—8　按钮式人行道交通灯控制梯形图

课题四　功能指令应用

任务 1　霓虹灯控制系统设计与装调

一、填空题

1．D　功能指令　数据存取单元（显示器）　编程装置

2．通用型数据寄存器　失电保持型数据寄存器　特殊型数据寄存器　文件数据寄存器

3．应用指令　基本逻辑　定时　顺序

4．运行监视　接通　初始化脉冲　脉冲周期

5．将一个存储单元的数据存到另一个存储单元　将目标元件的位循环右移 n 次　将目标元件的位循环左移 n 次

6．能

7．1

8．32

二、判断题

1. × 2. × 3. √ 4. √ 5. ×

三、简答题

1. 答：功能指令有脉冲执行型和连续执行型两种形式。在指令助记符后标有“P”的为脉冲执行型，无“P”的为连续执行型。

2. 答：传送指令的功能是将一个存储单元的数据存到另一个存储单元。

3. 答：移位指令包含左移位指令（SFTL）、右移位指令（SFTR），其中左移位指令（SFTL）的功能是将源元件状态存入堆栈中，堆栈左移；右移位指令（SFTR）的功能是将源元件状态存入堆栈中，堆栈右移。循环移位指令包括循环右移和循环左移指令，其中循环右移指令的功能是将目标元件的位循环右移 n 次，循环左移指令的功能是将目标元件的位循环左移 n 次。

4. 答：从图中可以看出源操作数是 D10，目标操作数是 D20。其存放原则是：当 X001 = ON 时，将 D11 和 D10 组成的 32 位数据送到 D21 和 D20 组成的 32 位数据中。

5. 答：从图中可以看出功能指令中的字元件和位组件组合是 K3M0，它们是由 M013 ~ M010、M007 ~ M000 十二位辅助继电器的组合。指令执行后 D30 的高 4 为：M31、M30、M29、M28。

四、编程题

1. 解：参考的梯形图程序如附图 4—1—1 所示。

```
0   X000  [MOV  K255  K2Y000]
6   X001  [MOV  K85   K2Y000]
12  X002  [MOV  K170  K2Y000]
18  X003  [MOV  K0    K2Y000]
24        [END]
```

附图 4—1—1　参考的梯形图程序

2．解：参考的梯形图程序如附图 4—1—2 所示。

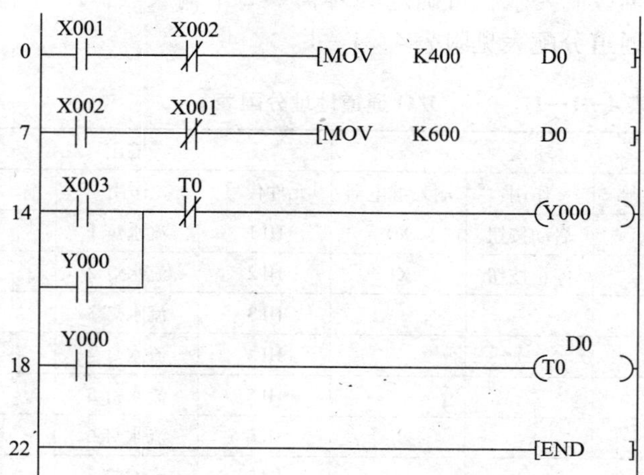

附图 4—1—2　参考的梯形图程序

3．解：参考的梯形图程序如附图 4—1—3 所示。

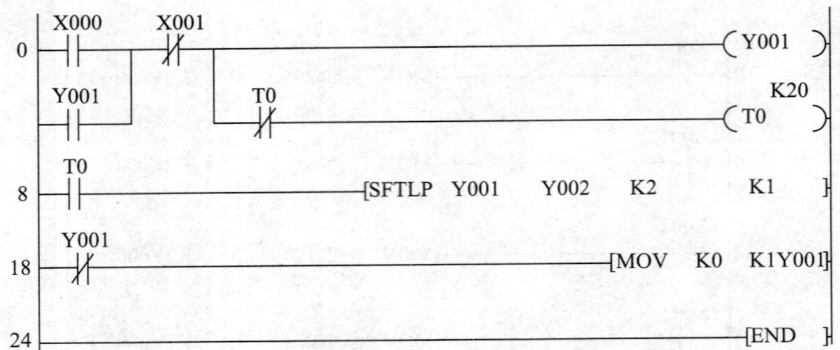

附图 4—1—3　参考的梯形图程序

五、技能题

1．通过对控制要求分析，分配输入点和输出点，写出 I/O 通道地址分配表

根据控制要求，可确定 PLC 需要 2 个输入点，16 个输出点，其 I/O 通道分配表见附表 4—1—1。

附表 4—1—1　　I/O 通道地址分配表

输入			输出		
元件代号	作用	输入继电器	元件代号	作用	输出继电器
SB1	启动按钮	X0	HL1	流水灯 1	Y0
SB2	停止按钮	X1	HL2	流水灯 2	Y1
			HL3	流水灯 3	Y2
			HL4	流水灯 4	Y3
			HL5	流水灯 5	Y4
			HL6	流水灯 6	Y5
			HL7	流水灯 7	Y6
			HL8	流水灯 8	Y7
			HL9	流水灯 9	Y10
			HL10	流水灯 10	Y11

续表

输入			输出		
元件代号	作用	输入继电器	元件代号	作用	输出继电器
			HL11	流水灯 11	Y12
			HL12	流水灯 12	Y13
			HL13	流水灯 13	Y14
			HL14	流水灯 14	Y15
			HL15	流水灯 15	Y16
			HL16	流水灯 16	Y17

2．画出 PLC 接线图（I/O 接线图）

PLC 接线图如附图 4—1—4 所示。

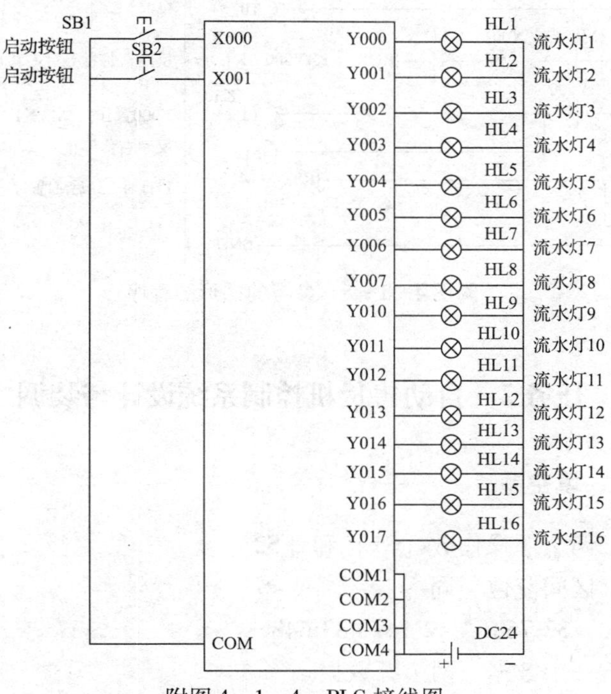

附图 4—1—4　PLC 接线图

3．梯形图

根据要求画出其梯形图，如附图 4—1—5 所示。

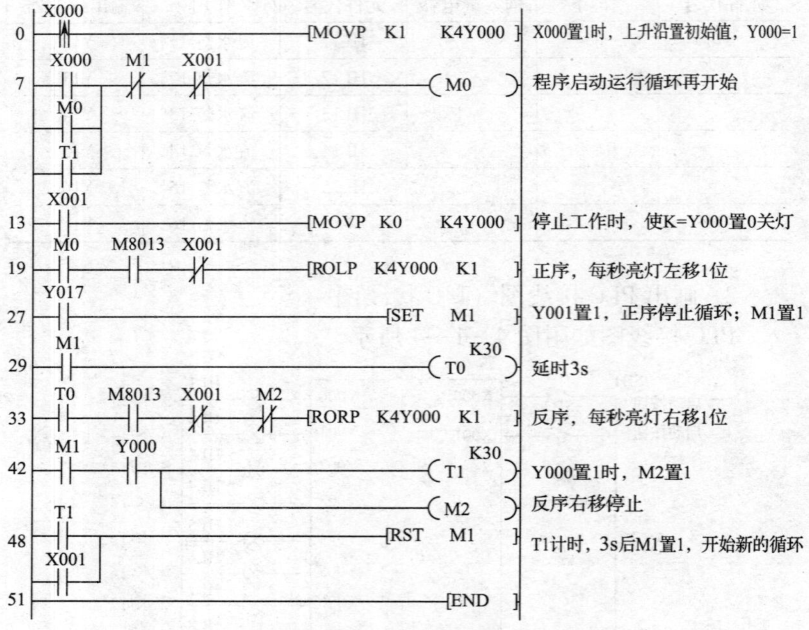

附图 4—1—5　参考的梯形图程序

任务 2　自动售货机控制系统设计与装调

一、填空题

1．两个源操作数［S1］和［S2］

2．区间复位　同一

3．－32 768　－2 147 483 648

4．一个数据　两个源数据

5．32

6. RST

7. >　≤　≤　>

8. 闭合

9. 脉冲执行型

二、判断题

1. ×　2. √　3. √　4. ×　5. √　6. √　7. √
8. ×　9. ×

三、简答题

1．答：梯形图转换成的指令语句表如下：

```
0    LD     X000
1    OR     X001
2    OUT    C10    K10
5    LD     X002
6    RST    C10
8    LD     X003
9    CMP    K5     C10    Y000
16   LD     X004
17   ZRST   Y000   Y002
22   END
```

2．答：梯形图转换成的指令语句表如下：

```
0    LD     X010
1    ZCP    K10    K20    C10    M10
10   MPS
11   AND    M10
12   OUT    Y010
13   MRD
14   AND    M11
15   OUT    Y011
16   MPP
17   AND    M12
18   OUT    Y012
19   END
```

3．答：梯形图转换成的指令语句表如下：

```
 0   LD     M8000
 1   MOV    K6     D0
 6   MOV    K8     D1
11   LD     X000
12   ADD    D0     D1     D2
19   END
```

4．答：梯形图转换成的指令语句表如下：

```
 0   LD     M8000
 1   MOV    K18    D0
 6   MOV    K8     D1
11   LD     X000
12   SUB    D0     D1     D2
19   END
```

5．答：梯形图转换成的指令语句表如下：

```
 0   LD     M8000
 1   MOV    K55    D0
 6   MOV    K60    D1
11   LD     X000
12   MUL    D0     D1     D2
19   END
```

6．答：梯形图转换成的指令语句表如下：

```
 0   LD     M8000
 1   MOV    K-10   D0
 6   MOV    K3     D1
11   LD     X000
12   DIV    D0     D1     D2
19   END
```

四、编程题

1．解：参考的梯形图程序如附图 4—2—1 所示。

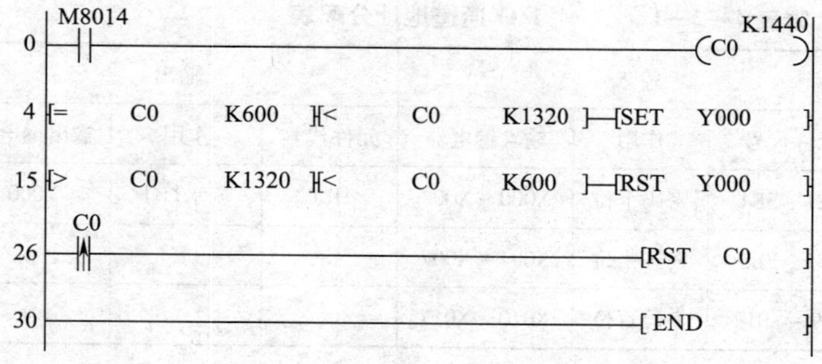

附图 4—2—1　参考的梯形图程序

2. 解：

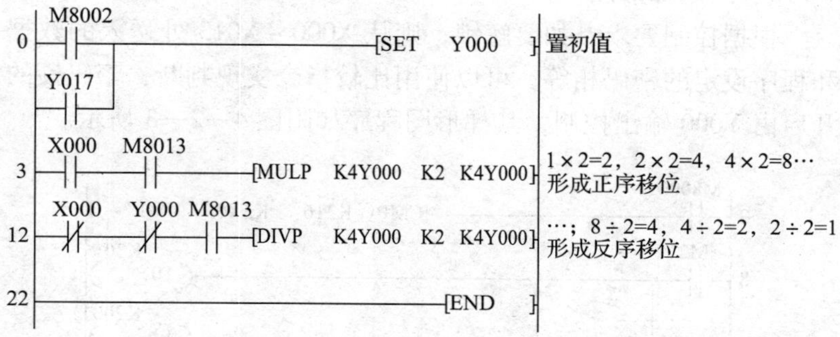

附图 4—2—2　乘除运算实现灯移位点亮控制程序

五、技能题

解：1. 通过对控制要求分析，分配输入点和输出点，写出 I/O 通道地址分配表。

根据控制要求，密码锁有 12 个按钮，分别接入 X000 ~ X013，其中 X000 ~ X003 代表第一个十进制数；X004 ~ X007 代表第二个十进制数；X010 ~ X017 代表第三个十进制数，密码锁的控制信号从 Y000 输出，其 I/O 通道分配表见附表 4—2—1。

附表 4—2—1　　I/O 通道地址分配表

输入			输出		
元件代号	作用	输入继电器	元件代号	作用	输出继电器
SB1 ~ SB4	密码个位	X000 ~ X003	HL1	流水灯 1	Y000
SB5 ~ SB8	密码十位	X004 ~ X007			
SB9 ~ SB12	密码百位	X010 ~ X017			

2. 画出 PLC 接线图（I/O 接线图）

PLC 接线图略。

3. 绘制梯形图

根据控制要求，如要解锁，则从 X000 ~ X013 处送入的数据和程序设定的密码相等，可以使用比较指令实现判断，密码锁的开启由 Y000 输出控制，其梯形图程序如附图 4—2—3 所示。

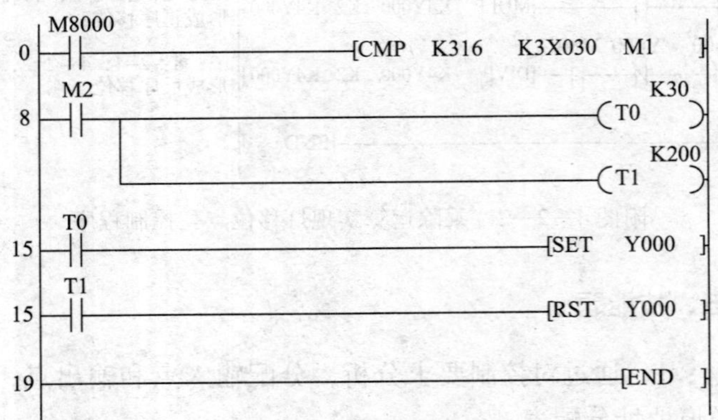

附图 4—2—3　密码锁梯形图程序

课题五　复杂电气设备控制系统改造、设计与装调

任务1　应用PLC改造X62W型万能铣床电气控制系统

一、填空题

1. 使用原有的器件　主电路
2. 220 V及以下
3. 辅助继电器M　定时器T　计数器C
4. AC85～264 V，DC24 V　AC100～240 V，DC24 V
5. 软件联锁　软件互锁　硬件互锁
6. 串联
7. 带屏蔽层的隔离变压器　低通滤波器
8. 续流二极管　阻容电路

二、判断题

1. ×　2. √　3. √　4. ×

三、简答题

1. 答：应用PLC改造常用机床的原则如下：

（1）应最大限度地满足被控设备或生产过程的控制要求。

（2）在满足要求的前提下，力求系统简单经济、操作方便。

（3）保证控制系统工作安全可靠。

（4）考虑今后生产发展和工艺的改进，在设计容量时，应适当留有进一步扩展的余地。

2．答：应用 PLC 改造常用机床的工艺步骤如下：

（1）确定控制对象，明确控制任务和设计要求。

（2）制定控制方案，进行 PLC 选型。

（3）设计 PLC 连接。

（4）程序设计。

（5）模拟调试。

（6）现场调试。

3．答：PLC 控制系统中接地时应该注意以下问题：

（1）串联式单点接地：将多个低压电气设备的接地端子在设备的就近处与同一根接地线连接上，然后通过这根接地线与接地装置连接。这种接地方式的好处在于：节省人力、物力；而坏处在于：当公用的接地线出现断路时，如果接地系统中有一台设备漏电，就会引起其他设备的外壳上均出现电压，对人员安全造成威胁。

（2）并联式单点接地：将每个低压电气设备的接地端子都引出一根接地线，然后将这若干条线同时接到接地装置上。这种接地方式的好处在于：当接地系统中的其中一台设备接地线出现断路时，不会造成其他设备外壳出现电压，对保障人身安全有好处。而这种接地方式的不完美之处在于：如果是电子设备或其他对高频干扰高度敏感的电气设备，来自于其他设备的高频干扰（例如变频器、中频炉等晶闸管变流器件）将会从共地点串入，造成设备工作不正常。

（3）多分支单点接地：将每个设备的接地端子单独接到接地装置上。接地方法和第 2 种接地的区别在于：设备具有单独的接地体［或者变通一下：直接接到离接地体最近的接地装置上（或者接地源处），每个设备在电气接地回路上的距离是比较远的（例如超过 50 米）］。这有效地避免了设备之间的相互电磁干扰。但这种接地方式费时、费力而且单独接地源不一定好取。

四、技能题

1. 解：（1）通过对控制要求分析，分配输入点和输出点，写出 I/O 通道地址分配表

根据控制要求，可确定 PLC 需要 11 个输入点，6 个输出点，其 I/O 通道分配表见附表 5—1—1。

附表 5—1—1　　I/O 通道地址分配表

输入			输出		
元件代号	作用	输入继电器	元件代号	作用	输出继电器
SB1	M1 启动按钮	X0	KM1	M1 接触器	Y0
SB2	M1 停止按钮	X1	KM2	摇臂上升接触器	Y1
KH1	M1 过载保护	X2	KM3	摇臂下降接触器	Y2
SB3	摇臂上升按钮	X3	KM4	摇臂松开接触器	Y3
SB4	摇臂下降按钮	X4	KM5	摇臂夹紧接触器	Y4
KH2	液压电机过载保护	X5	YA	摇臂松开电磁阀	Y5
SQ1U	摇臂上升终端限位	X6	EL	照明灯	Y6
SQ1D	摇臂下升终端限位	X7	HL1	夹紧指示灯	Y7
SQ2	松开到位限位开关	X10	HL2	松开指示灯	Y10
SQ3	夹紧到位限位开关	X11	HL3	主轴指示灯	Y11
SB5	立柱放松按钮	X12			
SB6	立柱夹紧按钮	X13			
SQ4	松开/夹紧开关	X14			
SA	照明灯开关	X15			

（2）画出 PLC 接线图（I/O 接线图）

PLC 接线图如附图 5—1—1 所示。

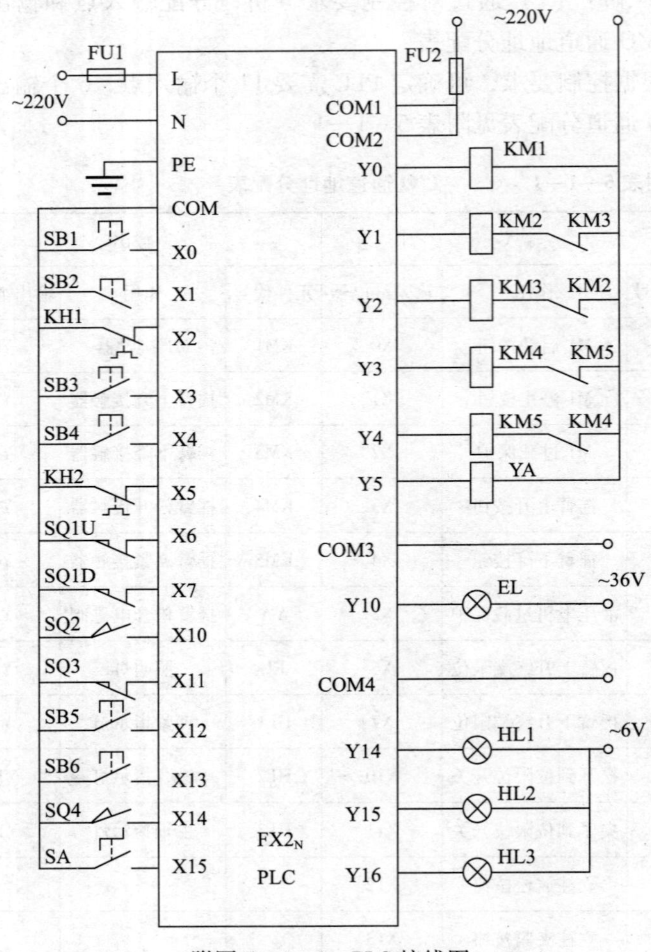

附图 5—1—1　PLC 接线图

（3）梯形图

根据要求画出其梯形图，如附图 5—1—2 所示。

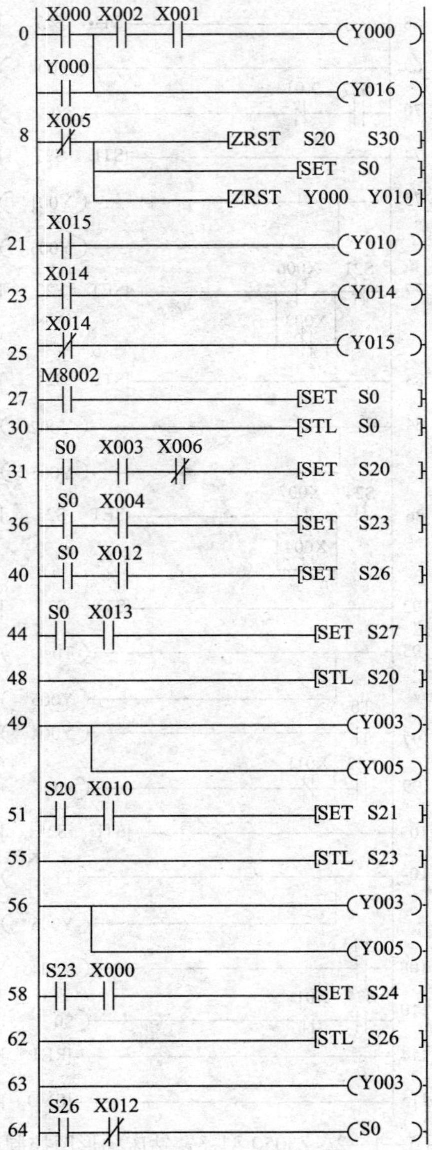

0 X000 X002 X001 Y000
Y000 Y016
8 X005 ZRST S20 S30
SET S0
ZRST Y000 Y010
21 X015 Y010
23 X014 Y014
25 X014 Y015
27 M8002 SET S0
30 STL S0
31 S0 X003 X006 SET S20
36 S0 X004 SET S23
40 S0 X012 SET S26
44 S0 X013 SET S27
48 STL S20
49 Y003
Y005
51 S20 X010 SET S21
55 STL S23
56 Y003
Y005
58 S23 X000 SET S24
62 STL S26
63 Y003
64 S26 X012 S0

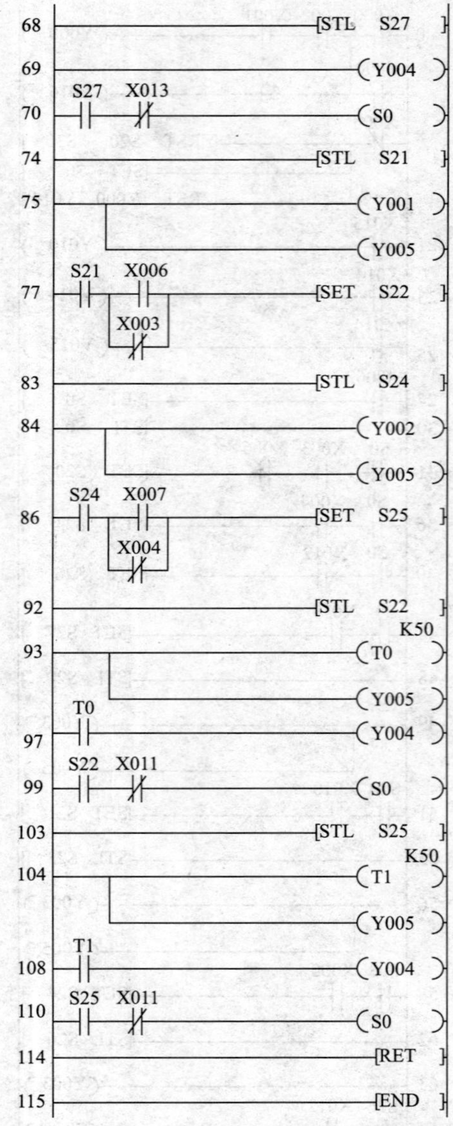

附图 5—1—2　Z3050 型摇臂钻床梯形图控制程序

2．解：（1）通过对控制要求分析，分配输入点和输出点，写出 I/O 通道地址分配表

根据控制要求，可确定 PLC 需要 11 个输入点，6 个输出点，其 I/O 通道分配表见附表 5—1—2。

附表 5—1—2　　I/O 通道地址分配表

输入			输出		
元件代号	作用	输入继电器	元件代号	作用	输出继电器
SB1	停车制动	X0	KM1	主轴正转	Y000
SB2	主轴 M1 正转	X001	KM2	主轴反转	Y001
SB3	主轴 M1 反转	X002	KM3	主轴制动	Y002
SB4	主轴 M1 点动正转	X003	KM4	主轴低速	Y003
SB5	主轴 M1 点动反转	X004	KM5	主轴高速	Y004
SQ1	M1 变速启停	X005	KM6	快进	Y005
SQ2	M1 变速啮合	X006	KM7	快退	Y006
SQ3	进给变速启停	X007	EL	运行监视	Y010
SQ4	进给变速啮合	X010	HL	指示灯	Y014
SQ	M1 高低速选择	X011			
SA	机床照明	X012			
SB7	快速正转	X013			
SB8	快速反转	X014			

续表

输入			输出		
元件代号	作用	输入继电器	元件代号	作用	输出继电器
KS1	速度继电器正向	X015			
KS2	速度继电器反向	X016			
KH	过载保护	X017			
SQ5	主轴自动进刀与工作台进给互锁	X020			
SQ6		X021			

（2）画出 PLC 接线图（I/O 接线图）

PLC 接线图如附图 5—1—3 所示。

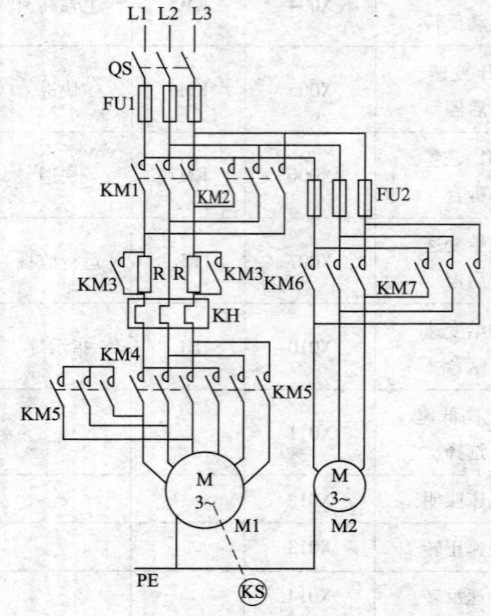

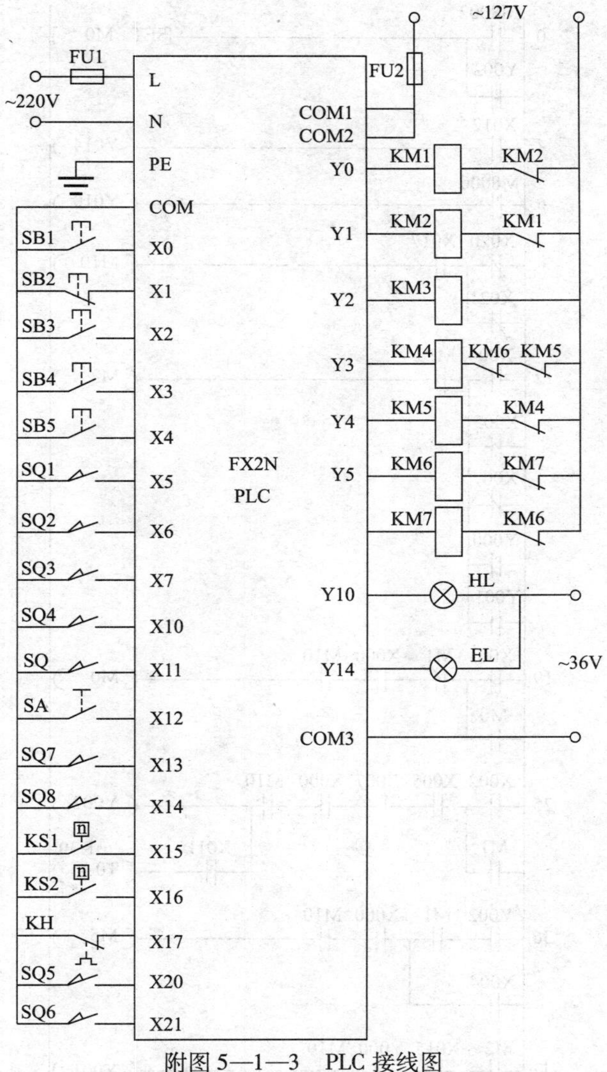

附图 5—1—3　PLC 接线图

3．梯形图程序设计

梯形图程序如附图 5—1—4 所示。

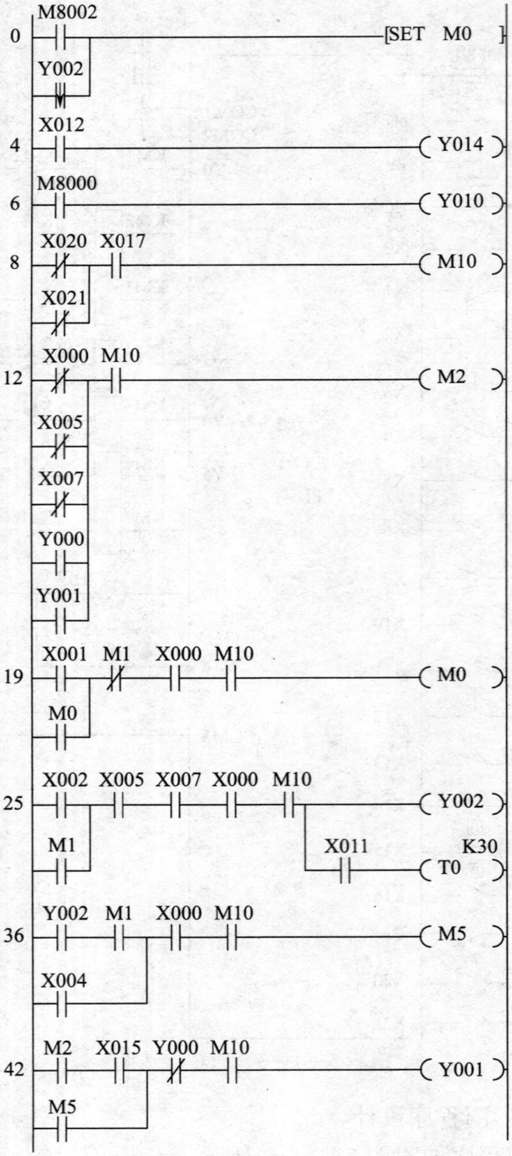

```
0   M8002                                  [SET  M0  ]
    Y002
4   X012                                   ( Y014 )
6   M8000                                  ( Y010 )
8   X020  X017                             ( M10 )
    X021
12  X000  M10                              ( M2 )
    X005
    X007
    Y000
    Y001
19  X001  M1  X000  M10                    ( M0 )
    M0
25  X002  X005  X007  X000  M10            ( Y002 )
    M1                      X011       K30
                                       ( T0 )
36  Y002  M1  X000  M10                    ( M5 )
    X004
42  M2  X015  Y000  M10                    ( Y001 )
    M5
```

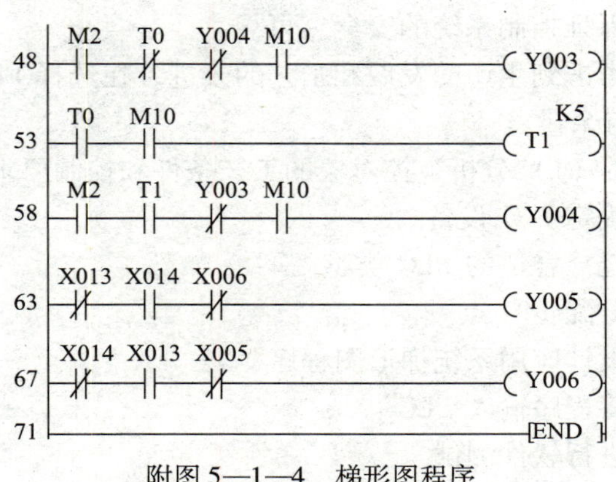

附图 5—1—4　梯形图程序

任务 2　应用 PLC 设计双面钻孔组合机床电气控制系统

一、填空题

1. 经验　顺序控制设计
2. 传感器、执行器、接线
3. 问、闻、摸、看、查、换
4. I/O 端口

二、选择题

1. A　2. C　3. D　4. D　5. B　6. D

三、简答题

1. 答：1. PLC 控制系统设计的基本原则

（1）最大限度地满足被控对象的控制要求。

（2）在满足控制要求的前提下，力求使控制系统简单、经济，使用及维修方便。

（3）保证控制系统的安全、可靠。

（4）考虑到生产的发展和工艺的改进，在选择 PLC 容量时，应适当留有余量。

2．答：（1）分析被控对象的工艺条件和控制要求

（2）确定 I/O 设备

（3）选择合适的 PLC 类型

（4）分配 I/O 点

（5）设计应用系统梯形图程序

（6）将程序输入 PLC

（7）进行软件测试

（8）应用系统整体调试

（9）编制技术文件

3．答：（1）PLC 控制系统的输入电路设计

1）PLC 供电电源一般为 AC85 ~ 240 V，适应电源范围较宽，但为了抗干扰，应加装电源净化元件（如电源滤波器、1∶1 隔离变压器等）；隔离变压器也可以采用双隔离技术，即变压器的初、次级线圈屏蔽层与初级电气中性点接大地，次级线圈屏蔽层接 PLC 输入电路的地，以减小高低频脉冲干扰。

2）PLC 输入电路电源一般应采用 DC 24 V，同时其带负载时要注意容量，并作好防短路措施，这对系统供电安全和 PLC 安全至关重要，因为该电源的过载或短路都将影响 PLC 的运行，一般选用电源的容量为输入电路功率的两倍，PLC 输入电路电源支路加装适宜的熔丝，防止短路。

（2）PLC 控制系统的输出电路设计

依据生产工艺要求，各种指示灯、变频器/数字直流调速器的启动停止应采用晶体管输出。如果 PLC 输出带电磁线圈等感性负载，负载断电时会对 PLC 的输出造成浪涌电流的冲击，为此，对直流感性负载应在其旁边并接续流二极管，对交流感性负载应并接浪涌吸收电路，可有效保护 PLC。当 PLC 扫描频率为

10 次/min 以下时，既可以采用继电器输出方式，也可以采用 PLC 输出驱动中间继电器或者固态继电器（SSR），再驱动负载的方式。对于两个重要输出量，不仅在 PLC 内部互锁，建议在 PLC 外部也进行硬件上的互锁，以加强 PLC 系统运行的安全性、可靠性。

（3）PLC 控制系统的抗干扰设计

1）隔离　由于电网中的高频干扰主要是原副边绕组之间的分布电容耦合而成，所以建议采用 1∶1 超隔离变压器，并将中性点经电容接地。

2）屏蔽　一般采用金属外壳屏蔽，将 PLC 系统置于金属柜之内。金属柜外壳可靠接地，能起到良好的静电、磁场屏蔽作用，防止空间辐射干扰。

3）布线　强电动力线路、弱电信号线分开走线，并且要有一定的间隔；模拟信号传输线采用双绞线屏蔽电缆。

四、技能题

解：参考的梯形图程序如附图 5—2—1 所示。

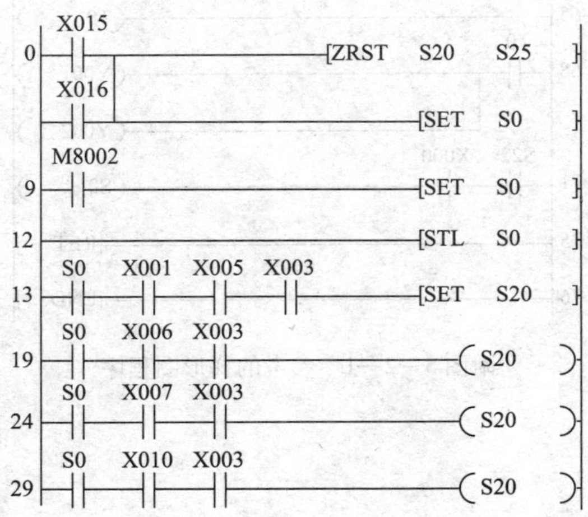

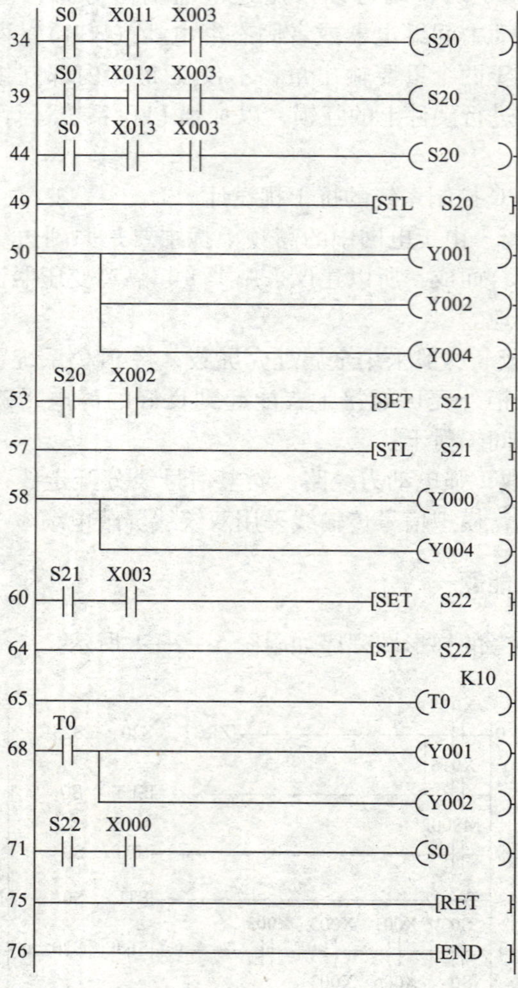

附图 5—2—1 参考的梯形图程序